福建省高职高专土建大类十二五规划教材

建筑工程材料检测实训

主　编◎吴延风
副主编◎陈宝璠　陈燕红
主　审◎何世华

厦门大学出版社 XIAMEN UNIVERSITY PRESS
国家一级出版社
全国百佳图书出版单位

图书在版编目(CIP)数据

建筑工程材料检测实训/吴延风主编. —厦门:厦门大学出版社,2014.7
ISBN 978-7-5615-5070-0

Ⅰ.①建…　Ⅱ.①吴…　Ⅲ.①建筑材料-检测-高等职业教育-教材　Ⅳ.①TU502

中国版本图书馆 CIP 数据核字(2014)第 166283 号

厦门大学出版社出版发行
(地址:厦门市软件园二期望海路 39 号　邮编:361008)
http://www.xmupress.com
xmup @ xmupress.com
三明市华光印务有限公司印刷
2014 年 7 月第 1 版　2014 年 7 月第 1 次印刷
开本:787×1092　1/16　印张:13.75
字数:335 千字　印数:1～3 000 册
定价:28.00 元
如有印装质量问题请寄本社营销中心调换

福建省高等职业教育土建大类十二五规划教材

编审委员会

编审委员会办公室

前 言

本书是在福建省高等职业教育土建类专业教材编审委员会指导下，在福建省建筑工程质量检测中心有限公司厦门分公司的协助下，为适应新形势下高职高专院校培养建筑行业技术技能型人才的需要而编写的。本书可作为陈宝播主编“福建省高职高专土建大类十二五规划教材”《建筑工程材料》一书的配套教材，也可单独使用。

建筑工程技术专业的学生毕业后的工作岗位主要是建筑工程一线的试验员、材料员、施工员、质检员、监理员和造价员。在构建本课程体系时，我们的出发点是努力提升学生毕业后对建筑行业的适应性，既考虑到短期适应性——毕业后能尽快地适应从业岗位，所以实训的安排按真实的企业检测程序进行，采用的委托单、试验记录、检验报告表都是企业正在使用的格式，力求让学生按相关规范进行操作，正确填写委托单、记录表，培养他们出具并审阅试验报告的能力。同时，也考虑到长期适应性——为学生职业生涯的可持续发展打下坚实的专业基础，对建筑工程材料性能检测基础知识也作了较全面的介绍。本书的内容是按模块进行编写的，各模块相对独立，各校可根据教学实际进行选择，读者也可根据需要选读。

我们以真实的建筑材料检测项目，按国家及省、行业当下最新的相关规范与检测技术标准及企业的检测流程，构建“建筑材料与检测实训”课程体系。通过建筑材料检测实训，不仅让学生加深对建筑工程材料的感性认识，更以实践操作带动理论学习，掌握材料检测的操作要领。本书的编写得到了福建省各兄弟院校的大力支持，得到了福建省建筑工程质量检测中心有限公司厦门分公司的全程协助。本书由厦门城市职业学院吴延风任主编，黎明职业大学陈宝播、厦门城市职业学院陈燕红任副主编，福建省建筑工程质量检测中心有限公司厦门分公司何世华任主审。由厦门城市职业学院吴延风编写模块一、模块二、模块五；黎明职业大学陈宝播编写模块九；厦门城市职业学院陈燕红编写模块六、模块七；福建省建筑工程质量检测中心有限公司厦门分公司何世华编写模块十；福建水利电力职业技术学院郭阿明编写模块三；漳州职业技术学院陈海红编写模块四；闽西职业技术学院朱敏编写模块八。初稿完成后，我们广泛听取建筑材料检测一线工程技术人员的意见和建议，统稿时作了全面的修改与补充。福建省建筑工程质量检测中心有限公司厦门分公司刘蓉凯、孙美钗、林文、陈梓荣、陈剑伟、吕文生、赖林峰、陈晓松等检测一线的工程技术人员对本书的编写提出了宝贵的意见和建议，并分别审阅了本书各章节，在此向他们表示衷心的感谢。

本书一定存在不足和疏漏之处，敬请专家、建筑材料检测一线的工程技术人员、各校同仁及广大读者批评指正。

编　者

2014 年 7 月

目 录

建筑工程材料性能检测基础知识

建筑工程材料是一切建筑工程的物质基础，建筑工程的各个部位要承受各种不同的作用，因而要求建筑材料具有相应的不同性能。建筑材料性能检测是了解材料性能、评定材料等级的重要手段。

本模块较系统地介绍了建筑工程材料性能检测基础知识，同学们进入专项实训时，系统地学习一下本模块的知识很有必要。

1.1　建筑工程材料检测概述

1.1.1 检测的目的

建筑工程材料性能检测的目的就是对工程所用的材料进行检查、度量、测量和试验，并将结果与相关的规定进行比较，以确定其功能能否达到规定的指标，质量是否合格。

建筑材料的检测主要分生产单位检测与施工单位检测。生产单位检测的目的是确定建材产品是否合格，并评定产品出产的质量等级；施工单位检测的目的是确定材料的技术性能是否符合规定的标准，并评定能否用于工程中。由于同学们毕业后主要在施工单位从事相关的技术工作，所以施工单位检测是我们重点学习的内容。

1.1.2 检测的作用

1. 保证施工质量。在建筑工程施工过程中，我们要通过施工单位对建筑材料的自检、监理单位的抽检，来判定材料的各项性能指标是否符合质量要求，并及时发现影响质量的各种因素，把好每道工序的施工质量关，进而保证工程的整体质量。

2. 提供工程质量的法律依据。除了施工单位通过自检来保证工程质量，监理单位通过抽检来控制工程质量外，建设单位、政府质量监督部门及监理单位往往要委托具有相应资质的工程质量检测单位进行质量检测，提供科学、公正、权威的工程质量检测报告。检测报告具有法律效力，可作为工程质量评定、工程验收的依据，也是有关部门对工程质量纠纷进行评判的依据。

3. 研究材料的性能并提高品质。对工程材料的检测数据进行处理和分析，不仅可以科学地反映工程的质量水平，而且可以深入研究材料的各项性能，了解影响质量的因素，寻找存在的问题，有针对性地采取措施改进工程材料的质量与品质，推动建筑工程材料的科技进步。

1.1.3 检测人员的素质要求

影响检测结果的因素很多，主要有人的因素、检测方法的因素、检测设备的因素和检测环境的因素。其中人的因素是首要的，检测人员必须具备以下的素质和态度：

1. 参与建筑工程材料检测的人员需持有相关的资质证书，否则不能上岗。
2. 检测人员必须严格执行建筑工程产品的相关标准、试验方法及各项有关规定。
3. 检测人员要有良好的职业道德，具备实事求是、严谨不苟的科学态度，不得修改试验原始数据，不得杜撰试验数据或结果，对出具的检测报告的真实性、科学性负法律责任。
4. 检测涉及多方人员的参与，要有很好的沟通能力与团队协作精神。在精神状态和身体状态欠佳的情况下不上岗检测，确保检测结果的准确性。

1.1.4 建筑材料检测步骤

建筑材料检测包括现场取样和实验室检测两个步骤。各种材料的取样必须按有关的标准执行，抽取的试样必须具有代表性。实验室检测必须交由具有相应资质的合法的质量检测机构进行。这里所说的合法检测机构必须经过省级以上建设行政主管部门对其资质认可，质量技术监督部门对其计量进行过认证。

1.2 建筑工程见证取样和送检制度

1.2.1 见证取样和送检制度

建筑工程见证取样和送检制度，是指在施工单位按规定自检的基础上，在建设单位、监理单位的试验检测人员见证下，由施工单位的现场试验人员对工程中涉及结构安全的试块、试件和材料在现场取样，并送至经过省级以上建设行政主管部门对其资质认可和质量技术监督部门对其计量认证的质量检测机构（以下简称检测机构）进行检测。具体要求如下：

(1)现场取样一般应遵从随机抽取的原则，使用适宜的取样工具和容器。

(2)取样应符合标准规定或事先确定的方法。

(3)取样应有记录。记录包括取样程序和遵循的方法、取样人（被取样单位和监理单位在场的人员应签字确认）、取样时间、位置、环境等。

(4)见证取样后，需要在监理人员的见证下将样品送至检测部门，并填写检测委托书。

1.2.2 见证取样的数量与范围

涉及结构安全的试块、试件和材料见证取样和送样的比例，不得低于有关技术标准中规定（应取样数量的 30%）。下列试块、试件和材料必须实施见证取样和送检：

(1)用于承重结构的混凝土试块；

(2)用于承重墙体的砌筑砂浆试块；

(3)用于承重结构的钢筋及连接接头试件；

(4)用于承重墙的砖和混凝土小型砌块；

(5)用于拌制混凝土和砌筑砂浆的水泥；

(6)用于承重结构的混凝土中使用的掺加剂；

(7)地下、屋面、厕浴间使用的防水材料；

(8)国家规定必须实行见证取样和送检的其他试块、试件和材料。

1.2.3 见证取样的送检程序及注意事项

(1)建设单位应向工程受监质监站和有见证资格的检测机构递交“见证单位和见证人员授权书”或有效的证明材料。授权书或证明材料应写明本工程现场委托的见证单位和见证人员姓名，以便质监机构和检测机构检查核对。

(2)施工企业取样人员在现场进行原材料取样和试块制作时，建设单位或监理单位有关人员(见证人员)必须在旁见证。取样人员应在试样或其包装上作出标识、封志，并在其上标明工程名称、取样部位、取样日期、样品名称和样品数量，并由见证人员和取样人员签字。

(3)见证人员应对试样进行全程监护，并和施工企业取样人员一起将试样送至检测机构或采取有效的封样措施送样。见证人员还应做好见证记录并及时收入施工技术档案。见证人员与取样人员应对试样的真实性和代表性负责。

(4)检测机构在接受委托检验任务时，首先应有建设单位书面委托检测合同或口头委托协议，同时需由送检单位填写委托单，见证人员应在检验委托单上签名。

(5)检测机构应在检测报告单备注栏中注明见证单位和见证人员姓名，如发生试样不合格情况，首先要通知工程受监质监站和见证单位。

1.3 建筑材料的技术标准

标准是经协商一致并经主管部门批准的准则与依据。要对建筑材料进行现代化的科学管理，必须对建筑材料的各项技术性能制定统一的技术标准。建材工业企业必须严格按技术标准进行设计、生产，以确保产品质量，生产出合格的产品。建筑材料的使用者必须按技术标准选择、使用质量合格的材料，使设计、施工标准化，以确保工程质量，加快施工进度，降低工程造价。供需双方必须按技术标准规定进行材料的验收，以确保双方的合法权益。建筑材料的技术标准内容主要包括产品规格、分类、技术要求、检验方法、验收规则、标志、运输和储存注意事项等方面。

在国内，建筑材料的技术标准分为国家标准、行业标准、地方标准、企业标准等，分别由相应的标准化管理部门批准并颁布。

1.3.1 国家标准

国家标准由国家质量监督检验总局发布或其与相关国务院行政主管部门联合发布，标准分为强制性标准(代号 GB)和推荐性标准(代号 GB/T)。强制性标准是在全国范围内必须执行的技术指导文件,产品的技术指标都不得低于标准中规定的要求。推荐性标准在执行时也可采用其他相关标准的规定。工程建设国家标准(代号 GBJ)是涉及建设行业相关技术内容的国家标准。

1.3.2 行业(或部)标准

行业(或部)标准是各行业(或主管部)为了规范本行业的产品质量而制定的技术标准,也是全国性的指导文件。如建筑工程行业标准(代号 JGJ)、建筑材料行业标准(代号 JC)、冶金工业行业标准(代号 YB)、交通行业标准(代号 JT)、水电部行业标准(代号 SD)、林业部行业标准(代号 LY)等。

1.3.3 地方(地区)标准

地方(地区)标准为地方(地区)主管部门发布的地方性技术指导文件(代号 DB),适于在该地区使用。

1.3.4 企业标准

由企业制定发布的指导本企业生产的技术文件(代号 QB),仅适用于本企业。凡没有制定国家标准、行业标准的产品,企业均应制定企业标准。企业标准所定的技术要求应不低于类似(或相关)产品的国家标准。

1.3.5 标准的表示方法

各级标准均有相应的代号,其表示方法由标准名称、标准代号、发布顺序号和发布年号组成。图 1-1 所示为烧结普通砖的标准。

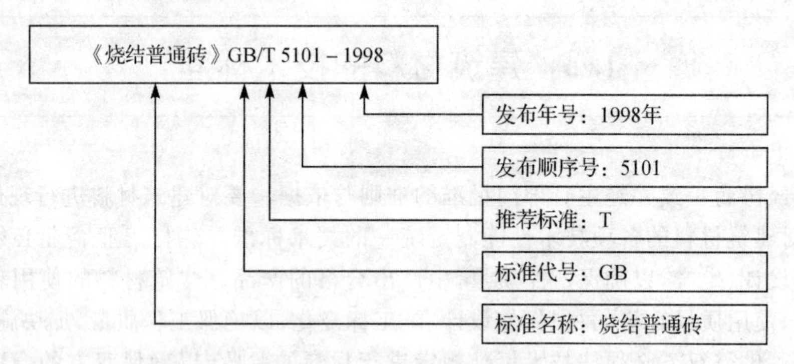

图 1-1 标准表示方法示意图

1.3.6 国际标准

虽然我国的各级技术标准已比较完善,且自成体系,但改革开放及加入 WTO 后,我国的建筑企业越来越多地参与国际工程建设,工程中还可能涉及国外的技术标准,常用的国际标准有以下几类:

(1)国际标准化组织制定发布的“ISO”系列国际化标准。

(2)国际上有影响的团体标准和公司标准,如美国材料与试验协会“ASTM”标准。

(3)工业先进国家的国家标准或区域性标准,如德国工业“DIN”标准、欧洲的“EN”标准、日本的“JIS”标准等。

1.4　计量知识与国家法定计量单位

1.4.1 计量知识

人类在认识和改造自然界的过程中,对自然界的各种现象或物质进行大量的比较,逐渐形成了物质数量的概念,一切现象或物质,都是通过一定的“量”来描述和体现的。要认识大千世界并造福人类,就必须对各种“量”进行分析和确认,既要区分量的性质,又要确定其量值,这就产生了“计量”。换句话说,计量是对现象或物质的“量”进行定性分析和定量确认的过程。

在历史上,计量被称为度量衡,即指长度、容积、质量的测量,所用的器具主要是尺、斗、秤。随着科技、经济和社会的发展,计量的对象逐渐扩展到工程量、化学量、生理量,甚至心理量。与此同时,计量的知识也在不断地扩展和充实,通常可概括为以下六个方面:

(1)计量单位与单位制;

(2)计量器具(或测量仪器),包括实现或复现计量单位的计量基准、计量标准与工作计量器具;

(3)量值传递与溯源,包括检定、校准、测试、检验与检测;

(4)物理常量、材料与物质特性的测定;

(5)测量不确定度、数据处理与测量理论及其方法;

(6)计量管理,包括计量保证与计量监督等。

计量涉及社会的各个领域,属于国家的基础事业。它不仅为科学技术、国民经济和国防建设的发展提供技术基础,而且有利于最大限度地减少商贸、医疗、安全等诸多领域的纠纷,维护消费者权益。我国于 1985 年 9 月 6 日颁布了《中华人民共和国计量法》,共 6 章 35 条。

1.4.2 国家法定计量单位概述

建筑工程材料检测涉及各种测量数据,每种测量数据都包含了计量数值及相应的计量单位,我们需要了解一下国家的法定计量单位。在《中华人民共和国计量法》颁布之前,1984 年 2 月 27 日国务院发布了《关于在我国统一实行法定计量单位的命令》,命令发布之日起,我国的计量单位一律采用中华人民共和国法定计量单位,并逐步废除非国家法定计量单位。国际单位制(SI 制)是我国法定计量单位的主体,此外还有国家选定的非国际单位制单位。我国的法定计量单位(以下简称法定单位)包括下面六个部分:

(1)国际单位制的基本单位;

(2)国际单位制的辅助单位;

(3)国际单位制中具有专门名称的导出单位;

(4)国家选定的非国际单位制单位；

(5)用于构成十进倍数和分数单位的词头；

(6)由以上单位构成的组合形式的单位。

各种量、单位和符号必须符合国家标准 GB 3100～GB 3102-1993 的规定，这是一个强制性标准。

1.4.3 国际单位制的基本单位

国际单位制又称公制或米制，是现时世上最普遍采用的标准度量衡单位系统，缩写为 SI，共有七个基本单位(表 1-1)。世界上所有的物理量都可以用这七个基本单位及它们的导出单位来表示。

表 1-1　国际单位制的基本单位

量的名称	单位名称	单位符号
长度	米	m
质量	千克	kg
时间	秒	s
电流	安培	A
热力学温度	开尔文	K
物质的量	摩尔	mol
发光强度	坎德拉	cd

1.4.4 国际单位制的辅助单位

辅助单位仅两个，即描述平面角的弧度和表示球面角的球面度。这两个单位很特殊，它实际上是 1，也就是无量纲的量。比如说弧度 $r=s$(弧长)/R(半径)，它是没有量纲的量，弧度公式中分子 s 与分母 R 的量纲都是长度 L，约去后为 1，所以它可以用 1，也可以用 rad 表示其单位。立体角也同样的道理，所以将它列到辅助单位中，参见表 1-2。

表 1-2　国际单位制的辅助单位

量的名称	单位名称	单位符号
平面角	弧度	rad
立体角	球面度	sr

1.4.5 国际单位制中具有专门名称的导出单位

所有的物理量的单位可由上述的七个基本单位及两个辅助单位导出(组合而成)，如速度单位为 m/s 或 $m \cdot s^{-1}$，角速度单位为 rad/s(1/s)或 $rad \cdot s^{-1}$(s^{-1})，力的单位为 $kg \cdot m/s^2$。但力的单位我们往往是用它的专门名称牛顿。在国际单位制中有些物理量，国际计量大会给了它专有的名称与符号，详见表 1-3。

表 1-3　国际单位制中具有专门名称的导出单位

量的名称	单位名称	单位符号	其他表示实例
频率	赫兹	Hz	s^{-1}
力;重力	牛顿	N	$kg \cdot m/s^2$
压力,压强;应力	帕斯卡	Pa	N/m^2
能量;功;热量	焦耳	J	$N \cdot m$
功率;辐射通量	瓦特	W	J/s
电荷量	库仑	C	$A \cdot s$
电位;电压;电动势	伏特	V	W/A
电容	法拉	F	C/V
电阻	欧姆	Ω	V/A
电导	西门子	S	A/V
磁通量	韦伯	Wb	$V \cdot s$
磁通量密度;磁感应强度	特斯拉	T	Wb/m^2
电感	亨利	H	Wb/A
摄氏温度	摄氏度	℃	
光通量	流明	lm	$cd \cdot sr$
光照度	勒克斯	lx	lm/m^2
放射性活度	贝可勒尔	Bq	s^{-1}
吸收剂量	戈瑞	Gy	J/kg
剂量当量	希沃特	Sv	J/kg

1.4.6 国家选定的非国际单位制单位

还有些单位在我国被广泛使用,且不属于 SI 制,也列入我国的法定计量单位中,详见表 1-4。

表 1-4　国家选定的非国际单位制单位

量的名称	单位名称	单位符号	换算关系和说明
时间	分 [小]时 天(日)	min h d	1 min=60 s 1 h=60 min=3600 s 1 d=24 h=86400 s
平面角	[角]秒 [角]分 度	(″) (′) (°)	$1''=(\pi/648000)$ rad (π 为圆周率) $1'=60''=(\pi/10800)$ rad $1^\circ=60'=(\pi/180)$ rad
旋转速度	转每分	r/min	$1\ r/min=(1/60)s^{-1}$
长度	海里	n mile	1 n mile=1852 m(只用于航程)
速度	节	kn	1 kn=1 n mile/h =(1852/3600)m/s(只用于航程)

续表

量的名称	单位名称	单位符号	换算关系和说明
质量	吨	t	1 t=1000 kg
	原子质量单位	u	1 u≈1.6605655×10^{-27} kg
体积	升	L(l)	1 L=1 dm=10^{-3} m^3
能	电子伏	eV	1 eV≈1.6021892×10^{-19} J
级差	分贝	dB	
线密度	特[克斯]	tex	1 tex=1 g/km

1.4.7 用于构成十进倍数和分数单位的词头

许多物理量如果用 SI 单位表示，其数字或者很大或者很小，这时可用构成十进倍数和分数单位的词头。如分子微观尺寸，约在 10^{-10} m 数量级上，我们可以用 nm(纳米)表示，1 nm=10^{-9} m；工程上应力的单位也常用 MPa(兆帕)表示，1 MPa=10^6 Pa。

词头不得单独使用，必须与具体单位联合使用，且冠在单位前，与单位之间不能加“·”，如 mg(毫克)，不能写成“m·g”。也不得使用重叠词头，如 10^{-6} g 可表示为 μg(微克)，不能表示为 mmg(毫毫克)。

大于或等于 10^6 级的词头，采用大写字体，其余词头为小写。如 MPa(兆帕)、km(千米)、mL(毫升)、μg(微克)、nm(纳米)。词头的大小写如不加区分会出错误，如将“mA(毫安)”写作“MA(兆安)”。

用于构成十进倍数和分数单位的词头的相关规定参见表 1-5。

表 1-5 用于构成十进倍数和分数单位的词头

所表示的因数	词头名称	词头符号
10^{18}	艾[可萨]	E
10^{15}	拍[它]	P
10^{12}	太[拉]	T
10^{9}	吉[咖]	G
10^{6}	兆	M
10^{3}	千	k
10^{2}	百	h
10^{1}	十	da
10^{-1}	分	d
10^{-2}	厘	c
10^{-3}	毫	m
10^{-6}	微	μ
10^{-9}	纳[诺]	n
10^{-12}	皮[可]	p
10^{-15}	飞[母托]	f
10^{-18}	阿[托]	a

1.4.8 组合单位

由两个或两个以上国家法定单位，以乘、除的形式组合而成的新单位称组合单位，还包括只有一个单位，但分子为1的单位。构成组合单位可以是国际单位制单位(包括具有专门名称的导出单位)和国家选定的非国际制单位，也可以是它们的十进倍数或分数单位。

如：电量单位"千瓦时"(kW·h)，应力单位"牛顿/毫米^2"(N/mm^2)，力矩单位"牛顿米"(N·m)，等等。

使用组合单位时应注意以下几点：

(1)当单位符号与词头符号为同一字母时，应将它置于右侧。如"m"，它可以表示"米"，也可作为词头"毫"，对力矩单位"牛顿米"(N·m)，不宜写成mN，以免误解为毫牛顿。

(2)相乘方式构成的组合单位，可在单位符号间加居中圆点"·"，也可不加，如N·m或Nm(牛顿米)。

(3)相除方式构成的组合单位可由三种方式表示，如线均布荷载的单位可表示成N/m、Nm^{-1}、$\frac{N}{m}$(牛顿每米)。

(4)无论分母有几个单位，组合单位中的斜线不得多于一条，必要时要加圆括弧。如材料的比热容的单位kJ/(kg·K)不能写成kJ/kg/K或kJ/kg·K。

(5)各种计量单位符号是用大写字母还是用小写字母有严格规定：凡是来源于人名字的单位符号第一个字母必须用大写字母(或只用一个大写字母)，如Hz(赫兹)、J(焦耳)、V(伏特)、A(安培)、Pa(帕斯卡)等。而其他非来源于人名字的单位符号除一个特例外，一律用小写字母，如m(米)、g(克)、s(秒)等。只有一个特例，这就是表示"升"的符号，在容易与阿拉伯数字1混淆的场合必须用大写字母L，如5升必须写成5 L，而在不容易与阿拉伯数字1混淆的场合，大写与小写均可以，如5毫升可以写成5 ml。

1.5 抽样检验概述

进行建筑材料检测时，抽样、试验条件和数据处理等均必须严格按相应的标准或规范进行，以保证试验结果的代表性、稳定性、正确性和可比性。否则，就不能对建筑材料的技术性质和质量做出正确的评价。

1.5.1 抽样检验相关概念

1.5.1.1 单位产品

所谓单位产品是为实施抽样检查的需要而划分的基本单位。它有时可以自然划分，如一块砖、一扇门窗可作为一个单位产品。有些无法自然划分，如连续生产的混凝土，这时我们可用一车或一立方米作为单位产品。对散状材料(如砂、水泥)或液态产品则可按包装作为单位产品。

1.5.1.2 检查批

为实施抽样检查汇集起来的单位产品，称为检查批或批。它是抽样检查的判定对象，在实际工作中，铺筑一个楼面的混凝土、一批同规格同型号的钢筋都可以作为一个验收检查批。

1.5.1.3 样本

从批中取出用于检查的单位产品称为样本单位，有时也称为样品。样本单位的全体称为样本。例如，在一批 200 个钢筋对焊接头中抽取三个抗拉试件和三个冷弯试件进行检验，这样抽取的每一个试件就是一个样品，所有六个试件组成一个样本。

1.5.2 全数检验与抽样检验

产品的检验分全数检验与抽样检验。全数检验是对全部产品逐个检验，如检验铸铁井盖的外观时，标准规定应全数检验。但土建工程中绝大多数的原材料、半成品及完工后的工程质量，要做到全数检验要么技术上无法做到，要么需耗费巨大的资源，所以采用抽样检验。

抽样检验的对象称为总体，多数情况是对批的检验。即从批中抽取规定数量的产品作为样本进行检验，再根据所得到的质量数据和预先确定的判定规则来判定该“检验批”是否合格。

抽样检验时，对判定为合格的批予以接收，对判定不合格的批则要求整修或返工处理。

鉴于批内单位产品质量的波动性和样本抽取的偶然性，会有一定的错判发生，因此供方与需方都要承担一定的风险，这是抽样检验的局限。由于抽样检验有明显的经济性，只要合理设计抽样方案，就可以将抽样检验的错判风险控制在可接受的范围内。抽样检验方法是建立在概率统计的基础上，它要解决好三个问题：一是如何从批中抽样，即采取什么样的抽样；二是从批中抽取多少个单位产品，即取多大规模的样本；三是如何根据样本的质量数据来判定批是否合格。这三个问题，有关专家已做了大量的理论与实践的研究，制定出建筑工程材料抽样检验标准，我们应严格执行相关抽样检验的标准，供需双方都必须采用抽样检验国家标准，这一点尤为重要。

1.5.3 抽样方法简介

从检查批中抽取样本的方法称抽样方法，常用的抽样方法有简单随机抽样、分层随机抽样与系统随机抽样。

1.5.3.1 简单随机抽样

简单随机抽样也称单纯随机抽样，设一个总体含有 N 个个体，从中逐个不放回地抽取 n 个个体作为样本($n \leqslant N$)，如果每次抽取使总体内的各个个体被抽到的机会都相等，就把这种抽样方法叫作简单随机抽样。

操作时可将总体中的 N 个个体编号，把号码写在号签上，将号签放在一个容器中，搅拌均匀后，每次从中抽取一个号签，连续抽取 n 次，就得到一个容量为 n 的样本，这种方法叫抽签法。也可利用随机数表、随机数骰子或计算机产生的随机数进行抽样。

简单随机抽样适用于总体差异不大，或对总体了解甚少的情况。

1.5.3.2 分层随机抽样

如果一个批是由质量明显差异的几部分组成，则可将其分成若干层，使层内的质量较为均匀，而层间差异较为明显。从各个层中按一定比例随机地抽取一定数量的个体，将各层取出的个体合在一起作为样本。在正确分层的前提下，分层抽样的代表性比简单随机抽样好，因为对每层都有抽取，样品在总体中分布均匀，更具代表性。但是如果对批质量的分布不了解或者分层不正确，则分层抽样的效果可能劣于简单随机抽样。

分层随机抽样适用于总体比较复杂或对总体质量构成有所了解的情况。如检测混凝土浇筑质量时，可以按生产班组分组或按浇筑时间（白天、黑夜或季节）分组。

1.5.3.3 系统随机抽样

当总体中的个体数较多时，采用简单随机抽样显得较为费事。这时，可将总体分成均衡的几个部分，然后按照预先定出的规则，从每一部分抽取一个个体，得到所需要的样本，这种抽样叫作系统随机抽样。

假设要从容量为 N 的总体中抽取容量为 n 的样本，我们可以按下列步骤进行系统随机抽样：

①先将总体的 N 个个体编号。

②确定分段间隔 k，对编号进行分段。当 N/n（n 是样本容量）是整数时，取 $k=N/n$。

③在第一段用简单随机抽样确定第一个个体编号 l（$l\leqslant k$）。

④按照一定的规则抽取样本。通常是将 l 加上间隔 k 得到第 2 个个体编号 $l+k$，再加 k 得到第 3 个个体编号 $l+2k$，依次进行下去，直到获取整个样本。

系统随机抽样的代表性在一般情况下优于简单随机抽样，但产品质量波动周期与抽样间隔正好相当时，抽到的样本单位可能都是质量好的或都是质量差的，这种现象应当避免。

在建筑材料检测试验中，前两种抽样方式使用较多。在大规模的研究试验中还可以采用分段随机抽样或整群随机抽样。

1.6　检测数据处理

1.6.1 对检测数据记录的基本要求

检测数据记录是检测工作最重要的一个环节，差之毫厘，谬以千里。检测记录有丝毫差错，会导致整个检测工作失败，甚至酿成重大工程事故。检测记录必须保证完整性、严肃性与原始性。

1.6.1.1 记录的完整性

检测记录信息要齐全，它包括检测表格的内容应完备，计算公式与计算步骤应完整，推理要清晰，必要的数据曲线、图表资料不能遗漏，记录与校对人员签字手续完备齐全等，要保证检测行为能够再现。

1.6.1.2 记录的严肃性

按规定要求进行记录、修正检测数据，保证记录具有合法性和有效性；记录数据应清晰、规整，保证其识别的唯一性；检测、记录、数据处理以及计算过程规范性，保证其校核的简便、正确。

1.6.1.3 记录的原始性

所有数据记录必须是原始记录，原始记录要满足下列要求：

(1)所有的检测原始记录应按规定的格式填写，除有特殊规定外，书写时应使用蓝或黑色钢笔或签字笔，字迹应端正、清晰，检测记录必须当场完成，不得漏记、补记、追记。记录数据占记录格的1/2以下，以便修正记录错误。

(2)使用法定的计量单位，按标准规定的有效数字的位数记录，正确进行数字修约。

(3)如遇到错误需要更正时，应遵循"谁记录谁修改"的原则，由原记录人采用"杠改"的方式更正，即按"杠改"发生的错误记录，表示该数据已经无效，在杠改记格内的右上方填上正确的数据并加盖自己的专用名章。其他人不得代替记录人修改。在任何情况下不得采用涂改、刮除或其他方式销毁错误的记录，并应保证其清晰可见。

(4)检测试验人员应按要求填写与试验有关的全部信息，需要说明的应做必要的说明。

(5)检测人员应按标准要求提交整理分析得出的结果、图表和曲线。

(6)检测人员和校核人员应按要求在记录表格和图表、曲线的特定位置签署姓名，其他人不得代签。

1.6.2 检测数据处理的基本知识

建筑工程材料的检测涉及大量的数据处理，为此简要介绍一下数据处理的基本知识。

1.6.2.1 有效数字

图1-2所示的直尺，最小刻度是1 mm，在测量物体的长度时，得出的记录是51.5 mm。这里小数点前两位数据是准确可靠的，是依据直尺最小刻度客观确定的。小数点后的数据是根据最小刻度1 mm主观估读出来的，有些同学估读的是0.5 mm，也有的估读的是0.6 mm或0.7 mm，甚至是其他数字，这是不同的人个体差异引起的，每种结果都是许可的，它不属于错误。需要指出的是估读的数字只取一位，取两位或两位以上是没有实际意义的。本例中如估读出两位数字而得出所测物体的长度为51.55 mm是没有意义的。

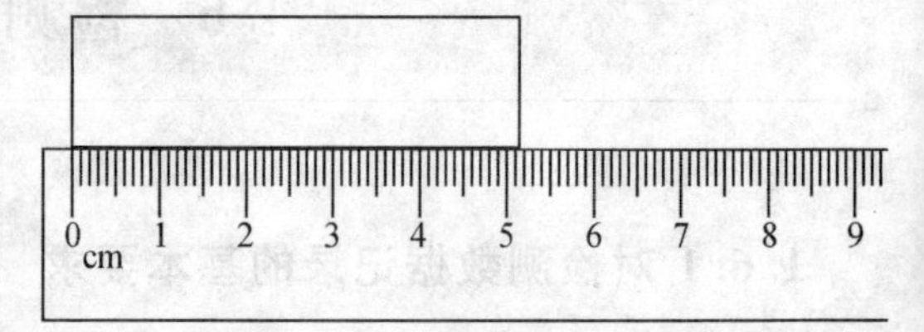

图1-2　直尺量读试件长度示意图

具体测量时，能够测量到的数据包括最后一位估读数字。我们把通过直读获得的准确数字叫作可靠数字，把通过估读得到的数字叫作存疑数字。把测量结果中能够反映被测量

大小的带有一位存疑数字的全部数字叫有效数字。根据这个概念，上例中测得物体的长度51.5 mm，小数点前两位是可靠数字，小数点后一位是可疑数字，它共有3位有效数字。

有效数字是分处于表示测量结果数值的不同数位上，所有有效数字所占有的数位个数称为有效数字位数。

例如，数值3.5，有两个有效数字，占有个位、十分位两个数位，因而有效数字位数为两位；3.501有四个有效数字，占有个位、十分位、百分位、千分位等四个数位，因而是四位有效数字。

测量结果的数据，其有效位数反映了测量结果的精确度，这也是有效数字实际意义的体现。如果有一个结果表示有效数字的位数不同，说明使用的量测仪器的精确度不同。

例如，用三种不同感量的天平进行某样品的质量量测，分别测出：

7.5克　　　2位有效数字，用的是托盘天平；

7.50克　　　3位有效数字，用的是扭力天平；

7.5000克　　　5位有效数字，用的是分析天平。

显然，托盘天平精确度最低，分析天平精确度最高。

数据中数字1～9都是有效数字。

数字"0"在数据中所处的位置不同，起的作用也不同，可能是有效数字，也可能是非有效数字，下面做具体分析：

(1)处于数前的0是非有效数值。

整数前面的"0"无意义，是非有效数字或多余数字。例如，0250，2前面的0是多余数字。

对纯小数，在小数点后，数字前的"0"只起定位作用，或决定数量级(相当于所取的测量单位不同)，所以，也是非有效数字。例如：0.00189 m中1前面的0均为非有效数字。如果将长度单位由m改成mm，则0.00189 m=1.89 mm。

(2)处于数中间位置的"0"是有效数字。

例如，数值1.008中的两个"0"是均是有效数字；数值8.01中的"0"也是有效数字。

(3)处于数后面位置的"0"是否算有效数字还要更进一步分析：

小数点数值末尾的"0"应看成有效数字。如0.5000中，"5"后面的三个"0"均为有效数字，这些0切不可随意增减。

整数后面的"0"，是不是有效数字不确定，应根据测试结果的准确度确定。如3600，后面的两个"0"如果不指明测量准确度就不能确定是不是有效数字。测量中遇到这种情况，最好根据实际测试结果的精确度确定有效数字的位数，有效数字用小数表示，把"0"用10的乘方表示。如将3600写成3.6×10^3表示此数有两位有效数字；写成3.60×10^3表示此数有三位有效数字；写成3.600×10^3表示此数有四位有效数字，其余类推。

作为测量结果并注明误差值的数据，其表示的数值等于或大于误差值的所有数字，包括"0"皆为有效数字。例如，测量某一试件面积得其有效面积$A=0.0501502\ m^2$，测量的极限误差$=0.000005\ m^2$，则测量结果应当表示为$A=(0.050150\pm0.000005)m^2$。误差的有效数字为1位，即5；而有效面积的有效数字应为5个，即50150，这里最后一个0也是有效数字；因2小于误差的数量级，故为多余数字。

在测量或计量中应取多少位有效数字，可根据下述准则判定：

(1)对不需要标明误差的数据,其有效位数应取到最末一位数字为可疑数字(也称存疑数字);

(2)对需要标明误差的数据,其有效位数应取到与误差同一数量级。

例 1:试确定下面各数据的有效数字位数:1.0008、40303、0.5000、20.76%、0.0257、104×10^{-10}、53、0.0070、0.02、2×10^{-10}、3600、100。

解:1.0008	40303	五位有效数字;
0.5000	20.76%	四位有效数字;
0.0257	104×10^{-10}	三位有效数字;
53	0.0070	二位有效数字;
0.02	2×10^{-10}	一位有效数字;
3600	100	有效数字位数不定。

1.6.2.2 数值修约

对某一表示测量结果的数据(拟修约数),根据保留位数的要求,将多余位数的数字进行取舍,按照一定的规则,选取一个近似数(修约数)来代替原来的数,这一过程称为数值修约。

指导数值修约的具体规则称为数字修约规则,我国早在 1987 年就颁发了国家标准《数值修约规则》(GB 8170/T-1987),后在 2008 年又颁发了《数值修约规则与极限数值的表示和判定》(GBT 8170/T-2008)取代前者。凡科学技术与生产活动中试验测定和计算得出的各种数值,需要修约时,除另有规定者外,应按国家标准 GBT 8170/T-2008 给出的规则进行。下面对相关修约规则做一简单介绍。

(1)修约间隔

修约间隔是指确定修约保留位数的一种方式。修约间隔的数值一经确定,修约值即应为该数值的整数倍。

例如指定修约间隔为 0.1,修约值即应在 0.1 的整数倍中选取,相当于将数值修约到一位小数;又如指定修约间隔为 100,修约值即应在 100 的整数倍中选取,相当于将数值修约到"百"数位。

修约间隔一般以 $k\times10^n$($k=1,2,5$;n 为正、负整数)的形式表示。经常将同一 k 值的修约间隔,简称为"k"间隔。

修约间隔一经确定,修约数只能是修约间隔的整数倍。例如:指定修约间隔为 0.1,修约数应在 0.1 的整数倍的数中选取;若修约间隔为 2×10^n,修约数的末位只能是 0,2,4,6,8;若修约间隔为 5×10^n,修约数的末位只能是 0,5。

(2)修约进舍规则

①拟舍弃数字的最左一位数字小于 5 时,则舍去,即保留的各位数字不变。

例 2:将 12.1498 修约到一位小数,得 12.1;将 12.1498 修约成两位有效位数,得 12。

②拟舍弃数字的最左一位数字大于 5,或者是 5,而且后面的数字并非全部为 0 时,则进 1,即保留的末位数字加 1。

例 3:将 1268 修约到"百"数位,得 13×10^2;将 1268 修约成三位有效位数,得 127×10;将 10.502 修约到个数位,得 11。

③拟舍弃数字的最左一位数字为5,而后面无数字或全部为0时,若所保留的末位数字为奇数(1,3,5,7,9)则进一,为偶数(2,4,6,8,0)则舍弃。

例4:修约间隔为0.1(或10^{-1})。

拟修约数值	修约值
1.050	1.0
0.350	0.4

例5:修约间隔为1000(或10^3)。

拟修约数值	修约值
2500	2×10^3
3500	4×10^3

例6:将下列数字修约成两位有效位数。

拟修约数值	修约值
0.0325	0.032
32500	32×10^3

④负数修约时,先将它的绝对值按上述三条规定进行修约,然后在修约值前面加上负号。

⑤必要时,可采用0.5单位修约和0.2单位修约。

0.5单位修约时,将拟修约数值乘以2,按指定数位依进舍规则修约,所得数值再除以2。

例7:将12.48修约到十分位的0.5单位。

解:12.48×2→24.96→25.0→25.0/2→12.5,结果为12.5。

0.2单位修约时,将拟修约数值乘以5,按指定数位依进舍规则修约,所得数值再除以5。

例8:将1245修约到百位数的0.2单位。

解:1245×5→6225→6200→6200/5→1240,结果为1240。

上述数值修约规则(有时称之为"四舍六入五凑双")与中学常用的"四舍五入"的方法区别在于,用"四舍五入"法对数值进行修约,从很多修约后的数值中得到的均值偏大。而用上述的修约规则,进舍的状况具有平衡性,进舍误差也具有平衡性,若干数值经过这种修约后,修约值之和变大的可能性与变小的可能性是一样的。

(3)数值修约注意事项

实行数值修约,应在明确修约间隔、确定修约位数后一次完成,而不应连续修约,否则会导致不正确的结果。

例如:修约15.4546,修约间隔为1。

正确的做法:15.4546→15。

不正确的做法:15.4546→15.455→15.46→15.5→16。

然而,实际工作中常有这种情况,有的部门先将原始数据按修约要求多一位至几位报出,而后另一个部门按此报出值再按规定位数修约和判定,这样就会出现连续修约的错误。

为避免产生连续修约的错误,应按下述步骤进行。

报出数值最右的非零数字为5时,应在数值右上角加"+"或"－"或不加符号,以分别表明已进行过舍、进或未舍未进。

如:16.50^+表示实际值大于16.50,经修约舍弃成为16.50;16.50^-表示实际值小于

16.50，经修约进一成为16.50。

如果判定报出值需要进行修约，当拟舍弃数字的最左一位数字为5而后面无数字或皆为零时，数值右上角有“+”者进一，数值右上角有“-”者舍去，其他仍按前述进舍规则进行。

例9：将下列数字修约到个数位后进行判定（报出值多留一位至一位小数）。

实测值	报出值	修约值
15.4546	15.5^-	15
16.5203	16.5^+	17
17.5000	17.5	18
-15.4546	-15.5^-	-15

1.6.2.3 数据运算法则

(1)加、减运算

应以各数中有效数字末位数的数位最高者为准（小数即以小数部分位数最少者为准），其余数均比该数向右多保留一位有效数字（多余数按数据修约的取舍规则取舍）进行运算。计算结果应与参与运算中有效数字末位数的数位最高者一致，如果还需参与下一部的运算，则可多保留一位。

例10：38.9 g+1.6632 g-4.326 g→

38.9 g+1.66 g-4.33 g=36.22 g≈36.2 g

计算结果为36.2 g。倘若还需参与下一步的运算，则可取36.22 g。

(2)乘、除运算

应以各数中有效数字位数最少者为准，其余数均多取一位有效数字，所得积或商有效数字位数，应与参与运算的数中有效数字位数最少的那个数相同。若计算结果尚需参与下一步的运算，则有效数字可多取一位。

例如：1.1 m×0.3268 m×0.10300 m→

1.1 m×0.327 m×0.103 m=0.0370 m^3≈0.037 m^3

计算结果为0.037 m^3。倘若还需参与下一步的运算，则可取0.0370 m^3。

(3)乘方与开方运算

最后结果的有效数字位数与被乘方、开方数的有效数字位数相同。若计算结果尚需参与下一步的运算，其结果可比原数多保留一位有效数字。

(4)对数运算

所取对数位数应与真数有效数字位数相等。

(5)角度的三角函数

所用函数值的位数通常随角度误差的减小而增多，一般三角函数表选择如下：

角度误差	表的位数
10″	5
1″	6
0.1″	7
0.01″	8

(6)在所有计算式中，常数π、e的有效数字位数可认为无限制，需要几位就取几位。

1.6.2.4 数据的表示方法

检测数据的表示方法通常有表格表示法、图形表示法和数学公式表示法三种。

(1)表格表示法

用表格来表示检测数据是工程技术上用得最多的数据表示方法之一。工程检测中一系列检测数据都是首先列成表格，然后再进行其他的处理。表格法简单方便，检测结果直接明了，但要进行深入的分析，如对检测数据进行数学分析，看出变量间的函数关系，表格法就不能胜任了。列成表格是为了表示出测量结果，或是为了以后的计算方便，同时也是图示法和经验公式法的基础。

表格法有两种：一种是试验检测数据记录表，另一种是试验检测结果表。

试验检测数据记录表是该项试验检测的原始记录表，它包括的内容有试验检测目的、内容摘要、试验日期、环境条件、检测仪器设备、原始数据、测量数据、结果分析以及参加人员和负责人等。

试验检测结果表只反映试验检测结果的最后结论，一般只有几个变量之间的对应关系。试验检测结果表应力求简明扼要，能说明问题。

(2)图形表示法

在自然科学和工程技术中常用图形来表示检测数据之间的关系，如表示混凝土龄期与抗压强度的关系时，把坐标系中的横坐标设为混凝土龄期，纵坐标设为混凝土的抗压强度，根据不同龄期下的混凝土抗压强度试验数据，可以得到一条曲线，由该曲线可以分析混凝土龄期与抗压强度的变化规律。

图示法的最大优点是一目了然，即从图形中可非常直观地看出函数的变化规律，如递增性或递减性，最大值或最小值，是否具有周期性变化规律等。但是，从图形上只能得到函数变化关系而不能进行数学分析。

图示法的基本要点为：

①在直角坐标系中绘制测量数据的图形时，应以横坐标为自变量，纵坐标为对应的函数量(因变量)。

②坐标纸的大小与分度的选择应与测量数据的精度相适应。分度过粗时，影响原始数据的有效数字，绘图精度将低于试验中参数测量的精度；分度过细时会高于原始数据的精度。

坐标分度值不一定自零起，可用低于试验数据的某一数值作起点和高于试验数据的某一数值作终点，曲线以基本占满全幅坐标纸为宜。

③坐标轴应注明分度值的有效数字和名称、单位，必要时还应标明试验条件，坐标的文字书写方向应与该坐标轴平行，在同一图上表示不同数据时应该用不同的符号加以区别。

④曲线平滑方法。测量数据往往是分散的，如果用短线连接各点得到的就不是光滑的曲线，而是折线。由于每一个测点总存在误差，按带有误差的各数据所描的点不一定是真实值的正确位置。根据足够多的测量数据，完全有可能作出一光滑曲线，决定曲线的走向应考虑曲线应尽可能通过或接近所有的点，但曲线不必强求通过所有的点，尤其是两端的点，当不可能时，则应移动曲线尺，顾及所绘制的曲线与实测值之间的误差的平方和最小。此时曲线两边的点数接近于相等。

(3)数学公式表示法

测量数据不仅可用图形表示出变量之间的关系,而且可用与图形对应的一个公式来表示所有的测量数据,当然这个公式不可能完全准确地表达全部数据。因此,常把与曲线对应的公式称为经验公式,在回归分析中则称之为回归方程。

把全部测量数据用一个公式来代替,不仅有紧凑扼要的优点,而且可以对公式进行必要的数学推算,以研究各自变量与函数之间的关系。

根据一系列检测数据,建立经验公式,并且能正确表达检测数据各变量间的函数关系,往往不是一件容易的事情,在很大程度上取决于试验人员的经验和判断能力,而且建立公式的过程比较烦琐,有时还要多次反复才能得到与测量数据更接近的公式。建立公式的步骤大致可归纳如下:

①描绘曲线。以自变量为横坐标,函数量为纵坐标,将测量数据描绘在坐标纸上,再把数据点描绘成光滑曲线(详见图示法)。

②对所描绘的曲线进行分析,确定公式的基本形式。

如果数据点描绘的基本上是直线,则可用一元线性回归方法确定直线方程。

如果数据点描绘的是曲线,则要根据曲线的特点判断曲线属于何种类型。判断时可参考现成的数学曲线形状加以选择,对选择的曲线则按一元非线性回归方法处理。

如果测量曲线很难判断属何种类型,则可按多项式回归处理。

③曲线化直。如果测量数据描绘的曲线被确定为某种类型的曲线,则可先将该曲线方程变换为直线方程,然后按一元线性回归方法处理。

④确定公式中的常量。代表测量数据的直线方程或经曲线化直后的直线方程表达式为$y=a+bx$,可根据一系列测量数据确定方程中的常量a和b,其方法一般有图解法、端值法、平均法和最小二乘法等。

⑤检验所确定公式的准确性,即将测量数据中自变量值代入公式计算出函数值,看它与实际测量值是否一致,如果差别很大,说明所确定的公式基本形式可能有错误,则应建立另外形式的公式。

通常见到的两个变量间的经验公式,大多数是简单的直线关系公式,如有关水泥规范中的经验公式:标准稠度用水量P与试锥下沉深度S之间是简单的直线关系公式,即

$$P=33.4-0.185S$$

1.7 测量误差及数据统计基本知识

1.7.1 测量与误差

1.7.1.1 测量

建筑材料检测是以测量为基础的,测量可分直接测量和间接测量两大类。直接测量指无须对被测的量与其他实测的量进行函数关系的辅助计算而直接测出被测量的量。如用米

尺测量长度，用天平称质量。间接测量指利用直接测量的量与被测的量之间已知的函数关系，从而得到该被测量的量。例如通过测量物体的体积和质量，再用公式计算出物体的密度。有些物理量既可以直接测量，也可以间接测量，这主要取决于使用的仪器和测量方法。

如果对某一待测量进行多次测量，假定每次测量的条件相同，即测量仪器、方法、环境和操作人员都不变，测得一组数据 $x_1,x_2,x_3,\cdots,x_n$。尽管各次测量结果并不完全相同，但没有任何理由判断某一次测量更为精确，只能认为测量的精确程度是相同的。于是将这种具有同样精确程度的测量称为等精度测量，这样的一组数据称为测量列。由于在检测工作中一般无法保持测量条件完全不变，所以严格的等精度测量是不存在的。当某些条件的变化对测量结果影响不大或可以忽略时，可视这种测量为等精度测量。本书中有关测量误差与数据处理的讨论，都是以等精度测量为前提的。

1.7.1.2 误差

任何测量结果都有误差，这是因为测量仪器、方法、环境及试验者等都不可能完美无缺。分析测量中可能产生的各种误差并尽可能消除其影响，对测量结果中未能消除的误差做出合理估计，是检测工作的内容之一。待测量的大小在一定条件下都有一个客观存在的值，称为真值。真值是一个理想的概念，本质上是无法确定的，测量的目的就是力图得到最接近真值的数据。

(1)绝对误差

设测量值为 N，相应的真值为 N_0，测量值与真值之差为 ΔN，则有

$$\Delta N = N - N_0 \tag{1-1}$$

称为测量误差，又称为绝对误差，简称误差。

(2)相对误差

绝对误差与真值之比的百分数叫作相对误差，用 E 表示：

$$E = \frac{\Delta N}{N_0} \times 100\% \tag{1-2}$$

由于真值无法知道，所以计算相对误差时常用 N 代替 N_0。在这种情况下，N 可能是公认值，或高一级精密仪器的测量值，或测量值的平均值。

相对误差用来表示测量的相对精确度，是一个比值，属于一个无量纲的量，用百分数来表示。

1.7.1.3 误差的分类

根据误差的性质和产生的原因，误差可分为三类：系统误差、随机误差和过失误差。

(1)系统误差

所谓系统误差是指在同一条件(指方法、仪器、环境、人员)下多次测量同一物理量时，结果总是离真值向一个方向偏离，其数值一定或按一定规律变化。系统误差的特征是具有一定的规律性，它的主要来源有以下几方面：

①仪器误差：它是由于仪器本身的缺陷或没有按规定条件使用仪器而造成的误差。如试验机示值误差、仪器安装不平整、天平不等臂等。

②理论误差：它是由于测量所依据的理论公式本身的近似性，或实验方法不完善。如实

验中忽略了摩擦因素，强度试验时试块放置偏心，压力机加载加速度不是足够小等。

③个人误差：它是由于观测者本人生理或心理特点造成的误差。如有人用秒表测时间时总是反应滞后、习惯于斜视读数等。

④环境误差：由于外界环境（如光照、温度、湿度、振动等）的影响而差生的误差。如混凝土养护条件达不到标准的温度、湿度要求等。

产生系统误差的原因通常是可以被发现的，原则上可以通过修正、改进加以排除或减小。

(2)随机误差

在相同测量条件下，多次测量同一物理量时，误差的绝对值符号的变化，时大时小、时正时负，以不可预定方式变化着的误差称为随机误差，也称偶然误差。

引起随机误差的原因也很多，与仪器精密度和观察者感官灵敏度有关。如无规则的温度变化、气压的起伏、电源电压的波动等，均能引起测量值的变化。这些因素不可控制又无法预测和消除。

当测量次数很多时，随机误差就显示出明显的规律性。实践和理论都已证明，随机误差服从一定的统计规律（正态分布），其特点表现为：

①对称性，绝对值相等的正负误差出现的概率相同，即测得值是以它们的算术平均值为中心而对称分布的。

②单峰性，绝对值小的误差出现的概率比绝对值大的误差出现的概率大，测得值以算术平均值为中心呈单峰状态。

②有界性，绝对值很大的误差出现的概率趋于零。

④抵偿性，误差的算术平均值随着测量次数的增加而趋于零。因此，增加测量次数可以减小随机误差，但不能完全消除。

(3)过失误差

过失误差是由于测量者过失，如实验方法不合理、用错仪器、操作不当、读错数值或记错数据等引起的误差，是一种人为的错误，不属于测量误差，只要测量者采用严肃认真的态度，过失误差是可以避免的。

1.7.1.4 测量的精密度、准确度和精确度的概念

测量的精密度、准确度和精确度都是评价测量结果的术语，虽然它们都是评价测量结果好坏的，但含义有差别，容易被混淆。

精密度表示的是在同样测量条件下，对同一物理量进行多次测量，所得结果彼此间相互接近的程度，因而测量精密度是测量随机误差的反映。测量精密度高，随机误差小，这时测量数据比较集中，但系统误差的大小不明确。

准确度表示的是测量结果与真值接近的程度，它是系统误差的反映。测量准确度高，则测量数据的算术平均值偏离真值较小，测量的系统误差小，数据分布可能较分散，但随机误差的大小不确定。

精确度也常简称精度，表示的则是对测量的偶然误差及系统误差的综合评定。精确度高，测量数据较集中在真值附近，测量的偶然误差及系统误差都比较小。

1.7.2 数据统计基本知识

对建筑材料检测数据进行统计分析需要用到统计基本知识，在此做一简单介绍。

1.7.2.1 算术平均值

算术平均值是最常用的一种方法，用来了解一组数据的平均水平，计算公式如下：

$$\overline{x}=\frac{x_1+x_2+\cdots+x_n}{n}=\frac{\sum_{i}^{n}x_i}{n} \tag{1-3}$$

其中，$\overline{x}$—算术平均值；

$x_1,x_2,\cdots,x_n$—检测试验测得的各数据；

$\sum x_i$ —试验数据的总和；

n—参加试验数据的个数。

1.7.2.2 均方根平均值

均方根平均值主要反映一组数据值的离散程度，计算公式如下：

$$D=\sqrt{\frac{x_1^2+x_2^2+\cdots+x_n^2}{n}}=\sqrt{\frac{\sum_{i}^{n}x_i^2}{n}} \tag{1-4}$$

其中，D—各试验数据的均方根平均值；

$x_1,x_2,\cdots,x_n$—检测试验测得的各数据；

$\sum_{i}^{n}x_i^2$ —各试验数据值的平方总和；

n—试验数据的个数。

1.7.2.3 加权平均值

加权平均值是各个试验数据和其对应权数的算术平均值，计算公式如下：

$$m=\frac{x_1g_1+x_2g_2+\cdots+x_ng_n}{g_1+g_2+\cdots+g_n}=\frac{\sum_{i}^{n}x_ig_i}{\sum_{i}^{n}g_i} \tag{1-5}$$

其中，m—加权平均值；

$x_1,x_2,\cdots,x_n$—检测试验测得的各数据；

$g_1,g_2,\cdots,g_n$—试验数据的对应的权数；

$\sum x_ig_i$ —各试验数据值和其对应权数积的和。

例 11：某同学“建筑材料”期中考成绩为 82 分，期末考成绩 78 分，“建筑材料检测实训”成绩 86 分。按学校的有关规定，期中成绩占 20%，期末成绩占 30%，实训成绩占 50%。试计算其平均成绩与加权综合成绩。

解：平均成绩：

$$\overline{x}=\frac{82+78+86}{3}=82.0$$

加权综合成绩：

$$m=\frac{82\times20\%+78\times30\%+86\times50\%}{20\%+30\%+50\%}=82.8$$

其实，在每一个数的权数相同的情况下，加权平均值就等于算术平均值。

1.7.2.4 误差计算

(1)范围误差

一组测量数据中，最大值与最小值之差称为极差，又称范围误差，它能体现一组测定值的最大离散范围。

如3块砂浆试件抗压强度分别为5.23 MPa、5.62 MPa、5.76 MPa，则这组试件的极差或范围误差为(5.76－5.23)MPa＝0.53 MPa。

(2)算术平均误差

算术平均误差的计算公式如下：

$$\delta=\frac{|x_1-\overline{x}|+|x_2-\overline{x}|+\cdots+|x_n-\overline{x}|}{n}=\frac{\sum_{i=1}^{n}|x_i-\overline{x}|}{n} \tag{1-6}$$

其中，δ—算术平均误差；

$x_1,x_2,\cdots,x_n$—参与试验的数据；

$\overline{x}$—试验数据值的算术平均值；

n—参加试验数据的个数；

(3)标准差(均方根差)

只知道试件的平均水平是不够的，要了解数据的波动情况及其带来的危险性，还应知其标准差，标准差(均方根差)是衡量波动性(离散性大小)的指标，标准差的计算公式如下：

$$S=\sqrt{\frac{(x_1-\overline{x})^2+(x_2-\overline{x})^2+\cdots+(x_n-\overline{x})^2}{n-1}}=\sqrt{\frac{\sum_{i=1}^{n}(x_i-\overline{x})^2}{n-1}} \tag{1-7}$$

其中，S—标准差(均方根差)；

$x_1,x_2,\cdots,x_n$—参与试验的数据；

$\overline{x}$—试验数据值的算术平均值；

n—参加试验数据的个数。

例12：某厂某月生产10个编号的325矿渣水泥，28 d抗压强度分别为37.3、35.0、38.4、35.8、36.7、37.4、38.1，37.8，36.2，34.8 MPa，求标准差。

解：10个编号水泥的算术平均强度

$$\overline{x}=\frac{\sum x}{n}=\frac{367.5}{10}=36.8\ \text{MPa}$$

下面列表计算标准差S：

x	37.3	35.0	38.4	35.8	36.7	37.4	38.1	37.8	36.2	34.8
$\overline{x}$	36.8	36.8	36.8	36.8	36.8	36.8	36.8	36.8	36.8	36.8
$x-\overline{x}$	0.5	−1.8	1.6	−1.0	−0.1	0.6	1.3	1.0	−0.6	−2.0
$(x-\overline{x})^2$	0.25	3.24	2.56	1.0	0.01	0.36	1.69	1.0	0.36	4.0

由表中算得

$$\sum (x-\overline{x})^2 = 14.47$$

则，标准差

$$S=\sqrt{\frac{\sum (x-\overline{x})^2}{n-1}}\sqrt{\frac{14.47}{9}}=1.27\ \text{MPa}$$

(4)极差估计法

极差表示数据的离散范围，也可以来度量数据的离散性，是数据最大值和最小值之差，计算公式如下：

$$w=x_{\max}-x_{\min} \tag{1-8}$$

当一批数据不多时($n\leqslant 10$)，可用极差法估计总体的标准差，计算公式如下：

$$\sigma=\frac{1}{d_n}w \tag{1-9}$$

当一批数据很多时($n>10$)，要将数据随机分成若干个数量相等的组，对每组数据求极差，并计算平均值，计算公式如下：

$$\overline{w}=\frac{\sum_{i=1}^{m} w_i}{m} \tag{1-10}$$

则标准差的估计值可用如下公式计算：

$$\sigma=\frac{1}{d_n}\overline{w} \tag{1-11}$$

式中，d_n—与 n 有关的系数(见表 1-6)；

m—数据分组的组数；

n—每一组内数据拥有的个数；

σ—标准差的估计值；

w、$\overline{w}$—分别为极差、各组极差的平均值。

极差估计法的特点是计算方便，但反映实际情况的精确度较差。

表 1-6　极差估计法 d_n 系数表

n	1	2	3	4	5	6	7	8	9	10
d_n	—	1.128	1.693	2.059	2.326	2.34	2.704	2.847	2.970	3.078
$\frac{1}{d_n}$	—	0.887	0.591	0.486	0.430	0.395	0.370	0.351	0.337	0.325

1.7.2.5 变异系数

标准差是表示绝对波动大小的指标，当测量值较大时，绝对误差一般较大；测量值较小时，绝对误差一般较小。当考虑相对波动的大小时，可用标准差与试验数据的算术平均值的比值来表示，称为变异系数或标准差率，计算公式如下：

$$C_v = \frac{S}{\overline{x}} \times 100\% \tag{1-12}$$

式中，C_v—变异系数(%)；

S—标准差；

$\overline{x}$—试验数据的算术平均值。

例 12：甲、乙两厂生产 32.5 级矿渣水泥，甲厂某月生产的水泥抗压强度平均值为 38.8 MPa，标准差为 1.68 MPa。同月乙厂生产的水泥抗压强度平均值为 35.6 MPa，标准差为 1.62 MPa，求两厂的变异系数

解：甲厂

$$C_v = \frac{1.68}{38.8} \times 100\% = 4.30\%$$

乙厂

$$C_v = \frac{1.62}{35.6} \times 100\% = 4.55\%$$

从标准差来看，甲厂大于乙厂；但从变异系数来看甲厂小于乙厂。说明乙厂的水泥强度相对波动比甲厂大，乙厂产品稳定性较差。

1.7.2.6 异常数据的剔除

在一组条件完全相同的重复试验中，如果发现某个过大或过小的异常数据，应按数理统计方法给以鉴别并决定取舍。常用方法有拉依达法、格拉布斯法等。

(1)拉依达法

当试验次数较多时，可简单地用 3 倍标准差(3S)作为确定可疑数据取舍的标准。当某一测量数据(x_i)与其测量结果的算术平均值($\overline{x}$)之差大于 3 倍标准偏差时，用公式表示为：$|x_i - \overline{x}| > 3S$，则该测量数据应舍弃。这是美国混凝土标准中所采用的方法，由于该方法是以 3 倍标准差作为判别标准，所以拉依达法亦称 3 倍标准偏法，或简称 3S 法。

取 3S 的理由是：根据随机变量的正态分布规律，在多次试验中，测量值落在 3 倍标准差之间的概率为 99.73%，之外的概率仅为 0.27%，也就是在近 400 次试验中才能遇到一次，这种事件为小概率事件，出现的可能性很小，几乎是不可能。因而在实际试验中，一旦出现，就认为该测量数据是不可靠的，应将其舍弃。

另外，当测量值与平均值之差大于 2 倍标准偏差(即 $|x_i - \overline{x}| > 2S$)时，则该测量值应保留，但需存疑。如发现试件制作、试验过程中有可疑的变异时，该测量值则应予舍弃。

拉依达法简单方便，无须查表，但要求较宽，当试验检测次数较多或要求不高时可以应用，当试验检测次数较少时(如 $n<10$)，在一组测量值中即使混有异常值，也无法舍弃。

(2)格拉布斯法

格拉布斯法假定测量的结果服从正态分布，并根据顺序统计量来确定可疑数据的取舍，确定步骤如下：

①把试验所得数据从小到大排列：

$$x_1, x_2, \cdots, x_n$$

②选定显著性水平 α（一般 $\alpha=0.05$），根据 n 及 α 从 $T(n,a)$（见表 1-7）求得 T 值。

③计算统计量 T 值。

当 x_1 为可疑时，则

$$T=|\bar{x}-x_1|/S \tag{1-13}$$

当最大值 x_n 为可疑时，则

$$T=|\bar{x}-x_n|/S \tag{1-14}$$

式中，$\bar{x}$—试件平均值，$\bar{x}=\dfrac{1}{n}\sum\limits_{i}^{n}x_i$；

n—试件个数；

x_i—测定值；

S—试件标准差，$S=\sqrt{\dfrac{1}{n}\sum\limits_{i=1}^{n}(x_i-\bar{x})^2}$。

④查表 1-7 中相应于 n 与 α 的 $T(n,a)$ 值。

⑤当计算的统计量 $T\geqslant T(n,a)$ 时，则假设的可以数据是对的，应与舍弃；当 $T<T(n,a)$ 时，则不能舍弃。

这样判断错误率为 $\alpha=0.05$。将相应的 n 及 $\alpha=1\%, 2.5\%, 5.0\%$ 的 $T(n,a)$ 值列于表 1-7 中。

表 1-7　$T(n,a)$ 值

α(%)	n 为下列数值时所对应的 T 值							
	3	4	5	6	7	8	9	10
5.0	1.15	1.46	1.67	1.82	1.94	2.03	2.11	2.18
2.5	1.15	1.48	1.71	1.89	2.02	2.13	2.21	2.29
1.0	1.15	1.49	1.75	1.94	2.10	2.22	2.32	2.41

以上两种方法中，拉依达法（三倍标准差法）较简单，但要求较低，几乎绝大部分数据不可舍弃；格拉布斯法，适用于标准差不能掌握的情况。

1.8　建材检测实验室管理

1.8.1 实验室管理

学校实训室应参照建筑工程材料检测实验室建立一系列的管理制度，以让同学们体验建筑材料检测的工作环境。建材工程检测实验室是承担建筑工程材料质量检测的重要单位，为规范检测单位和个人的行为，维护检测单位和检测从业人员的信誉和确保检测结果的可靠性，检测单位应建立统一、全面的管理制度。材料检测实验室的管理制度主要包括：

实验室管理制度；

实验室人员岗位责任制度；

实验室材料试验管理程序；

样品收办程序与检验报告制度；

试验资料管理制度；

实验室安全制度；

试验操作规程；

计量测试仪器设备的定期检定以及维修保养制度；

标准室定期检测检查制度；

试验委托制度；

检测事故分析、报告制度；

检测质量申诉的处理制度；

危险品的保管、发放制度；

试验报告结论与签字制度；

各种大型仪器设备的操作规程。

1.8.2 实验室管理制度

(1)试验工作按照国家标准及行业(或部)颁布的标准进行。

(2)试验人员必须经过培训，并服从实验室负责人的统一安排。

(3)爱护仪器、设备，保持器具的完好精确。

(4)维护试验场地的整洁，试验每告一段落，必须清理场地。

(5)定时对贵重的仪器设备进行保养、检查。

(6)化验试剂、有毒物品、易燃品、放射性试验仪器应存放在安全的地方，并由专人负责保管。

(7)未经计量部门认可的及超期限的仪器具不得使用。

(8)在试验操作过程中，应集中注意力，不允许吸烟，应禁止无关人员随意靠近机器，以免发生意外。

(9)每天下班前，应做到关紧门窗，关好水、电开关。对需要昼夜运行的机器，应检查其运行状态及保险装置。特殊情况应留有专人值班。

(10)试验人员应实事求是，严禁修改伪造试验数据。

1.8.3 实验室材料试验管理程序

对实验室材料试验管理程序作如下规定：

(1)委托单位选样并填写委托试验单。

(2)实验室样品的数量、加工尺寸及委托单的填写是否符合要求：检查委托单上是否有见证人的签字，检查见证人及见证人证书。对所送试件进行编号，并填写委托及台账。

(3)实验室按国家标准或行业标准进行试验，并填写试验记录，包括试验的环境温度、湿度，试验加工情况及试验过程的特殊问题等。

(4)将试验结果进行整理计算，做出评定。

(5)试验全过程必须有严格的分工，试验、记录、计算、复核等都应有相关负责人签名，审

核无误后才能发出试验报告。

1.8.4 试验资料的内容和作用

实验室应有完整的试验资料管理制度，实验报告单、原始记录、报表、登记表必须建立台账，并统一分类、编号、归档。

试验资料包括以下内容。

(1)试验委托单：明确试验项目、内容、日期，是安排试验计划的依据之一。

(2)原始试验记录：是评定、分析试验结果的重要依据和原始凭据。

(3)试验报告单：是判断材料和工程质量的依据，是工程档案的重要组成部分，是竣工验收的主要依据。

(4)试验台账：对各种试验数量结果的归纳总结，是寻求规律、了解质量信息和核查工程项目试验资料的依据之一；此外台账的建立，也是防止徇私舞弊的较好方法之一。

1.8.5 试验安全常识

(1)进行粉尘材料试验时(如水泥、石灰等)必须戴口罩，必要时应戴防风眼镜，以保护眼睛。

(2)熟化石灰时，不得用手直接搅拌，以免烧伤皮肤。

(3)进行沥青材料试验时(如沥青熬制等)，除戴口罩外，必须戴帆布手套，以免被沥青烫伤。

(4)当进行高强度脆性材料试块(如高强度混凝土、石材等)抗压试验时，特别应注意防止试块临近破坏时的碎渣飞溅伤人。

(5)在万能试验机上进行材料拉力试验时，应防止在夹取试件时夹头伤人。夹取试件操作最好两人配合进行。

1.8.6“建筑材料实验室管理系统”软件介绍

信息化时代可使用计算机软件对建筑材料实验室进行有效且便捷的管理，“建筑材料实验室管理系统”软件目前广泛地应用在建材检测实验室的管理中，它是一个很好的免费软件，在软件下载网站如华军软件园上可轻松地找到的下载地址。

该软件由具有建材试验工作经历的程序员编写，非常符合实验室实际工作流程，安装方便，简单易用。软件取得信息产业部发的产品登记证书。“建筑材料实验室管理系统”具体分单机版和局域网版，满足建材实验室从收样、试验及报告、试验设备、台账、权限设置、收费等的各种管理需求，报告单还满足计量认证的要求。

2012 年 9 月发布了建材检测实验室管理系统 2.1.6 版局域网版及单机版，其中局域网版支持多用户、多办公室协同操作。

2.1.6 版相对旧版本更新了以下标准：

《建设用砂》(GB/T 14684-2011)于 2012 年 2 月 1 日起实施。

《建设用卵石、碎石》(GB/T 14685-2011)于 2012 年 2 月 1 日起实施。

《水泥标准稠度用水量凝结时间安定性检验方法》(GB/T 1346-2011)自 2012 年 3 月 1 日实施。

图 1-3 是建材检测实验室管理系统 2.1.6 单机版截图。

检 测 委 托 记 录
委托日期：2011-12-05
工程名称：
授权编号：
委托单位：
委托人：
委托人电话：
见证单位：
送见证人：
见证人电话：
建设单位：
质监单位：
检验依据：
工程添加
工程修改

编号	检测项目	等级	使用部位	试件组数	其　　他
1					
2					
3					
4					
5					

委托单编号：
检测费用：　元
收样人：
保　存
关　闭
当前用户：超级用户
数据库路径：D:\工程rar\prog-sys\sys
2011-12-05
16:58

需要审核的试件组编号：
1
审 核 人：2
所选试件的试验信息：委托单编号：
原始纪录单号：
委托单位：
见证单位：
见 证 人：
工程名称：
结构部位：
设计强度：
试件尺寸：
养护环境：
坍 落 度：
水泥：
石：
砂：
外加剂1：
外加剂2：
掺 和 料：
重量配合比：
制作日期：
收样日期：
试验日期：
实际龄期：
试 验 员：
试验温度：
主要试验设备：

试件编号	抗折荷重KN	抗折强度MPa

换算系数：
抗折强度：　MPa
达到设计强度：　%
试验说明：
3
审核通过
关闭窗口
当前用户：超级用户
2003-5-13
10:26

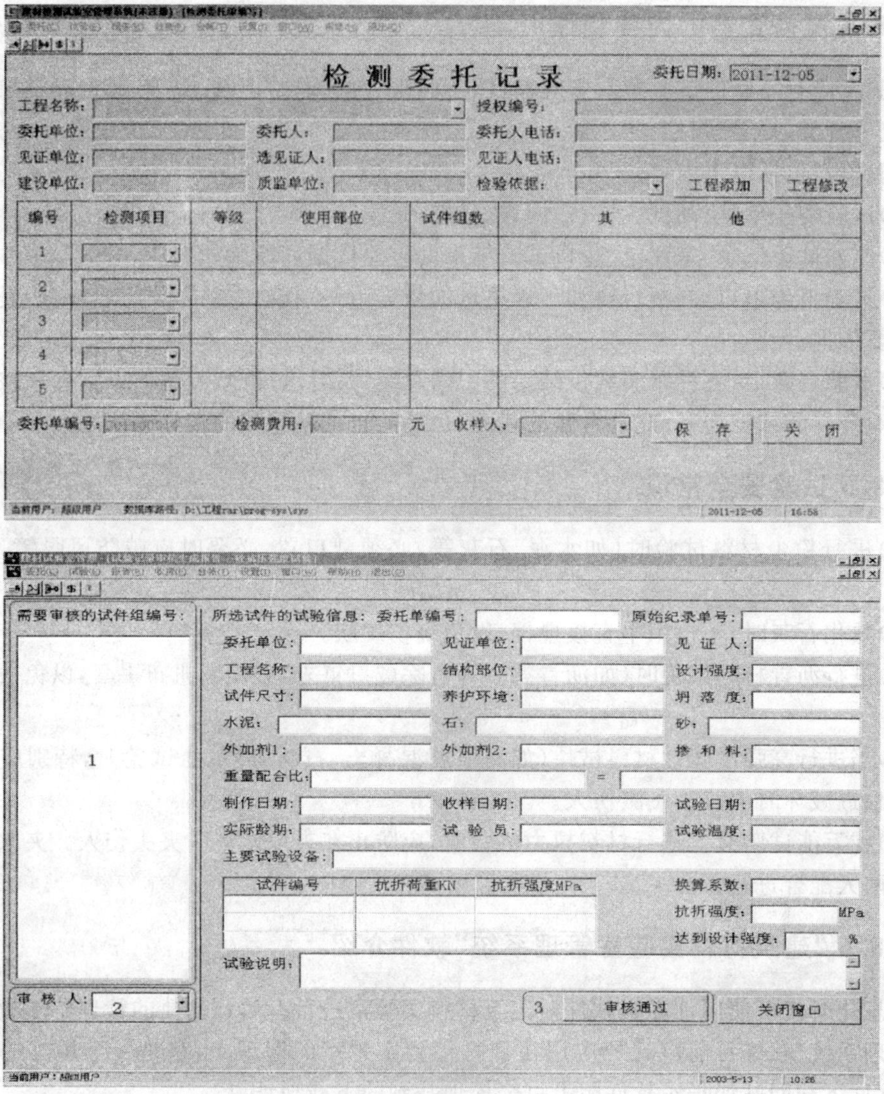

图 1-3　建材检测实验室管理系统 2.1.6 单机版截图

模块二

建筑工程材料基本物理性质检测

材料的基本物理性质及其构造特征是决定材料的强度、吸水性、吸湿性、耐水性、抗渗性、抗冻性、耐腐蚀性、导热性与吸声性能等的重要因素。

学习目标：掌握材料的实际密度、体积密度、表观密度、堆积密度的测定原理和方法，并根据所测定的数据计算材料的孔隙率和骨料的空隙率；掌握材料吸水率的测定方法。

2.1　材料密度测定

材料密度即材料的实际密度，是指材料在绝对密实状态下单位体积的质量。它是建筑工程材料的一项重要指标。除了钢材、玻璃等少数绝对密实的材料外，绝大多数材料内部都有一些孔隙。在测定有孔隙的非密实材料（如岩石、石膏等）的密度时，应把材料磨成细粉，干燥后，用李氏瓶测定其绝对密实体积。材料磨得越细，测得的密实体积数值就越精确。下面我们以水泥的密度测定为例来介绍研磨成粉的非密实或不规则材料的密度测定。

2.1.1 试验目的

掌握用李氏瓶测量材料密度的基本方法，正确使用相关仪器设备，培养材料检测的基本操作技能。通过测定材料密度可大致掌握材料的品质与性能，测定结果可用于计算材料的孔隙率。

2.1.2 主要仪器设备

(1)李氏瓶（又名密度瓶，图 2-1）；

(2)筛子：0.09 mm 方孔筛；

(3)天平：称量 1 kg，感量 0.01 g；

(4)烘箱：能使温度控制在(110±5) ℃；

(5)其他设备：恒温水槽、量筒、干燥器、无水煤油、温度计、玻璃漏斗、滴管和小勺等。

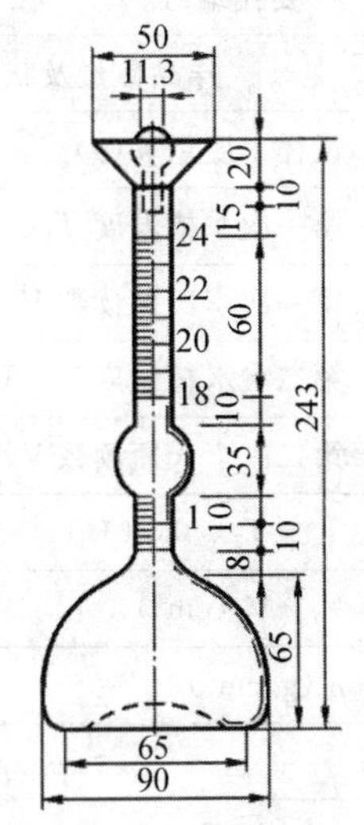

图 2-1　李氏瓶

2.1.3 试样制备

(1)将水泥试样预先通过 0.9 mm 的方孔筛，在(110±5) ℃的烘箱中干燥 1 小时，再放入干燥器中冷却至室温备用。

(2)若有多种材料进行试验时，注意将不同种类材料分开堆放，防止混淆。

2.1.4 试验步骤

(1)在李氏瓶中注入与试样不起反应的液体(如无水煤油)至突颈下部刻度线零处(以弯月面最低处为准)，盖上瓶塞，放入恒温水槽内，使刻度部分浸入水中，恒温 30min。记下第一次李氏瓶液面刻度数 V_1。在试验过程中保持水温为 20 ℃。

(2)取出李氏瓶仔细擦干净，称取水泥试样 60 g(精确至 0.01 g)，用小勺和玻璃漏斗小心地将试样徐徐送入李氏瓶中，不准有试样沾附在瓶颈内部，且要防止在李氏瓶喉部发生堵塞。

(3)用瓶内的液体将沾附在瓶颈和瓶壁上的试样洗入瓶内液体中，反复轻轻摇动李氏瓶(亦可用超声波震动)，使液体中的气泡充分排出；再次将李氏瓶静置于恒温水槽中，恒温 30 min，记下第二次李氏瓶液面刻度 V_2(两次读数时恒温水槽的温度差不大于 0.2 ℃)，根据前后两次液面读数，算出瓶内试样所占的绝对体积 $V=V_2-V_1$。

2.1.5 试验结果计算与评定

(1)按式(2-1)计算水泥密度 ρ(计算至小数第三位，且取整数到 0.01 g/cm³)。

$$\rho=\frac{m}{V} \tag{2-1}$$

式中，m — 装入瓶中水泥试样的质量，精确至 0.01 g；

V_1— 第一次液面刻度数，cm³；

V_2— 第二次液面刻度数，cm³；

V — 装入瓶中试样的绝对体积，cm³。

(2)材料的实际密度测试应以两个试样平行进行，以其结果的算术平均值作为最后结果，但两个结果之差不应超过 0.02 g/cm³，否则应重新测试。

(3)将所测得的数据和计算结果填入表 2-1 中的相应栏目中就可计算得出材料的密度。

表 2-1　材料密度试验

委托编号		样品编号		检测日期	
样品数量及状态				环境温湿度	
试样 1 质量 m(g)			试样 2 质量 m(g)		
第一次水槽温度 T_1(℃)			第一次水槽温度 T_1(℃)		
第一次李氏瓶读数 V_1(cm³)			第一次李氏瓶读数 V_1(cm³)		
第二次水槽温度 T_2(℃)			第二次水槽温度 T_2(℃)		
第二次李氏瓶读数 V_2(cm³)			第二次李氏瓶读数 V_2(cm³)		
$T_1-T_2\leqslant 0.2$(℃)			$T_1-T_2\leqslant 0.2$(℃)		
V_1-V_2(cm³)			V_1-V_2(cm³)		
ρ_1(g/cm³)			ρ_2(g/cm³)		
$\rho=(\rho_1+\rho_2)/2$ (g/cm³)					
说明					

2.2　表观密度测定

表观密度是指材料在自然状态下，单位表观体积(包括材料的固体物质体积与内部封闭孔隙体积)的质量。

表观密度的大小除取决于该材料的实际密度外，还与材料闭口孔隙的数量和孔隙中含水程度有关。因此在测定表观密度时，需注明含水状况，没有特别标明时常指气干状态下的表观密度。在进行材料对比试验时，则以绝对干燥状态下测得的表观密度值(干燥表观密度)为准。

常用的试验方法有容量瓶法、液体比重天平法和广口瓶法(简易法)，其中容量瓶法常用来测定砂的表观密度，液体比重天平法和广口瓶法常用来测定石子的表观密度。下面我们以石子的表观密度测定为例来介绍材料的表观密度测定。

2.2.1 试验目的

掌握测定材料表观密度的方法。通过测定材料的表观密度，可为空隙率的计算提供依据。

2.2.2 主要仪器设备

(1)容量瓶：容量 500 mL；

(2)台秤：称量 5 kg，感量 5 g，其型号及尺寸应能允许在臂上悬挂盛试样的吊篮，并在水中称取质量；

(3)天平：称量 2 kg，感量 1 g；

(4)吊篮：直径和高度均为 150 mm，由孔径为 1～2 mm 的筛网或钻有 2～3 mm 孔洞的耐腐蚀金属板制成；

(5)烘箱：能使温度控制在(110±5) ℃；

(6)方孔筛：公称孔径为 4.75 mm；

(7)其他：干燥器、带盖容器、搪瓷浅盘、铝制料勺、温度计、烧杯、毛巾、滴管、刷子等。

2.2.3 试样准备

(1)在石子料堆上取样时，取样部位应均匀分布。取样前先将取样部位表层铲除，然后由不同部位抽取大致等量的石子 16 份(在料堆的顶部、中部和底部均匀分布的 16 个不同部位取得)组成一组样品。将取回实验室的试样倒在平整洁净的拌板上，在自然状态下拌和均匀，用四分法缩取至各项测试所需数量的试样为止。

本试验将石子试样缩分至略多于表 2-2 规定的数量，风干后筛去 4.75 mm 以下的颗粒，洗刷干净后，分成大致相等的两份备用。

表 2-2 石子表观密度试验所需试样数量

最大粒径(mm)	小于 26.5	31.5	37.5	63.0	75.0
最少试样质量(kg)	2.0	3.0	4.0	6.0	6.0

2.2.4 试验步骤

(1)液体比重天平法(网篮法)

①取试样一份装进吊篮，并浸入盛水的容器中，水面至少高出试样 50 mm，浸 24 小时后，移放到称量用的盛水容器中，并用上下升降吊篮的方法排除气泡(试样不得露出水面)。吊篮每升降一次约 1 s，升降高度为 30～50 mm。

②测定水温后(此时吊篮应完全浸在水中)，用天平称取吊篮及试样在水中的质量(G_1)，精确至 5 g，称量时盛水容器中的水面的高度由容器的溢流孔控制。

③提起吊篮，将试样倒入浅盘，置于(105±5) ℃的烘箱中烘干至恒温，待冷却至室温后，称出其质量(G_0)，精确至 5 g。

④称取吊篮在同样温度的水中的质量(G_2)，精确至 5 g，称量时盛水容器中的水面高度仍由容器的溢流孔控制。

(2)广口瓶法(选做，本方法不宜用于测定最大粒径大于 37.5 mm 的碎石或卵石的表观密度)

①将试样浸水饱和后装入广口瓶中，装试样时广口瓶应倾斜放置，然后注满饮用水，用玻璃片覆盖瓶口，以上下左右摇晃的方法排除气泡。

②气泡排尽后，向瓶内添加饮用水，直至水面凸出到瓶口边缘，然后用玻璃片沿瓶口迅速滑行，使其紧贴瓶口水面。擦干瓶外水分后，称取试样、水、瓶和玻璃片的质量 G_1，精确至 1 g。

③将瓶中的试样倒入浅盘中，置于(105±5) ℃的烘箱中干至恒重，取出放在带盖的容器中，冷却至室温后称出试样的质量 G_0，精确至 1 g。

④将瓶洗净，重新注入饮用水，用玻璃片紧贴瓶口水面，擦干瓶外水分后称出水、瓶和玻璃片质量 G_2，精确至 1 g。

注：试验的各项称量可以在(20±5) ℃的温度范围内进行，但从试样加水静置 2 h 起直至试验结束，其温度变化不应超过 2 ℃。

2.2.5 试验结果计算与评定

(1)按下式计算石子的表观密度 ρ_0(精确至 10 kg/m^3)：

$$\rho_0 = \left(\frac{G_0}{G_0 + G_2 - G_1} - \alpha_1\right) \times \rho_{水} \tag{2-2}$$

式中，ρ_0— 试样的表观密度，kg/m^3；

G_0— 烘干后试样的质量，g；

G_1—吊篮及试样在水中的质量(试样、水、瓶和玻璃片的质量)，g；

G_2—吊篮在水中的质量(水、瓶和玻璃片)，g；

α_1— 不同水温下碎石或卵石的表观密度修正系数，参见表 2-3；

$\rho_{水}$—1000 kg/m^3。

表 2-3　不同水温下碎石或鹅卵石的表观密度修正系数

水温（℃）	15	16	17	18	19	20	21	22	23	24	25
α_1	0.002	0.003	0.003	0.004	0.004	0.005	0.005	0.006	0.006	0.007	0.008

(2)表观密度应取两份试样分别测定，并以两次结果的算术平均值作为测定结果，精确至 10 kg/m³。如两次结果之差大于 20 kg/m³，应重新取样试验。对颗粒材质不均匀的试样，如两次试验结果之差值超过 20 kg/m³时，可取四次测定结果的算术平均值作为测定值。采用数值修约比较法进行评定。

(3)将所测得的数据和计算结果填入表 2-4 的相应栏目中便可计算出材料的表观密度。

表 2-4　材料表观密度试验

委托编号		样品编号		检测日期	
样品数量及状态				环境温湿度	
试样 1			试样 2、		
试样加水时水温 T_1(℃)			试样加水时水温 T_1(℃)		
试验结束时水温 T_2(℃)			试验结束时水温 T_2(℃)		
$T_2-T_1\leqslant 2$(℃)			$T_2-T_1\leqslant 2$(℃)		
吊篮及试样在水中的质量 G_1(g)			吊篮及试样在水中的质量 G_1(g)		
吊篮在水中的质量 G_2(g)			吊篮在水中的质量 G_2(g)		
烘干后试样的质量 G_0(g)			烘干后试样的质量 G_0(g)		
$G_0+G_2-G_1$(g)			$G_0+G_2-G_1$(g)		
$\rho_{0,1}$(g/cm³)			$\rho_{0,2}$(g/cm³)		
$\rho_0=(\rho_{0,1}+\rho_{0,2})/2$(g/cm³)					
说明					

2.3　体积密度测定

材料的体积密度指的是材料单位自然体积内的质量。它与密度、表观密度、堆积密度的测定相比主要区别在于其体积的测定。体积密度中的体积包含了孔隙在内，对于规则形状和不规则形状材料体积的测定可分别采用量积法和蜡封法。

对于规则形状的材料，可以采用量积法测定其自然体积。量积法是用直尺或游标卡尺直接量出试样各方向尺寸，并用几何公式计算出其自然体积。

对于不规则形状材料，无法简单量测出其体积，可以采用蜡封法。先对试样进行蜡封处理封闭其孔隙[将试样置于熔融石蜡中，1～2 s后取出，使试样表面沾上一层蜡膜(膜厚不超过 1 mm)。如蜡膜上有气泡,用烧红的细针将其刺破,然后用热针蘸蜡封住气泡口,以防水分渗入试样],分别测出试样封蜡前后在空气中质量及封蜡后在水中的质量,利用阿基米德原理求出材料的自然体积。

下面我们以岩石为例来介绍材料的体积密度测定。

2.3.1 试验目的

掌握测定规则材料体积密度的方法(量积法)与不规则材料体积密度的方法(蜡封法)。体积密度是计算材料孔隙率,确定材料外观体积及结构自重的必要数据。通过测得的体积密度还可估计材料的某些性质(如导热系数、抗冻性、强度等)。

2.3.2 主要仪器设备

(1)游标卡尺:精度 0.02 mm;

(2)天平:称量 1000 g,感量 0.01 g;

(3)台秤:称量 10 kg,感量 10 g;

(4)其他:烘箱、直尺、漏斗、搪瓷浅盘、刷子、石蜡等。

2.3.3 试样准备

将岩石切割成边长为 50 mm 的立方体试件或直径和高均为 50 mm 的圆柱形试件,选取尺寸规整,没有缺棱缺角的试件 3 个,清洗后,放在(105±5) ℃的烘箱中,烘干至恒重,冷却至室温待用。

2.3.4 试验步骤

(1)量积法

①用天平分别称量出三个试样的质量 m(精确至 1 g)。

②用直尺或游标卡尺分别量出三个试样尺寸(正方体试件对每边分别取上、中、下三个位置测量,以三次所测值的算术平均值为准;试样为圆柱体,按两个垂直方向测量其直径,各方向上、中、下各测量三次,每件以 6 次数据的算术平均值为准确定直径,再在相互垂直的两直径与圆周交界的四点测量其高度,取 4 次测量的算术平均值为准确定高),并计算出其自然体积(V_0)。

③将测得的数据(计算出的平均值)记入表 2-5 的相应栏目中。

(2)蜡封法

①用天平称出 3 个试样在空气中的质量 m(精确至 1 g)。

②将试样置于熔融石蜡(55～58) ℃中,1～2 s 后取出,用软毛刷使试样表面沾上一层蜡膜(膜厚不超过 1 mm)。如蜡膜上有气泡,用烧红的细针将其刺破,然后再用热针蘸蜡封住气泡口,以防水分渗入试样。

③冷却后称出蜡封试样在空气中的质量 m_1(精确至 1 g)。

④用提篮将试样置于盛有水的容器中(需淹没在液体中且不能沉底),称出蜡封试样在水中的质量 m_2(精确至 1 g)。取出试件擦干表面水分后需再次称量试件质量 m_1',如有增加,说明蜡封不好,应重做试验。

⑤测定石蜡的密度 $\rho_{蜡}$（一般为 0.93 g/cm³）。

⑥将测得的数据（计算出的平均值）记入表 2-5 的相应栏目中。

2.3.5 试验结果计算及确定

（1）量积法

量积法是按式（2-3）计算体积密度 ρ_0（精确至 0.01 g/cm³），以 3 次结果的算术平均值作为测定值（精确至 0.01 g/cm³）。

$$\rho_0=\frac{m}{V_0} \tag{2-3}$$

式中，ρ_0— 体积密度，g/cm³；

m— 试样的质量，g；

V_0— 试样的体积，cm³。

（2）蜡封法

蜡封法是按式（2-4）计算体积密度 ρ_0（精确至 0.01 g/cm³）：

$$\rho_0=\frac{m}{\dfrac{m_1-m_2}{\rho_w}-\dfrac{m_1-m}{\rho_{蜡}}} \tag{2-4}$$

式中，ρ_0—体积密度，g/cm³；

m—试样在空气中的质量，g；

m_1—蜡封试样在空气中的质量，g；

m_2—蜡封试样在水中的质量，g；

ρ_w—水的密度，g/cm³；

$\rho_{蜡}$—石蜡的密度，g/cm³。

试样结构均匀时，各个测定值的差不得大于 0.02 g/cm³，以 3 个试样测定值的算术平均值作为试验结果；如试样结构不均匀（各个测定值的差大于 0.02 g/cm³）时，应列出每个试件的试验结果，并在实验报告表中注明最大、最小值。

（3）将计算结果填入表 2-5 的相应栏目中。

表 2-5　材料体积密度试验

<table>
<tr><td colspan="2">委托编号</td><td colspan="2"></td><td colspan="2">样品编号</td><td colspan="3"></td><td colspan="2">检测日期</td><td colspan="3"></td></tr>
<tr><td colspan="4">样品数量及状态</td><td colspan="5"></td><td colspan="5">环境温湿度</td></tr>
<tr><td colspan="2">立方体
试件</td><td colspan="3">长
L(cm)</td><td colspan="3">宽
B(cm)</td><td colspan="3">高
H(cm)</td><td>m
(g)</td><td colspan="2">ρ0
(g/cm³)</td></tr>
<tr><td rowspan="6">量
积
法</td><td rowspan="2">1</td><td></td><td></td><td></td><td></td><td></td><td></td><td></td><td></td><td></td><td rowspan="2"></td><td rowspan="2"></td><td rowspan="6"></td></tr>
<tr><td colspan="3"></td><td colspan="3"></td><td colspan="3"></td></tr>
<tr><td rowspan="2">2</td><td></td><td></td><td></td><td></td><td></td><td></td><td></td><td></td><td></td><td rowspan="2"></td><td rowspan="2"></td></tr>
<tr><td colspan="3"></td><td colspan="3"></td><td colspan="3"></td></tr>
<tr><td rowspan="2">3</td><td></td><td></td><td></td><td></td><td></td><td></td><td></td><td></td><td></td><td rowspan="2"></td><td rowspan="2"></td></tr>
<tr><td colspan="3"></td><td colspan="3"></td><td colspan="3"></td></tr>
</table>

续表

圆柱体试件		圆柱高 H(cm)	圆柱直径 d(cm) 上部	中部	下部	m (g)	ρ_0 (g/cm³)
量积法	1						
	2						
	3						

不规则试件		m (g)	m_1 (g)	m_1' (g)	$m_1'-m_1$ (g) ≤0.05 g	m_2 (g)	ρ_w (g/cm³)	$\rho_{蜡}$ (g/cm³)	ρ_0 (g/cm³)
蜡封法	1								
	2								
	3								

说明	
说明	ρ_0— 体积密度,g/cm³; m — 试样在空气中的质量,g; m_1— 蜡封试样在空气中的质量,g; m_2— 蜡封试样在水中的质量,g; m_1'— 蜡封试样水中称量后擦干水分再次称量的质量,g; ρ_w— 水的密度,g/cm³; $\rho_{蜡}$— 石蜡的密度,g/cm³ 量积法正方体试件 $\rho_0=\frac{m}{L\times B\times H}$; 量积法圆柱体试件 $\rho_0=\frac{m}{\frac{1}{4}\pi\times d^2\times H}$; 蜡封法 $\rho_0=\frac{m}{\frac{m_1-m_2}{\rho_w}-\frac{m_1-m}{\rho_{蜡}}}$

2.4 堆积密度测定

堆积密度是指散粒材料(如水泥、砂、卵石、碎石等)在堆积状态下(包含颗粒内部的孔隙及颗粒之间的空隙)单位容积的质量,有松散堆积密度和紧密堆积密度之分。下面我们以石子的堆积密度测定为例来介绍散粒材料的堆积密度测定。

2.4.1 试验目的

掌握散粒材料堆积密度的测定方法。它可以用来估算散粒材料的堆积体积及质量,计算材料的空隙率，为考虑运输工具、估计材料级配提供依据等。

2.4.2 主要仪器设备

(1)台秤：称量 10 kg，感量 10 g；

(2)标准漏斗(见图 2-2)；

(3)容量筒：规格要求见表 2-6；

(4)磅秤：称量 50 kg 或 100 kg，感量 50 g；

(5)其他：搪瓷浅盘、烘箱、钢尺、小铲、16 mm 垫棒等。

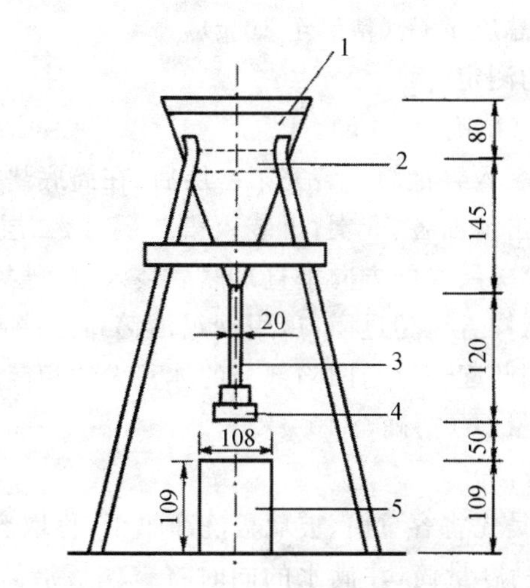

1—漏斗；2—筛子；3—导管；4—活动门；5—容积筒

图 2-2　标准漏斗与容量筒

表 2-6　容量筒的规格要求

最大粒径(mm)	容量筒容积(L)	容量筒规格		
		内径(mm)	净高(mm)	壁厚(mm)
9.5,16.0,19.0,26.5	10	208	294	2
31.5,37.5	20	294	294	3
53.0,63.0,75.0	30	360	294	4

2.4.3 试样准备

按表 2-7 的规定称取石子试样拌匀放入浅盘中，然后送至 105～110 ℃的烘箱中，烘干至恒重，也可以摊在清洁的地面上风干，分成大致相等的两份备用。

表 2-7　碎石或卵石松散堆积密度和紧密堆积密度试验所需试样数量

公称粒径(mm)	10.0	16.0	20.0	25.0	31.5	40.0	63.0	80.0
称重	40	40	40	40	80	80	120	120

2.4.4 试验步骤

(1)石子松散堆积密度的测定

①称取容量筒的质量 G_2(精确至 10 g)。

②取试样一份,用小铲将试样从容量筒口中心上方 50 mm 处徐徐倒入,让试样以自由落体落下,当容量筒上部试样呈堆体,且容量筒四周溢满时,即停止加料。

③除去凸出容量口表面的颗粒,并以合适的颗粒填入凹陷部分,使表面稍凸起部分和凹陷部分的体积大致相等(试验过程应防止触动容量筒)。

④称出试样和容量筒的总质量 G_1(精确至 10 g)。

(2)石子紧密堆积密度的测定

①称取容量筒的质量 G_2(精确至 10 g)。

②取试样一份分为三次装入容量筒。装完第一层后,在筒底垫放一根直径为 16 mm 的圆钢,将筒按住,左右交替颠击地面各 25 次;再装入第二层,第二层装满后用同样方法颠实(但筒底所垫钢筋底方向与第一层时的方向垂直),然后装入第三层,如法颠实。

③试样装填完毕,再加试样直至超过筒口,用钢尺沿筒口边缘刮去高出的试样,并用适合的颗粒填平凹处,使表面稍凸起部分与凹陷部分的体积大致相等。

④称出试样和筒的总质量 G_1(精确至 10 g)。

(3)容量筒容积的校正方法

容量筒容积的校正方法是先将容量筒、玻璃板洗净烘干,称取容量筒和玻璃板质量 g_1',再以(20±2) ℃的饮用水装满容量筒,注满水的同时将玻璃板沿筒口推移,使其紧贴水面,玻璃板下无气泡。擦干筒外壁上的水分后,称容量筒与玻璃板及水的总质量 g_2',精确到 10 g。用式(2-5)计算筒的容积 V',精确至 0.001L。

$$V'=\frac{g_2'-g_1'}{\rho_w} \tag{2-5}$$

式中,V'— 容量筒的容积,L,1 L=1000 cm^3;

g_1'— 容量筒与玻璃板的质量,g;

g_2'— 容量筒与玻璃板及水的总质量,g;

ρ_w— 水的密度,取 1 g/cm^3。

2.4.5 结果计算及评定

(1)按下式计算石子的松散或紧密堆积密度 ρ_1(精确至 10 kg/m^3):

$$\rho_1=\frac{G_1-G_2}{V} \tag{2-6}$$

式中,ρ_1— 试样的堆积密度,kg/m^3;

G_1— 容量筒的质量,kg;

G_2— 容量筒的和试样总质量,kg;

V— 容量筒的容积,m^3。

(2)松散或紧密堆积密度应取两份试样分别测定,并以两次结果的算术平均值作为测定结果,精确至 10 kg/m^3。

(3)将所测得的数据和计算结果填入表 2-8 的相应栏目中便可计算出材料的松散或紧密堆积密度。

表 2-8　材料松散堆积密度、紧密堆积密度试验

委托编号		样品编号		检测日期			
样品数量及状态				环境温湿度			
松散堆积密度				紧密堆积密度			
试样 1		试样 2		试样 1		试样 2	
容量筒体积 V (L)		容量筒体积 V (L)		容量筒体积 V (L)		容量筒体积 V (L)	
容量筒和试样总质量 G_1(g)		容量筒和试样总质量 G_1(g)		容量筒和试样总质量 G_1(g)		容量筒和试样总质量 G_1(g)	
容量筒质量 G_2 (g)		容量筒质量 G_2 (g)		容量筒质量 G_2 (g)		容量筒质量 G_2 (g)	
G_1-G_2(g)		G_1-G_2(g)		G_1-G_2(g)		G_1-G_2(g)	
$\rho_{1,1}$(g/cm³)		$\rho_{1,2}$(g/cm³)		$\rho_{1,1}$(g/cm³)		$\rho_{1,2}$(g/cm³)	
松散堆积密度(g/cm³)				紧密堆积密度(g/cm³)			
说明	$\rho_1=(\rho_{1,1}+\rho_{1,2})/2$ (g/cm³)						

(4)由测出的表观密度、松散或紧密堆积密度按式(2-7)计算,填入下表 2-8 即可算出材料的空隙率。空隙率取两次试验结果的算术平均值,精确至 1%。

$$V_0=(1-\frac{\rho_1}{\rho_2})\times 100 \tag{2-7}$$

式中:V_0—空隙率,%;

ρ_1—按式(2-6)计算的松散或紧密堆积密度,kg/m³;

ρ_2—按式(2-2)计算的表观密度,kg/m³。

表 2-8　材料空隙率试验

委托编号		样品编号		检测日期	
样品数量及状态				环境温湿度	
试样 1			试样 2		
表观密度(kg/m³)			表观密度(kg/m³)		
松散或紧密堆积密度(kg/m³)			松散或紧密堆积密度(kg/m³)		
$V_{0,1}$(%)			$V_{0,2}$(%)		
V_0(%)					
说明	$V_0=(V_{0,1}+V_{0,2})/2$ (%)				

2.5 吸水率测定

材料吸水饱和时的吸水量与材料干燥时的质量或体积之比，叫作吸水率，前者称质量吸水率，后者称体积吸水率。下面我们以石子的质量吸水率测定为例来介绍材料的吸水率测定。

2.5.1 试验目的

掌握测量材料质量吸水率的方法和技能。材料的吸水率通常小于孔隙率，因为水不能进入封闭的孔隙中。材料吸水率的大小对其堆积密度、强度、抗冻性的影响很大。

2.5.2 主要仪器设备

(1)烘箱：能使温度控制在(110±5) ℃；

(2)天平：称量 10 kg，感量 1 g；

(3)方孔筛：公称孔径为 4.75 mm；

(4)其他：容器、搪瓷浅盘、毛巾、刷子等。

2.5.3 试样准备

按 2.2.3 规定取缩分后的试样略大于表 2-9 规定的数量，洗净后分大致相等的两份备用。

表 2-9　吸水率试验所需试样数量

最大粒径(mm)	9.50	16.0	19.0	26.5	31.5	37.5	63.0	75.0
最少试样质量(kg)	2.0	2.0	4.0	4.0	4.0	6.0	6.0	8.0

2.5.4 试验步骤

(1)取试样一份放入水槽中浸泡，水面应高出试样表面约 5 mm，24 h 后从水中取出，用湿毛巾将颗粒表面水分擦干，即成为饱和面干试样，立即称出其质量 G_1，精确至 1 g。

(2)置于 105～110℃的烘箱中，烘至恒量，待冷却至室温，称取试样质量 G_2，精确至 1 g。

2.5.5 试验结果计算及评定

(1)按式(2-8)计算质量吸水率 W：

$$W=\frac{G_1-G_2}{G_2}\times 100 \tag{2-8}$$

式中，W—吸水率，%；

G_1— 饱和面干试样质量，g；

G_2— 烘干后试样质量，g。

(2)吸水率试验取两次试验结果的算术平均值，精确至 0.1%。

(3)将所测得的数据和计算结果填入表 2-10 的相应栏目中便可计算出材料的吸水率。

表 2-10　材料吸水率试验

<table>
<tr><td>委托编号</td><td></td><td>样品编号</td><td></td><td>检测日期</td><td></td></tr>
<tr><td colspan="2">样品数量及状态</td><td colspan="2"></td><td>环境温湿度</td><td></td></tr>
<tr><td colspan="3">试样 1</td><td colspan="3">试样 2</td></tr>
<tr><td colspan="2">饱和面干试样质量 G_1(g)</td><td></td><td colspan="2">饱和面干试样质量 G_1(g)</td><td></td></tr>
<tr><td colspan="2">烘干后试样质量 G_2(g)</td><td></td><td colspan="2">烘干后试样质量 G_2(g)</td><td></td></tr>
<tr><td colspan="2">W_1(%)</td><td></td><td colspan="2">W_2(%)</td><td></td></tr>
<tr><td colspan="3">W(%)</td><td colspan="3"></td></tr>
<tr><td>说明</td><td colspan="5">$W=(W_1+W_2)/2$ (%)</td></tr>
</table>

模块三

混凝土用砂、石检测

混凝土用砂是指河砂、湖砂、山砂、机制砂和淡化的海砂；混凝土用石是指碎石、卵石或者碎卵石。砂、石在混凝土中起骨架支撑的作用，所以称为骨料(或集料)。砂称为细骨料，石子称为粗骨料。砂、石颗粒级配的优劣、粒径的粗细、含泥量及泥块含量的多少会影响混凝土的强度、和易性、耐久性，也影响水泥的用量。

实训目标：通过对砂、石各项指标的检测，确定砂、石的质量与性能，合理调节其在混凝土配合比中的用量，提高混凝土的和易性、耐久性；能够正确划分检验批，缩分样品；能够正确填写委托单、记录检测原始数据，培养出具及审阅检测报告的能力。

3.0 实训准备

3.0.1 混凝土用砂、石检测试验执行标准

JGJ 52-2006	普通混凝土用砂、石质量及检验方法标准
GB 50204-2002	混凝土结构工程施工质量验收规范(2010年版)
GB/T 14684-2011	建设用砂
GB/T 14685-2011	建设用卵石、碎石
DBJT 01-65-2002	(北京)人工砂应用技术规程

*在GB 50204-2002《混凝土结构工程施工质量验收规范(2010年版)》中指出普通混凝土所用粗细骨料的质量应符合国家现行标准《普通混凝土用砂、石质量及检验方法标准》的规定。

3.0.2 术语

天然砂：由自然条件作用形成的，公称粒径小于5.00 mm的岩石颗粒，按其产源不同可分为河砂、海砂和山砂。

细度模数：衡量砂粗细程度的指标。

卵石：由自然条件作用形成的，公称粒径大于5.00 mm的岩石颗粒。

碎石：由天然岩石或卵石经破碎、筛分而得的，公称粒径大于5.00 mm的岩石颗粒。

含泥量：砂、石中公称粒径小于80 μm颗粒的含量。

砂的泥块含量：砂中公称粒径大于 1.25 mm，经水洗、手捏后小于 630 μm 的颗粒含量。

石的泥块含量：石中公称粒径大于 5.00 mm，经水浸洗、手捏后小于 2.50 mm 的颗粒含量。

针、片状颗粒：凡岩石颗粒的长度大于该颗粒所属粒级的平均粒径 2.4 倍者为针状颗粒；厚度小于平均粒径 0.4 倍者为片状颗粒(平均粒径指该粒级下、下限粒径的平均值)。

坚固性：砂、石在自然风化和其他外界物理化学因素作用下抵抗破裂的能力。

压碎值指标：人工砂、碎石或卵石抵抗压碎的能力。

表观密度：骨料颗粒单位体积(包括内封闭孔隙)的质量。

堆积密度：骨料在自然堆积状态下单位体积的质量。

紧密密度：骨料按规定方法颠实后单位体积的质量。

碱活性骨料：能在一定条件下与混凝土中的碱发生化学反应导致混凝土产生膨胀、开裂甚至破坏的骨料。

3.0.3 检验批的划分、取样、制样

3.0.3.1 检验批的划分

混凝土用砂、石在正常情况下应以同产地、同一规格、同一进场时间，每 400 m^3 或 600 t 为一个验收批，不足 400 m^3 或 600 t 亦为一验收批。砂、石的取样应按批进行。

3.0.3.2 取样

取样数量对于砂子一般 30 kg，对于石子一般 100～120 kg。

从料堆上取样时候，取样部位应该均匀分布。取样前先应将取样部位表层铲除，然后由料堆的底、中、顶均匀分布的不同部位抽取大致等量的砂或石子组成一组样品。砂为 8 份，石子为 16 份。

从皮带运输机上取样时候，应用接料器在皮带运输机机尾的出料处用与皮带等宽的容器全断面定时随机抽取大致等量的砂或石子组成一组样品。砂为 4 份，石子为 8 份。

从火车、汽车、货船上取样时候，应该从不同部位和深度抽取大致等量的砂或石子组成一组样品。砂为 8 份，石子为 16 份。

3.0.3.3 制样

石子的缩分：将所取的样品置于平板上，在自然状态下拌和均匀，并堆成堆体，然后沿相互垂直的两条直径把堆体分成大致相等的四份，取其对角线两份重新拌匀，再堆成堆体，重复上述过程，直至把样品缩分至试验所需量为止。

砂的缩分：将所取的样品置于平板上，在潮湿状态下拌和均匀，并堆成厚度为 20 mm 的圆饼，然后沿相互垂直的两条直径把堆体分成大致相等的四份，取其对角线两份重新拌匀，再堆成圆饼，重复上述过程，直至把样品缩分至略多于试验所需量为止。

砂、碎石或卵石的含水率、堆积密度、紧密密度试验所需的试样可不经缩分，在拌匀后直接进行。

3.0.4 必检项目

混凝土用砂：颗粒级配、含泥量、泥块含量、堆积密度，对于海砂或氯离子污染的砂还应检测其氯离子含量。强制性条文规定对于长期处于潮湿环境的重要混凝土结构还应当进行砂的碱活性试验。

混凝土用卵石、碎石：颗粒级配、含泥量、泥块含量、针片状颗粒含量、堆积密度，强制性条文规定对于长期处于潮湿环境的重要混凝土结构还应当进行碎石或卵石的碱活性试验；当混凝土强度等级大于等于C60时应进行碎石强度试验（可用岩石抗压强度和压碎指标表示）。

3.0.5 检测环境要求

实验室的温度应保持在(20±5) ℃。

【工程实例】某施工现场新进一批砂石料，河砂300 m^3，碎石450 m^3，请根据相关标准规范进行送样检测和验收。

【分析】根据检验批的划分规则，砂只有一个检验批，由于品种是河砂，必检项目为颗粒级配、含泥量、泥块含量、堆积密度；石子需要2个检验批，必检项目为颗粒级配、含泥量、泥块含量、针片状颗粒含量、堆积密度。

项目3.1　混凝土用砂检测

3.1.1 砂的筛分析试验

3.1.1.1 试验目的

通过试验测定砂的颗粒级配，计算砂的细度模数，评定砂的粗细程度；熟悉标准，掌握测试方法；正确使用仪器与设备，并熟悉其性能。

3.1.1.2 主要仪器设备

(1)试验筛：公称直径分别为10.0 mm、5.00 mm、2.50 mm、1.25 mm、630 μm、315 μm、160 μm的方孔筛各一只，附有筛底和筛盖。筛框直径为300 mm或200 mm。

(2)天平：称量1000 g，感量1 g。

(3)摇筛机(见图3-1)。

(4)鼓风干燥箱(见图3-2)：温度控制范围为(105±5) ℃。

(5)其他设备：搪瓷盘，硬、软毛刷等。

3.1.1.3 试验步骤

(1)将缩分后的样品过10.0 mm筛，筛除大于10.0 mm的颗粒，并计算出筛余百分率。

再将筛余后的试样缩分至不少于 1100 g，放在(105±5) ℃的温度下烘干至恒量。冷却至室温后分成大致相等的两份分别装入两个浅盘备用。

图 3-1　摇筛机

图 3-2　鼓风干燥箱

(2)准确称取试样 500 g，精确至 1 g。将试样倒入按孔径大小顺序从上到下组合(大孔在上，小孔在下)的套筛(附筛底)上，将套筛装入摇筛机内固紧，筛分 10 min。

(3)将套筛取出，按筛孔大小顺序在清洁的浅盘上再逐一进行手筛，直至每分钟筛出量不超过试样总量的 0.1%时为止。通过的试样并入下一号筛中，并和下一号筛子中的试样一起进行手筛。这样顺序依次进行，直至各号筛全部筛完为止。

(4)称各号筛的筛余量，精确至 1 g。试样在各号筛上的筛余量均不得超过按式(3-1)计算得出的剩留量，否则应将该筛的筛余试样分成两份或数份，分别再进行筛分，并以其筛余量之和作为该筛的筛余量。

$$m_t = \frac{A\sqrt{d}}{300} \tag{3-1}$$

式中，m_t—某一个筛上的筛余量，g；

d—筛孔尺寸，mm；

A—筛的面积，mm^2。

3.1.1.4　试验结果计算与评定

(1)计算分计筛余百分率：各号筛的筛余量除以试样总量的百分率，精确至 0.1%。

(2)计算累计筛余百分率：该号筛的分计筛余百分率加上该号筛以上的各分计筛余百分率之和，精确至 0.1%。

注意：筛分后，如每号筛的筛余量与筛底的剩余量之和同原试样质量之差超过 1%时，应重新试验。

(3)根据各筛两次试验的累计筛余百分率的算术平均值，采用数值修约比较法评定该试样的颗粒级配分布情况，精确至 1%。

(4)砂的细度模数应按式(3-2)计算,精确至0.01。

$$\mu_f=\frac{(\beta_2+\beta_3+\beta_4+\beta_5+\beta_6)-5\beta_1}{100-\beta_1} \tag{3-2}$$

式中,μ_f—砂的细度模数;

β_1、β_2、β_3、β_4、β_5、β_6—分别为公称直径5.00 mm、2.50 mm、1.25 mm、630 μm、315 μm、160 μm方孔筛上的累计筛余。

(5)细度模数取两次试验结果的算术平均值作为测定值,精确至0.1。当两次试验所得的细度模数之差大于0.20时,应重新取样进行试验。

(6)砂的实际颗粒级配应符合表3-1中的累计筛余规定,除公称粒径为5.00 mm和630 μm的累计筛余外,其余公称粒径的累计筛余可稍稍超出分界线,但总超出量不应大于5%。

(7)评定:根据公称直径630 μm筛上的累计筛余百分率确定该批砂或该试样属于哪一区砂;根据细度模数确定该批砂或该试样属于粗砂、中砂、细砂、特细砂。

表3-1 砂的颗粒级配

级配区	1区	2区	3区
公称粒径	累计筛余(%)		
5.00 mm	10~0	10~0	10~0
2.50 mm	35~5	25~0	15~0
1.25 mm	65~35	50~10	25~0
630 μm	85~71	70~41	40~16
315 μm	95~80	92~70	85~55
160 μm	100~90	100~90	100~90

(8)砂的级配类别应符合表3-2规定。

表3-2 砂的级配类别

类别	Ⅰ	Ⅱ	Ⅲ
级配区	2区	1、2、3区	

砂按细度模数分为粗、中、细、特细四级,其中粗砂:3.7~3.1;中砂:3.0~2.3;细砂:2.2~1.6;特细砂:1.5~0.7。

3.1.2 砂的堆积密度、紧密密度试验

3.1.2.1 试验目的

通过试验测定砂的堆积密度,为混凝土配合比设计和估计运输工具的数量或存放堆场的面积等提供依据;掌握测试方法,正确使用所用仪器与设备。

3.1.2.2 主要仪器设备

(1)台秤:称量5 kg,感量5 g;

(2)容量筒:金属制,圆柱形,内径 108 mm,净高 109 mm,筒壁厚 2 mm,容积 1 L,筒底厚度为 5 mm;

(3)鼓风干燥箱:温度控制范围为(105±5) ℃;

(4)垫棒:直径为 10 mm,长度为 500 mm 的圆钢;

(5)试验筛:公称直径为 5.00 mm 的方孔筛;

(6)其他设备:直尺,搪瓷盘,漏斗或铝制料勺等。

3.1.2.3 试验步骤

(1)先用公称直径为 5.00 mm 筛筛除大于 5.00 mm 的颗粒,再进行缩分。取缩分后的样品不少于 3 L,装入浅盘,在温度为(105±5) ℃的烘箱中烘干至恒重,取出并冷却至室温(试样烘干后若有结块,应在试验前先予捏碎),分成大致相等的两份备用。称出容量筒的质量(m_1)。

(2)堆积密度:取试样一份,用漏斗或料勺将试样从容量筒中心上方不超过 50 mm 处以自由落体的方式徐徐倒入,当容量筒上部试样呈堆体且容量筒四周溢满时,停止加入,用直尺沿筒口中心线向两个相反方向刮平(试验过程应防止触动容量筒),刮去多余试样,称出试样与容量筒总质量(m_2),精确至 1 g。

(3)紧密密度:取试样一份,分两次装入容量筒。装完一层后(约计稍高于 1/2),在筒底垫一根直径为 10 mm 的圆钢,将筒按住,左右交替击地面各 25 次,然后再装入第二层;第二层装满后用同样的方法进行颠实(但筒底所垫放钢筋的方向应与第一层放置方向垂直);再加试样直至超出容量筒筒口,然后用直尺将多余的试样沿筒口中心线向两个相反的方向刮平,称出试样与容量筒总质量(m_2),精确至 1 g。

(4)试验结果计算与评定:堆积密度(ρ_L)或紧密密度(ρ_C)按式(3-3)计算,精确至 10 kg/m^3,以两次试验结果的算术平均值作为测定值,采用修约值比较法进行评定。

$$\rho_L(\rho_C)=\frac{m_2-m_1}{V} \tag{3-3}$$

式中,$\rho_L(\rho_C)$—堆积密度(紧密密度),kg/m^3;

m_1—容量筒的质量,kg;

m_2—砂与容量筒总质量,kg;

V—容量筒的容积,L。

堆积密度(紧密密度)空隙率按式(3-4)、式(3-5)计算,精确至 1%,以两次试验结果的算术平均值作为测定值,采用修约值比较法进行评定。

$$V_L=(1-\frac{\rho_L}{\rho})\times 100\% \tag{3-4}$$

$$V_C=(1-\frac{\rho_C}{\rho})\times 100\% \tag{3-5}$$

式中,V_L—堆积密度的空隙率,%;

V_C—紧密密度的空隙率,%;

ρ_L—砂的堆积密度,kg/m^3;

ρ_C—砂的紧密密度,kg/m^3;

ρ—砂的表观密度,kg/m³。

(5)砂的表观密度、松散堆积密度、空隙率应符合以下规定:

表观密度不小于 2500 kg/ m³;

松散堆积密度不小于 1400 kg/m³;

空隙率不大于 44%。

3.1.3 砂的含泥量(标准法)

3.1.3.1 试验目的

测定砂中的含泥量。

3.1.3.2 主要仪器设备

(1)天平:称量 1000 g,感量 0.1 g;

(2)鼓风干燥箱:温度控制范围为(105±5) ℃;

(3)试验筛:筛孔公称直径为 80 μm 及 1.25 mm 的方孔筛各一只;

(4)其他设备:洗砂用的容器及烘干用的浅盘等。

3.1.3.3 试验步骤

(1)取缩分后的样品不少于 1100 g,装入浅盘,在温度为(105±5) ℃的烘箱中烘干至恒重,取出并冷却至室温,分成大致相等的两份备用。试验前将 80 μm 及 1.25 mm 筛的两面先用水润湿。

(2)各称取 400 g(m_0),精确至 0.1 g,将试样倒入淘洗容器中,并注入饮用水,使水面高出试样约 150 mm,充分搅拌均匀后,浸泡 2 h,然后用手在水中淘洗试样,使尘屑、淤泥和黏土与砂粒分离,并使之悬浮或溶于水中。将浑浊液缓缓地倒入 1.25 mm 及 80 μm 的方孔套筛(1.25 mm 筛放在 80 μm 筛上面)上,滤去小于 80 μm 的颗粒。在整个试验过程中应注意避免砂粒丢失。

(3)再次向容器中注入饮用水,重复上述操作,直到容器内的水目测清澈为止。

(4)用水淋洗剩余在筛上的细粒,并将 80 μm 筛放在水中(使水面略高出筛中砂粒的上表面)来回摇动,以充分洗除小于 80 μm 的颗粒。然后将两只筛上的筛余颗粒和清洗容器中已经洗净的试样一并倒入搪瓷浅盘,置于温度为(105±5) ℃的烘箱中烘干至恒重,冷却至室温后,称试样的重量(m_1),精确至 0.1 g。

3.1.3.4 试验结果计算与评定

(1)砂中含泥量应按式(3-6)计算,精确至 0.1%,取两次试样试验结果的算术平均值作为测定值,采用修约值比较法进行评定。两次结果之差大于 0.5%,应重新取样进行试验。

$$\omega_c=\frac{m_0-m_1}{m_0}\times100\% \tag{3-6}$$

式中,ω_c—砂的含泥量,%;

m_0—试验前的烘干试样质量,g;

m_1—试验后的烘干试样质量，g。

(2)天然砂中的含泥量应当符合表 3-3 规定。

表 3-3　天然砂的含泥量

类别	Ⅰ	Ⅱ	Ⅲ
含泥量(按质量计)，%	≤1.0	≤3.0	≤5.0
混凝土强度等级	≥C60	C55～C30	≤C30
含泥量(按质量计)，%	≤2.0	≤3.0	≤5.0

注：对有抗冻、抗渗或其他特殊要求的小于或等于 C25 混凝土用砂，含泥量不大于 3.0%。

3.1.4 砂的泥块含量试验

3.1.4.1 试验目的

测定砂中的泥块含量。

3.1.4.2 主要仪器设备

(1)天平：称量 1000 g，感量 0.1 g；称量 5000 g，感量 5 g。

(2)鼓风干燥箱：温度控制范围为(105±5) ℃。

(3)试验筛：筛孔公称直径为 630 μm 及 1.25 mm 的方孔筛各一只。

(4)其他设备：洗砂用的容器(深度大于 250 mm)及烘干用的搪瓷浅盘等。

3.1.4.3 试验步骤

(1)将样品缩分至不少于 5000 g，装入浅盘，在温度为(105±5) ℃的烘箱中烘干至恒重，取出并冷却至室温后过 1.25 mm 筛，筛除小于 1.25 mm 的颗粒，取筛上的砂不少于 400 g，分成大致相等的两份备用。

(2)称取试样 200 g(m_1)，精确至 0.1 g，将试样置于淘洗容器中，并注入饮用水，使水面高出试样约 150 mm，充分搅拌均匀后，浸泡 24 h；用手在水中碾碎泥块，再把试样放在公称直径 630 μm 的方孔筛上，用水淘洗，直至容器内水目测清澈为止。

(3)将保留下来的试样应小心地从筛里取出，装入浅盘后，置于温度为(105±5) ℃烘箱中烘干至恒重，冷却后称其质量(m_2)，精确至 0.1 g。

3.1.4.4 试验结果计算与评定

(1)砂中泥块含量应按式(3-7)计算，精确至 0.1%，取两次试样试验结果的算术平均值作为测定值，采用修约值比较法进行评定。

$$\omega_{c,L}=\frac{m_1-m_2}{m_1}\times 100\% \tag{3-7}$$

式中，$\omega_{c,L}$—砂的泥块含量，%；

m_1—试验前的烘干试样质量，g；

m_2—试验后的烘干试样质量，g。

(2)砂的泥块含量应当符合表 3-4 规定。

表 3-4　砂的泥块含量

类　别	Ⅰ	Ⅱ	Ⅲ
泥块含量(按质量计)，%	0	≤1.0	≤2.0
混凝土强度等级	≥C60	C55～C30	≤C30
泥块含量(按质量计)，%	≤0.5	≤1.0	≤2.0

项目 3.2　混凝土用卵石、碎石检测

3.2.1 碎(卵)石的筛分析试验

3.2.1.1 试验目的

通过筛分试验测定碎石或卵石的颗粒级配，为设计混凝土配合比提供参数，以便于选择优质粗骨料，达到节约水泥和改善混凝土性能的目的；掌握测试方法，正确使用所用仪器与设备，并熟悉其性能。

3.2.1.2 主要仪器设备

(1)试验筛：筛孔公称直径为 100.0 mm、80.0 mm、63.0 mm、50.0 mm、40.0 mm、31.5 mm、25.0 mm、20.0 mm、16.0 mm、10.0 mm、5.00 mm 和 2.50 mm 的方孔筛，并附有筛底和筛盖，筛框内径为 300 mm；

(2)天平：5 kg，感量 1 g；

(3)电子秤：20 kg，感量 1 g；

(4)摇筛机；

(5)鼓风干燥箱：温度控制范围为(105±5) ℃；

(6)其他设备：搪瓷盘、毛刷等。

3.2.1.3 试验步骤

(1)试验前，应将样品缩分至表 3-5 所规定的试样最少质量，并烘干或风干后备用。

(2)根据试样的最大粒径，取缩分后的试样不少于表 3-5 之规定，烘干后备用。

表 3-5　筛分析所需试样的最少质量

公称直径(mm)	10.0	16.0	20.0	25.0	31.5	40.0	63.0	80.0
试样最少质量(kg)	2.0	3.2	4.0	5.0	6.3	8.0	12.6	16.0

(3)将试样倒入按孔径大小顺序从上到下组合(大孔在上,小孔在下)的套筛(附筛底)上,将套筛装入摇筛机内固紧,筛分10 min。

(4)将套筛取出,按筛孔大小顺序再逐一进行手筛,直至每分钟筛出量小于试样总量的0.1%时为止;通过的颗粒并入下一号筛中,并和下一号筛子中的试样一起进行手筛。按这样顺序依次进行,直至各号筛全部筛完为止。当筛余颗粒的粒径大于20.0 mm时,在筛分的过程中允许用手指拨动颗粒。

(5)称出各筛筛余的质量,精确1 g。

3.2.1.4 试验结果计算与评定

(1)计算分计筛余百分率:各号筛上的筛余量与试样总量之比,精确至0.1%。

(2)计算累计筛余百分率:该号筛及以上各筛的分计筛余百分率之和,精确至1%。筛分后,如每号筛的筛余量和筛底的筛余量之和与原试样质量之差超过1%,应重新试验。

(3)根据各号筛的累计筛余百分率,采用数值修约比较法评定该试样的颗粒级配和最大粒径。

(4)卵石和碎石的颗粒级配应符合表3-6之规定。现行标准规定碎石颗粒级配不符合要求不可使用在混凝土中。

表3-6　卵石和碎石的颗粒级配

级配情况	公称粒级(mm)	累计筛余,按质量(%) 方孔筛筛孔边长尺寸(mm)											
		2.36	4.75	9.50	16.0	19.0	26.5	31.5	37.5	53.0	63.0	75.0	90
连续粒级	5～10	95～100	80～100	0～15	0	—	—	—	—	—	—	—	—
	5～16	95～100	85～100	30～60	0～10	0	—	—	—	—	—	—	—
	5～20	95～100	90～100	40～80	—	0～10	0	—	—	—	—	—	—
	5～25	95～100	90～100	—	30～70	—	0～5	0	—	—	—	—	—
	5～31.5	—	90～100	70～90	—	15～45	—	0～5	0	—	—	—	—
	5～40.0		95～100	70～90	—	30～65			0～5	0	—	—	—
单粒级	10～20	—	95～100	85～100	—	0～15	0	—	—	—	—	—	—
	16～31.5	—	95～100	—	85～100	—	—	0～10	0	—	—	—	—
	20～40	—	—	95～100	—	80～100	—	—	0～10	0	—	—	—
	31.5～63	—	—	—	95～100	—	—	75～100	45～75	—	0～10	—	—
	40～80	—	—	—	—	95～100	—	—	70～100	—	30～60	0～10	0

3.2.2 碎(卵)石堆积密度、紧密密度试验

3.2.2.1 试验目的

碎(卵)石的堆积密度的大小是粗骨料级配优劣和空隙多少的重要标志,是进行混凝土

配合比设计的必要资料，或用以估计运输工具的数量及存放堆场面积等。通过试验应掌握测试方法，正确使用所用仪器与设备，并熟悉其性能。

3.2.2.2 主要仪器设备

(1)磅秤：称量 100 kg，感量 10 g；

(2)电子秤：称量 20 kg，感量 1 g；

(3)容量筒：金属制，10 L(最大粒径为 10.0～25.0 mm 时适用)、20 L(最大粒径为 31.5 mm、40.0 mm 时适用)、30 L(最大粒径≥50.0 mm 时适用)；

(4)垫棒：直径 25 mm，长 600 mm 的圆钢；

(5)鼓风干燥箱：温度控制范围为(105±5) ℃；

(6)其他设备：直尺、搪瓷浅盘、平头铁锹等。

3.2.2.3 试验步骤

(1)按筛分析所需试样的最少质量称取缩分后的试样，放入浅盘，在(105±5) ℃的烘箱中烘干，也可摊在清洁的地面上风干，拌匀后分成两份备用。称出容量筒的质量(m_1)，精确至 10 g。

(2)堆积密度：取试样一份，置于平整干净的地板(或铁板)上，用平头铁锹铲起试样，从容量筒口中心上方 50 mm 处，使试样以自由落体落入容量筒内。当容量筒上部试样呈堆体且向四周溢满时，即停止加料。除去凸出筒口表面的颗粒，并以合适的颗粒填入凹陷部分，使表面凸起部分与凹陷部分的体积大致相等。称出试样和容量筒的总质量(m_2)，精确至 10 g。

(3)紧密密度：取试样一份，分三层装入容量筒。装完一层后，在筒底垫放一根直径 25 mm的钢筋，将筒按住并左右交替颠击地面各 25 下，然后装入第二层。第二层装满后，用同样方法颠实(但筒底所垫钢筋的方向应与第一层放置方向垂直)，然后再装第三层，如法颠实。待三层试样装填完毕后，加料直至试样超出容量筒筒口，用钢尺沿筒口边缘滚转，刮下高出筒口的颗粒，并用合适的颗粒填平凹处，使表面凸起部分与凹陷部分的体积大致相等。称出试样和容量筒的总质量(m_2)，精确至 10 g。

3.2.2.4 试验结果计算与评定

(1)堆积密度(ρ_L)或紧密密度(ρ_C)按式(3-8)计算，精确至 10 kg/m³，以两次试验结果的算术平均值作为测定值，采用修约值比较法进行评定。

$$\rho_L(\rho_C)=\frac{m_2-m_1}{V} \tag{3-8}$$

式中，ρ_L—堆积密度，kg/m³；

ρ_C—紧密密度，kg/m³；

m_1—容量筒的质量，kg；

m_2—试样与容量筒总质量，kg；

V—容量筒的容积，L。

(2)空隙率按式(3-9)、式(3-10)计算，精确至 1%，以两次试验结果的算术平均值作为测

定值，采用修约值比较法进行评定。

$$V_L=(1-\frac{\rho_L}{\rho})\times100\% \quad (3\text{-}9)$$

$$V_C=(1-\frac{\rho_C}{\rho})\times100\% \quad (3\text{-}10)$$

式中，V_L、V_C—空隙率，%；

ρ_L—碎石或卵石的堆积密度，kg/m^3；

ρ_C—碎石或卵石的紧密密度，kg/m^3；

ρ—碎石或卵石的表观密度，kg/m^3。

(3)连续级配卵石、碎石的堆积空隙率应当符合表 3-7 规定。

表 3-7 连续级配卵石、碎石的堆积空隙率

类别	Ⅰ	Ⅱ	Ⅲ
空隙率(%)	≤43	≤45	≤47

3.2.3 碎(卵)石含泥量试验

3.2.3.1 试验目的

测定碎(卵)石中小于 0.080 mm 的尘屑、淤泥和黏土的总含量。

3.2.3.2 主要仪器设备

(1)电子秤：称量 20 kg，感量 1 g；

(2)电热鼓风干燥箱：温度控制范围为(105±5) ℃；

(3)试验筛：筛孔公称直径为 0.080 mm 及 1.25 mm 的方孔筛各一只；

(4)容器：容积约 10 L 的瓷盘或金属盒；

(5)其他设备：搪瓷浅盘、毛刷等。

3.2.3.3 试验步骤

(1)取缩分后的试样不少于表 3-8 所规定的 2 倍数量(注意防止细粉丢失)，并置于温度为(105±5) ℃的干燥箱内烘干至恒重，冷却至室温后分成大致相等的两份备用。试验前将 0.080 mm 及 1.25 mm 筛的两面先用水润湿。

表 3-8 含泥量试验所需的试样最少质量

最大公称粒径(mm)	10.0	16.0	20.0	25.0	31.5	40.0	63.0	80.0
试样量不少于(kg)	2.0	2.0	6.0	6.0	10.0	10.0	20.0	20.0

(2)根据试样的最大粒径，称取表 3-8 规定数量的试样一份(m_0)，精确至 1 g。将试样倒入淘洗容器中，并注入饮用水，使水面高出试样约 150 mm，充分搅拌均匀后，浸泡 2h。用手在水中淘洗试样，使尘屑、淤泥和黏土与石子颗粒分离，并使之悬浮或溶于水中。将浑浊液缓缓地倒入 1.25 mm 及 0.080 m 的方孔套筛(1.25 mm 筛放在 0.080 mm 筛上面)上，滤去

小于 0.080 mm 的颗粒。在整个试验过程中应注意避免大于 0.080 mm 的颗粒丢失。

(3)再次向容器中注入饮用水,重复上述操作,直到容器内的水目测清澈为止。

(4)用水淋洗剩余在筛上的细粒,并将 0.080 mm 筛放在水中(使水面略高出筛中石子的上表面)来回摇动,以充分洗除小于 0.080 mm 的颗粒。然后将两只筛上的筛余颗粒和清洗容器中已经洗净的试样一并倒入搪瓷盘,置于温度为(105±5) ℃的干燥箱中烘干至恒重,冷却至室温后,称其质量(m_1),精确至 1 g。

3.2.3.4 试验结果计算与评定

(1)碎(卵)石中含泥量应按式(3-11)计算,精确至 0.1%,取两次试样试验结果的算术平均值作为测定值,采用修约值比较法进行评定。若两次结果之差大于 0.2%时,应重新取样进行试验。

$$\omega_c=\frac{m_0-m_1}{m_0}\times 100\% \tag{3-11}$$

式中,ω_c—碎(卵)石的含泥量,%;

m_0—试验前的烘干试样质量,g;

m_1—试验后的烘干试样质量,g。

(2)卵石、碎石的含泥量应当符合表 3-9 规定。

表 3-9　卵石、碎石的含泥量

类别	Ⅰ	Ⅱ	Ⅲ
含泥量(按质量计),%	≤0.5	≤1.0	≤1.5
混凝土强度等级	≥C60	C55~C30	≤C25
含泥量(按质量计),%	≤0.5	≤1.0	≤2.0

注:对于有抗冻、抗渗和其他特殊要求的混凝土,其所用碎石或卵石的含泥量不应大于 1.0%。

3.2.4 碎(卵)石泥块含量试验

3.2.4.1 试验目的

测定碎(卵)石中泥块的含量。

3.2.4.2 主要仪器设备

(1)电子秤:称量 20 kg,感量 1 g;

(2)试验筛:公称直径为 2.50 mm 及 5.00 mm 的方孔筛各一只;

(3)电热鼓风干燥箱:温度控制范围为(105±5) ℃;

(4)其他设备:水筒、搪瓷浅盘、毛刷等。

3.2.4.3 试验步骤

(1)取缩分后样品略大于表 3-10 规定数量的 2 倍,装入浅盘,在温度为(105±5) ℃的干

燥箱中烘干至恒重，取出并冷却至室温。过 5.00 mm 筛，筛除小于 5.00 mm 的颗粒，分成大致相等的两份备用。

表 3-10　泥块含量试验所需的试样最少质量

最大公称粒径(mm)	10.0	16.0	20.0	25.0	31.5	40.0	63.0	80.0
试样量不少于(kg)	2.0	2.0	6.0	6.0	10.0	10.0	20.0	20.0

(2)根据试样的最大粒径称取上表规定数量一份(m_1)，精确至 1 g，将试样倒入淘洗容器中，并注入饮用水，使水面高出试样上表面，充分搅拌均匀后，浸泡 24 h。用手在水中碾碎泥块，再把试样放在公称直径 2.50 mm 方孔筛上，用水淘洗，直至容器内水目测清澈为止。

(3)将保留下来的试样应小心地从筛里取出，装入浅盘后，置于温度为(105±5) ℃烘箱中烘干至恒重，冷却后称其质量(m_2)，精确至 1 g。

3.2.4.4 试验结果计算与评定

(1)碎(卵)石中泥块含量应按式(3-12)计算，精确至 0.1%，取两次试样试验结果的算术平均值作为测定值，采用修约值比较法进行评定。

$$\omega_{c,l}=\frac{m_1-m_2}{m_1}\times 100 \tag{3-12}$$

式中，$\omega_{c,l}$—石子的泥块含量，%；

m_1—公称直径 5.00 mm 筛上筛余量，g；

m_2—试验后的烘干试样质量，g。

(2)卵石、碎石的泥块含量应当符合表 3-11 规定。

表 3-11　卵石、碎石的泥块含量

类别	Ⅰ	Ⅱ	Ⅲ
泥块含量(按质量计)，%	0	≤0.2	≤0.5
混凝土强度等级	≥C60	C55～C30	≤C25
泥块含量(按质量计)，%	≤0.2	≤0.5	≤0.7

注：对于有抗冻、抗渗和其他特殊要求的强度等级小于 C30 的混凝土，其所用碎石或卵石的泥块含量应不大于 0.5%。

3.2.5 碎(卵)石中针状和片状颗粒总量试验

3.2.5.1 试验目的

测定碎石或卵石中粒径小于或等于 40.0 mm 的针状和片状颗粒的总含量，以确定其使用范围。

3.2.5.2 主要仪器设备

(1)针状规准仪和片状规准仪(见图 3-3)、卡尺；

(2)电子秤:称量 20 kg,感量 1 g;

(3)天平:称量 2 kg,感量 2 g;

(4)试验筛:公称直径为 5.00 mm、10.0 mm、20.0 mm、25.0 mm、31.5 mm、40.0 mm 的方孔筛各一只,根据需要选用。

图 3-3 针状、片状规准仪

3.2.5.3 试验步骤

(1)将烘干或风干后的样品缩分至略大于表 3-12 规定的数量备用。

表 3-12 针状和片状颗粒的总含量试验所需的试样最少质量

最大公称粒径(mm)	10.0	16.0	20.0	25.0	31.5	≥40.0
试样最少质量(kg)	0.3	1	2	3	5	10

(2)根据试样的最大粒径称取不少于表 3-12 规定数量的样品一份,称其质量 m_0,精确至 1 g,然后筛分成表 3-13 规定的粒级。

表 3-13 针状和片状颗粒的总含量试验的粒级划分及其相应的规准仪孔宽或间距

公称粒级(mm)	5.00～10.0	10.0～16.0	16.0～20.0	20.0～25.0	25.0～31.5	31.5～40.0
片状规准仪上相对应的孔宽(mm)	2.8	5.1	7.0	9.1	11.6	13.8
针状规准仪上相对应的间距(mm)	17.1	30.6	42.0	54.6	69.6	82.8

(3)按照表 3-13 所规定的粒级用规准仪逐粒对试样进行检验,凡颗粒长度大于针状规准仪上相应间距的,为针状颗粒;厚度小于片状规准仪上相应孔宽的,为片状颗粒,称出其总质量,精确至 1 g。公称粒径大于 40.0 mm 的可用卡尺鉴定其针片状颗粒,卡尺卡口的设定宽度应符合表 3-14 的规定。

表 3-14 公称粒径大于 40 mm 用卡尺卡口的设定宽度

公称粒级(mm)	40.0～63.0	63.0～80.0
片状颗粒的卡口宽度(mm)	18.1	27.6
针状颗粒的卡口宽度(mm)	108.6	165.6

(4)称出由各粒级中挑出的针状、片状颗粒的总质量 m_1,精确至 1 g。

3.2.5.4 试验结果计算与评定

(1)碎(卵)石中针状和片状颗粒的总含量应按式(3-13)计算，精确至1%，采用数值修约比较法进行评定。

$$\omega_p=\frac{m_1}{m_0}\times 100\% \tag{3-13}$$

式中，ω_p—针状和片状颗粒的总含量，%；

m_0—试样的质量，g。

m_1—试样中所含针状和片状颗粒的总质量，g。

(2)卵石、碎石的针状和片状颗粒总含量应当符合表3-15规定。

表3-15　卵石、碎石的针状和片状颗粒总含量

类别	Ⅰ	Ⅱ	Ⅲ
针片状颗粒含量(按质量计)，%	≤5	≤10	≤15
混凝土强度等级	≥C60	C50—C30	≤C25
针片状颗粒含量(按质量计)，%	≤8	≤15	≤25

3.2.6 碎(卵)石的压碎指标测定试验

3.2.6.1 试验目的

通过测定碎(卵)石抵抗压碎的能力，以间接地推测其相应的强度，评定石子的质量。通过试验应掌握测试方法，正确使用所用仪器与设备，并熟悉其性能。

3.2.6.2 主要仪器设备

(1)压力试验机：量程300 kN，示值相对误差1%；

(2)压碎值测定仪(见图3-4)：由圆模、底盘、加压头等组成；

(3)电子秤：称量10 kg，感量1 g；

(4)试验筛：筛孔公称直径为10.0 mm和20.0 mm的方孔筛各一只；

(5)垫棒：直径10 mm，长500 mm圆钢。

图3-4　压碎值测定仪

3.2.6.3 试样步骤

将缩分后的样品风干，过20.0 mm和10.0 mm的方孔筛，先筛除大于20.0 mm和小于10.0 mm的颗粒，再用针片状规准仪剔除针片状颗粒后备用。

(1)称取试样3000 g，精确至1 g。置圆模于底盘上，将试样分两层装入圆模。每装完一层试样后，在底盘下面垫放一直径为10 mm的圆钢筋，将筒按住，左右交替颠击地面各25下。第二层颠实后，平整模内试样表面，使试样表面距盘底的高度在100 mm左右，盖上压

头(注意应使加压头保持平正)。

(2)把装有试样的圆模置于压力试验机上,开动试验机,在 160～300 s 内均匀加荷至 200 kN,稳荷 5 s,然后卸荷。取出加压头和测定筒,倒出筒中的试样并称其质量 m_0,精确至 1 g。用孔径 2.50 mm 的方孔筛筛除被压碎的细粒,称量剩留在筛上的试样质量(m_1),精确至 1 g。

3.2.6.4 试验结果计算与评定

(1)碎(卵)石的压碎值指标应按式(3-14)计算,精确至 0.1%,以三次试验结果的算术平均值作为压碎值指标测定值,采用修约值比较法进行评定。

$$\delta_a=\frac{m_0-m_1}{m_0}\times100\% \tag{3-14}$$

式中,δ_a—压碎指标值,%;

m_0—试样的质量,g;

m_1—压碎试验后筛余的试样质量,g。

(2)卵石、碎石的压碎指标应当符合表 3-16、表 3-17、表 3-18 规定。

表 3-16　卵石、碎石的压碎指标

类别	Ⅰ	Ⅱ	Ⅲ
碎石压碎指标(%)	≤10	≤20	≤30
卵石压碎指标(%)	≤12	≤14	≤16

表 3-17　卵石的压碎指标

混凝土强度等级	C60～C40	≤C35
卵石压碎指标(%)	≤12	≤16

表 3-18 碎石的压碎指标

岩石品种	混凝土强度等级	碎石压碎性指标(%)
沉积岩	C60～C40	≤10
	≤C35	≤16
变质岩或深层的火成岩	C60～C40	≤12
	≤C35	≤20
喷出的火成岩	C60～C40	≤13
	≤C35	≤30

3.2.7 岩石的抗压强度试验

3.2.7.1 试验目的

通过测定碎(卵)石原始岩石在水饱和状态下的抗压强度,评定岩石的质量。应掌握测试方法,正确使用所用仪器与设备,并熟悉其性能。

3.2.7.2 主要仪器设备

(1)压力试验机:带防护网,量程 300 kN 以上,示值相对误差 1%;

(2)锯石机或钻石机;

(3)岩石磨光机;

(4)游标卡尺、角尺等。

3.2.7.3 试验步骤

试验时,取有代表性的岩石样品用锯石机切割成边长为 50 mm 的立方体,或用钻石机钻取直径与高度均为 50 mm 的圆柱体(仲裁时适用),6 个试件为一组。然后用磨光机把试件与压力机压板接触的两个面磨光并保持平行。对有明显层理的岩石应制作两组试件,一组保持层理与受力方向平行,另一组则保持与受力方向垂直,分别测定其垂直和平行于层理的强度值。

(1)用游标卡尺量取试件的尺寸(精确至 0.1 mm),对于立方体试件,在顶面和底面上各量取其边长的算术平均值作为宽或高,由此计算面积。对于圆柱体试件,在顶面和底面上各量取相互垂直的两个直径,以其算术平均值计算面积。取顶面和底面面积的算术平均值作为计算抗压强度所用的截面积。

(2)将试件置于水中浸泡 48 h,水面应至少高出试件顶面 20 mm。

(3)取出试件,擦干表面,放在有防护网的压力机上进行强度试验。试验时,加荷速度应为 0.5～1.0 MPa/s。

3.2.7.4 试验结果计算与评定

(1)试件抗压强度应按式(3-15)计算,精确至 1 MPa:

$$f=\frac{F}{A} \tag{3-15}$$

式中,f—岩石的抗压强度,MPa;

F—破坏荷载,N;

A—试件的截面积,mm^2。

(2)岩石抗压强度测定值取 6 个试件试验结果的算术平均值,并给出最小值;当其中两个试件的抗压强度与其他 4 个试件抗压强度的算术平均值相差 3 倍以上时,应取试验结果相接近的 4 个试件的抗压强度的算术平均值作为其抗压强度。采用修约值比较法进行评定。

对具有显著层理的岩石,应以垂直于层理及平行于层理的抗压强度平均值作为其抗压强度。

附表一 砂、石委托检测协议书

委托编号：

<table>
<tr><td rowspan="20">委托方填写</td><td rowspan="3">委托单位</td><td>名称</td><td colspan="3"></td><td>委托联系人</td><td colspan="3"></td></tr>
<tr><td>地址</td><td colspan="3"></td><td>联系电话</td><td colspan="3"></td></tr>
<tr><td>邮编</td><td colspan="3"></td><td>传真</td><td colspan="3"></td></tr>
<tr><td colspan="2">工程名称</td><td colspan="7"></td></tr>
<tr><td colspan="2">施工单位</td><td colspan="7"></td></tr>
<tr><td colspan="2">见证单位</td><td colspan="7"></td></tr>
<tr><td colspan="2">见证人签名</td><td colspan="2">年 月 日</td><td>证书编号</td><td colspan="2"></td><td>联系电话</td><td></td></tr>
<tr><td colspan="2">取样人签名</td><td colspan="2">年 月 日</td><td>证书编号</td><td colspan="2"></td><td>联系电话</td><td></td></tr>
<tr><td rowspan="3">样品信息</td><td>品种</td><td>粒径</td><td>代表数量</td><td colspan="2">生产厂名</td><td colspan="2">使用部位</td><td>样品数量</td></tr>
<tr><td></td><td></td><td></td><td colspan="2"></td><td colspan="2"></td><td></td></tr>
<tr><td>见证编号</td><td></td><td>见证人</td><td colspan="5">月 日 时 分</td></tr>
<tr><td colspan="2">检测项目</td><td colspan="7">( )筛分 ( )含泥量 ( )泥块含量 ( )紧密密度 ( )堆积密度
( )压碎指标( )岩石抗压强度
( )针片状含量
( )其他：</td></tr>
<tr><td colspan="2">检测依据</td><td colspan="7">( )《普通砼用砂、石质量及检验方法标准》JGJ52
( )《建筑用砂》GB/T 14684
( )《建筑用卵石、碎石》GB/T 14685
( )其他：
注：以标准均为现行版本，如有不同，请注明。</td></tr>
<tr><td colspan="2">样品处置</td><td colspan="7">( )试毕取回 ( )委托本单位处理 ( )其他：</td></tr>
<tr><td colspan="2">报告形式</td><td colspan="7">( )单页 ( )精装 ( )其他：</td></tr>
<tr><td colspan="2">报告发放</td><td colspan="7">( )自取 ( )邮寄： ( )电话告知结果：
( )其他：</td></tr>
<tr><td colspan="2">其他要求</td><td colspan="7">、</td></tr>
<tr><td rowspan="7">检测单位填写</td><td colspan="2">核查样品</td><td colspan="7">是否符合检测要求？( )符合 ( )不符合： ( )其他：</td></tr>
<tr><td colspan="2">检测类别</td><td colspan="7">( )委托检测 ( )抽样检测 ( )见证检测 ( )其他：</td></tr>
<tr><td colspan="2">检测收费</td><td colspan="7">人民币(大写) 拾 万 仟 佰 拾 元 角 分(￥：)</td></tr>
<tr><td colspan="2">预计完成日期</td><td colspan="3">年 月 日</td><td colspan="2">出具报告份数</td><td colspan="2">份</td></tr>
<tr><td colspan="2">保密声明</td><td colspan="7">未经客户的书面同意，本单位均不对外披露检测/检查结果等信息。但法律法规另有要求的除外。</td></tr>
<tr><td colspan="2">其他声明</td><td colspan="3"></td><td colspan="2">样品编号/报告编号</td><td colspan="2"></td></tr>
<tr><td>双方确认</td><td colspan="5">客户签名确认本协议内容。

委托人签名：
年 月 日</td><td colspan="4">本单位评审意见：能否满足客户要求？
( )满足 ( )不满足
受理人签名：
年 月 日</td></tr>
</table>

附表二 建筑用砂检验记录表

检验依据：

委托编号		样品种类		环境温湿度	℃ %	检验日期	
样品编号		规格型号		样品数量、状态			

	筛孔公称直径(mm)	Ⅰ区	Ⅱ区	Ⅲ区	A组			B组			两次累计筛余平均值(%)	主要仪器设备		
					筛余量(g)	分计筛余(%)	累计筛余(%)	筛余量(g)	分计筛余(%)	累计筛余(%)		编号	仪器名称	型号
颗粒级配	10.0	—	—	—										
	5.00	10～0	10～0	10～0										
	2.50	35～5	25～0	15～0										
	1.25	65～35	50～10	25～0										
	0.630	85～71	70～41	40～16								说明		
	0.315	95～80	92～70	85～55										
	0.160	100～90	100～90	100～90										
	筛底	—	—	—										
	筛分前试样总量(g)				A组累计筛余量与筛分前试样总量相差 %			B组累计筛余量与筛分前试样总量相差 %			□有效 □无效	检验前后设备状况： 检测过程异常状况及采取的控制措施：		
细度模数	$\mu_{f,A}-\mu_{f,B}\leqslant 0.20$				$\mu_{f,A}=$			$\mu_{f,B}=$			$\mu_f=$			
结论														

堆积密度 ρ_L	A组	B组
样品质量(kg)		
容量筒体积(L)	1	1
堆积密度(kg/m³)		
容量筒校正系数		
平均值(kg/m³)		
校正后 ρ_L(kg/m³)		

含泥量 ω_c	A组	B组
浸泡时间(h)	2	2
试验前烘干试样质量 m_0(g)	400	400
试验后烘干试样质量 m_1(g)		
含泥量(%)		
$\omega_{c,A}-\omega_{c,B}\leqslant 0.5\%$		
平均值(%)		

泥块含量 $\omega_{c,L}$	A组	B组
浸泡时间(h)	24	24
试验前干燥试样质量 m_1(g)	200	20
试验后干燥试样质量 m_2(g)		
泥块含量(%)		
平均值(%)		

校核： 校核日期： 主检：

附表三　建筑用碎石或卵石检验记录表

检验依据：

委托编号		试样种类		检验环境	℃	%	检验日期	
样品编号		规格型号		样品数量、状态				

颗粒级配	筛孔直径(mm)	2.5	5.0	10.0	16.0	20.0	25.0	31.5	40.0	50.0	63.0	80.0	100	筛底
	筛余量(g)													
	分计筛余(%)													
	累计筛余(%)													
	筛分前试样总量(g)		累计筛余量与筛分前试样总量相差(%)			□16.0 kg　□12.6 kg　□8.0 kg　□6.3 kg　□4.0 kg　□3.2 kg　□2.0 kg								

针片状含量	石子粒级(mm)	5.00～10.0	10.0～16.0	16.0～20.0	20.0～25.0	25.0～31.5	31.5～40.0			针片状总量 m_1(g)	试样质量 m_0(g)
	针状(g)										
	片状(g)										
	□10 kg　□5 kg　□3 kg　□2 kg　□1 kg　□0.3 kg							针片状含量 ω_p(%)			

压碎指标 δ_a	A组	B组	C组
试样质量 m_0(g)	3000	3000	3000
压碎后过 2.50 mm 筛筛余质量 m_1(g)			
压碎指标 δ_a(%)			
平均值(%)			

堆积密度 ρ_L	A组	B组
试样质量(kg)		
容量筒体积(L)		
堆积密度(kg/m³)		
平均值(kg/m³)		
容量筒校正系数		
校正后 ρ_L'(kg/m³)		

含泥量 ω_c	A组	B组
试验前烘干样品质量 m_0(g)		
试验后烘干样品质量 m_1(g)		
含泥量(%)		
$\omega_{c,A}-\omega_{c,B} \leqslant 0.2\%$		
平均值(%)		

泥块含量 $\omega_{c,L}$	A组	B组
5.00 mm 筛上筛余质量 m_1(g)		
试验后烘干样品质量 m_2(g)		
泥块含量(%)		
平均值(%)		

主要仪器设备	编号	仪器名称	型号	编号	仪器名称	型号	说明
							检验前后设备状况： 检测过程异常状况及采取的控制措施：

校核：　　　　　　　　　　校核日期：　　　　　　　　　　主检：

附表四 普通混凝土用砂检验报告

<table>
<tr><td>工程名称</td><td colspan="3"></td><td>委托编号</td><td></td></tr>
<tr><td>委托单位</td><td colspan="3"></td><td>报告编号</td><td></td></tr>
<tr><td>施工单位</td><td colspan="3"></td><td>委托日期</td><td></td></tr>
<tr><td>使用部位</td><td colspan="3"></td><td>报告日期</td><td></td></tr>
<tr><td>样品产地</td><td></td><td>样品种类</td><td></td><td>检验性质</td><td></td></tr>
<tr><td>样品状况</td><td></td><td>代表数量</td><td>m³</td><td>环境条件</td><td>温度： ℃
湿度： %</td></tr>
<tr><td>见证单位</td><td></td><td>见证人</td><td></td><td>证书编号</td><td></td></tr>
</table>

<table>
<tr><td>检测项目</td><td>检验结果</td><td colspan="2">检测项目</td><td>检测结果</td></tr>
<tr><td>含泥量(%)</td><td></td><td colspan="2">有机物含量(%)</td><td></td></tr>
<tr><td>泥块含量(%)</td><td></td><td colspan="2">云母含量(%)</td><td></td></tr>
<tr><td>表观密度(kg/m³)</td><td></td><td colspan="2">轻物质含量(%)</td><td></td></tr>
<tr><td>堆积密度(kg/m³)</td><td></td><td colspan="2">坚固性质量损失率(%)</td><td></td></tr>
<tr><td>紧密密度(kg/m³)</td><td></td><td colspan="2">硫酸盐及硫化物含量(%)</td><td></td></tr>
<tr><td>氯离子含量(%)</td><td></td><td rowspan="2">人工砂</td><td>石粉含量(%)</td><td></td></tr>
<tr><td>含水率(%)</td><td></td><td>MB值</td><td></td></tr>
<tr><td>吸水率(%)</td><td></td><td colspan="2">压碎值指标(%)</td><td></td></tr>
<tr><td>碱活性</td><td></td><td colspan="2">贝壳含量(%)</td><td></td></tr>
</table>

<table>
<tr><td colspan="9">颗粒级配</td><td>检测结果</td></tr>
<tr><td colspan="2">公称粒径(mm)</td><td>10.0</td><td>5.00</td><td>2.50</td><td>1.25</td><td>0.630</td><td>0.315</td><td>0.160</td><td>细度模数</td></tr>
<tr><td rowspan="3">标准颗粒级配范围累计筛余(%)</td><td>Ⅰ区</td><td>0</td><td>10～0</td><td>35～5</td><td>65～35</td><td>85～71</td><td>95～80</td><td>100～90</td><td rowspan="3"></td></tr>
<tr><td>Ⅱ区</td><td>0</td><td>10～0</td><td>25～0</td><td>50～10</td><td>70～41</td><td>92～70</td><td>100～90</td></tr>
<tr><td>Ⅲ区</td><td>0</td><td>10～0</td><td>15～0</td><td>25～0</td><td>40～16</td><td>85～55</td><td>100～90</td></tr>
<tr><td colspan="2">实际累计筛余(%)</td><td></td><td></td><td></td><td></td><td></td><td></td><td></td><td>级配区属区砂</td></tr>
<tr><td colspan="2">检验结论</td><td colspan="8">该样品按细度模数属 ，按颗粒级配区属</td></tr>
<tr><td colspan="2">检验依据</td><td colspan="8"></td></tr>
<tr><td colspan="2">主要检验仪器</td><td colspan="7">检验仪器： 检定证书编号：
检验仪器： 检定证书编号：</td><td rowspan="2">检测单位(公章)</td></tr>
<tr><td colspan="2">说明</td><td colspan="7">1. 报告未盖检测单位“检测报告专用章”无效，复制无效；
2. 对本报告如有异议请于收到报告后15日内(以签字或邮戳为准)通知本公司。</td></tr>
</table>

批准： 审核： 校核： 主检：

附表五　普通混凝土用碎石或卵石检验报告

工程名称				委托编号	
委托单位				报告编号	
施工单位				委托日期	
使用部位				报告日期	
样品产地		样品种类		检验性质	
样品状况		代表数量	m^3	环境条件	温度：℃ 湿度：%
见证单位		见证人		证书编号	

检测项目	检验结果	检测项目	检测结果
含泥量(%)		针片状颗粒总含量(%)	
泥块含量(%)		有机物含量(%)	
表观密度(kg/m^3)		坚固性质量损失率(%)	
堆积密度(kg/m^3)		岩石强度(N/mm^3)	
紧密密度(kg/m^3)		压碎值指标(%)	
含水率(%)		SO_2含量(%)	
吸水率(%)		碱活性	

颗粒级配											
公称粒径(mm)	80.0	63.0	50.0	40.0	31.5	25.0	20.0	16.0	10.0	5.00	2.50
标准颗粒级配范围累计筛余(%)											
实际累计筛余(%)											

检验结论		
检验依据		
主要检验仪器	检验仪器：　　检定证书编号： 检验仪器：　　检定证书编号：	检测单位(公章)
说明	1. 报告未盖检测单位“检测报告专用章”无效，复制无效； 2. 对本报告如有异议请于收到报告后15日内(以签字或邮戳为准)通知本公司。	

批准：　　审核：　　校核：　　主检：

砌筑材料检测

常见的砌筑材料有传统的砖、石、现代的各种砌块，它们在整个建筑中起着承重、传递荷载、围护、隔断、保温、隔声等功能，合理选用墙体材料对建筑物的使用功能和建筑造价有重要的意义。

实训目标：通过各种砌筑材料技术指标的检测正确认识砌筑材料，能够正确划分检验批，按照标准规范要求取样、制样，能够正确填写委托单、记录检测原始数据，培养出具及审阅检测报告的能力。根据使用要求，合理选择砌筑材料。

4.0　实训准备

4.0.1 砌筑材料检测试验执行标准

GB/T 2542-2012	砌墙砖试验方法
GB/T 4111-1997	混凝土小型空心砌块检验方法(GB/T 4111-2013 将于 2014 年 9 月 1 日实施)
GB/T 11969-2008	蒸压加气混凝土性能试验方法
GB/T 18968-2003	墙体材料术语
JC 466-1992(1996)	砌墙砖检验规则
GB 50203-2011	砌体结构工程施工质量验收规范
GB 5101-2003	烧结普通砖
GB 13544-2011	烧结多孔砖和多孔砌块
GB 13545-2003	烧结空心砖和空心砌块
GB 8239-1997	普通混凝土小型空心砌块
GB 15229-2011	轻集料混凝土小型空心砌块
GB 11945-1999	蒸压灰砂砖
GB/T 11968-2006	蒸压加气混凝土砌块
JC 239-2001	粉煤灰砖
JC/T 862-2008	粉煤灰混凝土小型空心砌块

4.0.2 术语

块体：砌体所用的各种砖、石、小砌块的总称。

烧结普通砖：尺寸为240 mm×115 mm×53 mm的实心砖。

烧结多孔砖：砖的外形为直角六面体，其长度、宽度、高度应符合下列要求（单位为mm）：290、240、190、180；175、140、115、90。

烧结多孔砌块：经焙烧而成，孔洞率大于或等于33%。孔的尺寸小而数量多的砌块主要用于承重部位。

烧结空心砖和空心砌块：砖和砌块的外形为直角六面体，其长度、宽度、高度应符合下列要求（单位为mm）：390、290、240、190、180(175)、140、115、90。

缺棱：砖或砌块棱边缺损的现象。

掉角：砖或砌块的角破损、脱落的现象。

凹陷：空心砖或空心砌块外壁的瘪陷现象。

起鼓：砖或砌块表面局部鼓出平面的现象。

剥落：砖或砌块表面片状脱落现象。

翘曲：砖在两个相对面上同时发生的偏离平面的现象。

弯曲：砌块在两个相对面上同时发生的偏离平面的现象。

外观质量：肉眼或简单工具能断定的产品外表优劣程度的指标。

尺寸偏差：制品的长、宽、高等尺寸的实际测量值与标准值的差。

石灰爆裂：烧结砖或烧结砌块的原料或内燃物质中夹杂着石灰质，焙烧时被烧成生石灰，砖或砌块吸水后，体积膨胀而发生的爆裂现象。

泛霜：可溶性盐类在砖或砌块表面的盐析现象，一般呈白色粉末、絮团或絮片状。

强度等级：砖或砌块强度的表示方法。

抗压强度：材料或制品在压力作用下达到破坏前所能承受的最大应力，单位：兆帕(MPa)。

抗折强度：材料或制品在承受弯曲时达到破裂前的最大应力，单位：兆帕(MPa)。

4.0.3 检验批的划分、必检项目、取样、制样

4.0.3.1 砌筑材料组批规则、必检项目、取样规定

砌筑材料组批规则、必检项目、取样规定见表4-1。

表4-1 砌筑材料组批规则、必检项目、取样规定

砌筑材料名称	必检项目	组批规则及取样规定
烧结普通砖	抗压强度	每3.5万～15万块为一批，不足3.5万块亦按一批计 每一验收批随机抽取10块
烧结多孔砖和多孔砌块	大面抗压强度	每3.5万～15万块为一批，不足3.5万块亦按一批计 每一验收批随机抽取10块
蒸压灰砂砖	抗压强度 抗折强度	同类型的灰砂砖每10万块为一批，不足10万块亦为一批 每一验收批随机抽取抗压、抗折强度试件各5块

续表

砌筑材料名称	必检项目	组批规则及取样规定
蒸压灰砂空心砖	抗压强度	每10万块为一验收批，不足10万块的按一批计 每一验收批随机抽取10块
粉煤灰砖	抗压强度 抗折强度	每10万块为一验收批，不足10万块的按一批计 每一验收批随机抽取10块
炉渣砖	抗压强度 抗折强度	每10万块为一验收批，不足10万块的按一批计 每一验收批随机抽取10块
烧结空心砖和空心砌块	大面抗压强度 体积密度	每3万块为一验收批，不足3万块的按一批计 每一验收批随机抽取抗压强度试件10块、密度试件5块
普通混凝土小型空心砌块	抗压强度	按外观质量等级和强度等级分批验收，以同一种原材料配制成相同外观质量等级、强度等级和同一工艺生产的1万块砌块为一批，不足1万块亦按一批 每一验收批随机抽取5块
轻骨料混凝土小型空心砌块	抗压强度 块体密度	按同一品种轻骨料制成的相同密度等级、相同强度等级、质量等级和同一生产工艺制成砌块，每1万块为一验收批，不足1万块的按一批计 每一验收批随机抽取抗压强度试件5块、密度试件3块
蒸压加气混凝土砌块	抗压强度 干体积密度	同品种、同规格、同等级的砌块，每1万块为一验收批，不足1万块的按一批计 每一验收批随机抽取18块，分3组进行抗压强度试验，3组进行干体积密度检验
粉煤灰小型空心砌块	抗压强度	每1万块为一验收批，不足1万块的按一批计 每一验收批随机抽取5块
粉煤灰砌块	立方体抗压强度	以200 m^3为一批，不足200 m^3亦按一批计 每一验收批随机抽取3块，将其切割成200 mm的立方体进行试验

注：外观质量检验的试样采用随机抽样法，在每一检验批的产品堆垛中抽取，尺寸偏差检验和其他检验项目的样品采用随机抽样法从外观质量检验后的样品中抽取。

4.0.3.2 试样制备

(1)一次成型制样（适用于采用样品中间部位切割，交错叠加灌浆制成的强度试验试样）

将制样模具内表面刷上脱模剂后置于一旁备用，如图4-1所示。将试样锯成两个半截砖，两个半截砖用于叠合的部分长度不得小于100 mm，如果不足100 mm，应另取备用试样补足。

将已割开的半截砖放入室温的净水中浸20～30 min后取出，置于铁丝网架上滴水20～

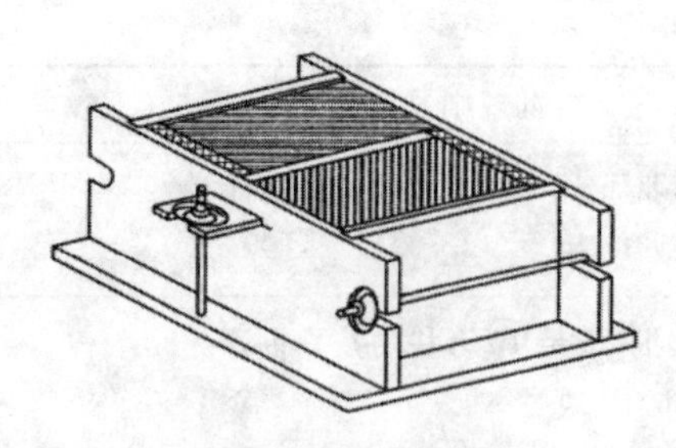

图 4-1　一次成型制样模具

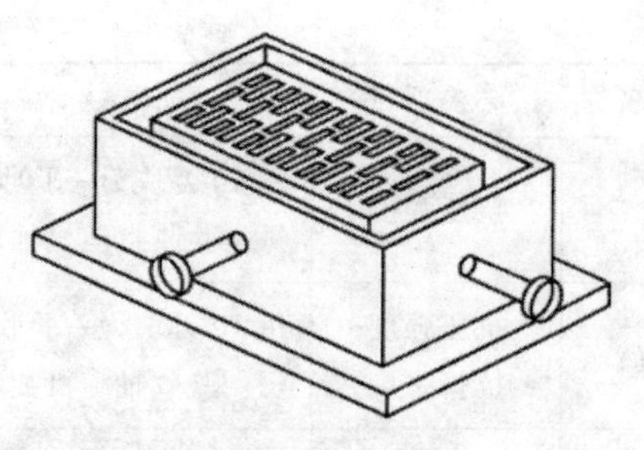

图 4-2　二次成型制样模具

30 min。以断口相反方向装入制样模具，用插板控制两个半砖间距，不应大于 5 mm，砖大面与模具间距不应大于 3 mm，砖断面、顶面与模具间垫以橡胶垫或其他密封材料。

将净浆材料按配制要求置于搅拌机中搅拌均匀。将装好试样的模具置于振动台上，加入适量搅拌均匀的净浆材料，振动 0.5～1 min 后，静置至净浆材料达到初凝时间后拆模。

(2)二次成型制样(适用于采用整块样品上下表面灌浆制成的强度试验试样)

将制样模具内表面刷上脱模剂后置于一旁备用，如图 4-2 所示。将整块试样放入室温的净水中浸 20～30 min 后取出，置于铁丝网架上滴水 20～30 min。

将净浆材料按配制要求置于搅拌机中搅拌均匀。将整块试样的一个承压面与净浆接触，装入制样模具(承压面的找平层厚度不应大于 3 mm)。将模具置于振动台上，振动 0.5～1 min 后，静置至净浆材料达到初凝时间后拆模。按同样方法完成整块试样的另一个承压面找平。

(3)非成型制样(适用于试样无需进行表面找平处理的制样方式)

将试样锯成两个半截砖。两半截砖切口相反叠放，叠合部分长度不得小于 100 mm，如果不足 100 mm，应另取备用试样补足。试件不需养护直接进行试验。

(4)蒸压加气混凝土砌块

从每个蒸压加气混凝土砌块上沿发气方向中心部分上、中、下顺序切取 1 组 3 块立方体抗压试件，试件尺寸为 100 mm×100 mm×100 mm。在含水率 8%～12%下进行试验，如果超过应烘干至所要求的含水率。

4.0.4 试件养护

一次成型制样和二次成型制样的试件应置于不低于 10 ℃的不通风室内养护 4 h；非成型制样的试件不需养护，试样气干状态直接进行试验。

【工程实例】某商住楼施工现场新进了 5 万块加气混凝土砌块，请根据相关标准规范进行送样检测和验收。

【分析】加气混凝土砌块是以同品种、同规格、同等级的砌块，每 1 万块为一验收批，不足 1 万块的按一批计；此次共进场 5 万块，按照标准规范要求共 5 个验收批，必检项目为抗压强度和干体积密度。

项目 4.1　砌墙砖检测

4.1.1 砌墙砖尺寸偏差、外观质量检测

4.1.1.1 试验目的

检测黏土砖的尺寸偏差和外观质量，作为评定黏土砖质量等级的主要依据；熟悉标准，掌握测试方法；正确使用仪器与设备。

4.1.1.2 主要仪器设备

(1)砖用卡尺(见图 4-3)：分度值为 0.5 mm；

(2)钢直尺：分度值为 1 mm。

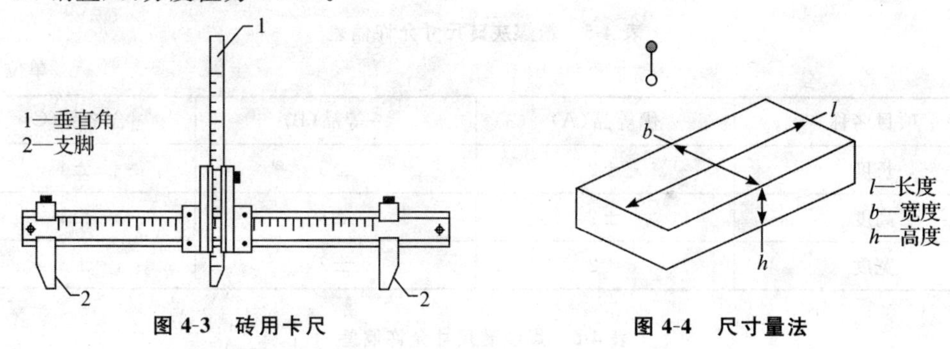

图 4-3　砖用卡尺　　图 4-4　尺寸量法

4.1.1.3 试验步骤

(1)尺寸偏差

测量方法：长度应在砖的两个大面的中间处分别测量两个尺寸，宽度应在砖的两个大面的中间处分别测量两个尺寸，高度应在两个条面的中间处分别测量两个尺寸，如图 4-4 所示。当被测处有缺损或凸出时，可在其旁边测量，但应选择不利的一侧，精确至 0.5 mm。

结果处理：每一方向尺寸以两个测量值的算术平均值表示，精确至 1 mm，各类砖尺寸偏差需满足表 4-2 至表 4-11 中各表相应等级规定，则判尺寸偏差为该等级，反之，则判不合格。

表 4-2　烧结普通砖尺寸允许偏差

单位：mm

公称尺寸	优等品		一等品		合格品	
	样本平均偏差	样本极差≤	样本平均偏差	样本极差≤	样本平均偏差	样本极差≤
240	±2.0	6	±2.5	7	±3.0	8
115	±1.5	5	±2.0	6	±2.5	7
53	±1.5	4	±1.6	5	±2.0	6

表 4-3 烧结多孔砖和多孔砌块尺寸允许偏差

单位:mm

尺寸	样本平均偏差	样本极差≤
>400	±3.0	10.0
300～400	±2.5	9.0
200～300	±2.5	8.0
100～200	±2.0	7.0
<100	±1.5	6.0

表 4-4 蒸压灰砂砖、蒸压灰砂空心砖尺寸允许偏差

单位:mm

项目名称	优等品(A)	一等品(B)	合格品(C)
长度	±2	±2	±3
高度	±1		
宽度	±1		

表 4-5 粉煤灰砖尺寸允许偏差

单位:mm

项目名称	优等品(A)	一等品(B)	合格品(C)
长度	±2	±3	±4
高度	±2	±3	±4
宽度	±2	±2	±3

表 4-6 煤渣砖尺寸允许偏差

单位:mm

项目名称	优等品(A)	一等品(B)	合格品(C)
长度	±2	±3	±4
高度			
宽度			

表 4-7 烧结空心砖和空心砌块的尺寸允许偏差

单位:mm

尺寸	优等品		一等品		合格品	
	样本平均偏差	样本极差≤	样本平均偏差	样本极差≤	样本平均偏差	样本极差≤
>300	±2.5	6.0	±3.0	7.0	±3.5	8.0
>200～300	±2.0	5.0	±2.5	6.0	±3.0	7.0
100～200	±1.5	4.0	±2.0	5.0	±2.5	6.0
<100	±1.5	3.0	±1.7	4.0	±2.0	5.0

表 4-8　普通混凝土小型空心砌块尺寸允许偏差

单位:mm

项目名称	优等品(A)	一等品(B)	合格品(C)
长度	±2	±3	±3
高度	±2	±3	±3
宽度	±2	±3	+3,-4

表 4-9　粉煤灰小型空心砌块尺寸允许偏差

单位:mm

项目名称	优等品(A)	一等品(B)	合格品(C)
长度	±2	±3	±3
高度	±2	±3	±3
宽度	±2	±3	+3,-4

表 4-10　轻集料混凝土小型空心砌块尺寸允许偏差

单位:mm

项目名称	一等品	合格品
长度	±2	±3
高度	±2	±3
宽度	±2	±3

表 4-11　蒸压加气混凝土砌块尺寸允许偏差

单位:mm

项目名称	优等品(A)	合格品(B)
长度	±3	±4
高度	±1	±2
宽度	±1	±2

(2)外观质量

缺损:缺棱掉角在砖上造成的破损程度,以破损部分对长、宽、高三个棱边的投影尺寸来度量,称为破坏尺寸,如图 4-5 所示。

缺损造成的破坏面:是指缺损部分对条面、顶面(空心砖为条面、大面)的投影面积。空心砖内壁残缺及肋残缺尺寸以长度方向的投影尺寸来度量。

裂纹:裂纹分为长度方向、宽度方向和水平方向三种,以被测方向的投影长度表示。如果裂纹从一个面延伸至其他面上时,则累计其延伸的投影长度,如图 4-6 所示。多孔砖的孔洞与裂纹相通时,则将孔洞包括在裂纹内一并测量,如图 4-7 所示。裂纹长度以在三个方向上分别测得的最长裂纹作为测量结果。

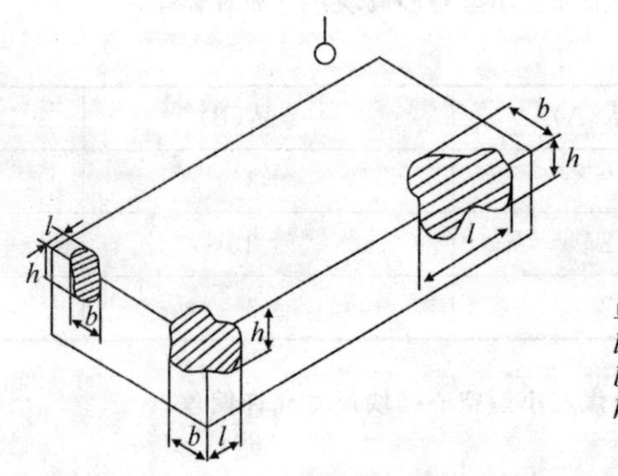

图 4-5　缺棱掉角破坏尺寸量法

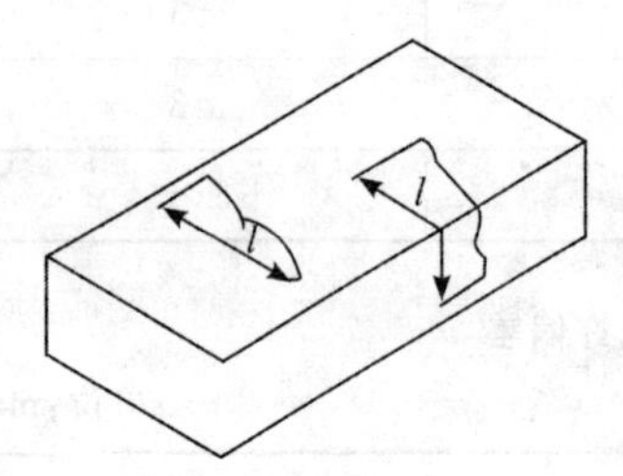

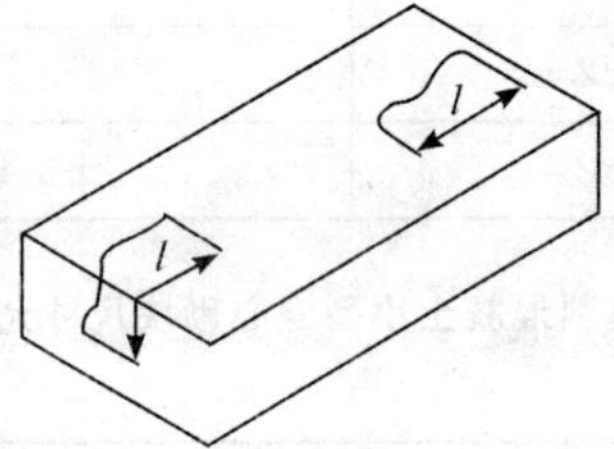

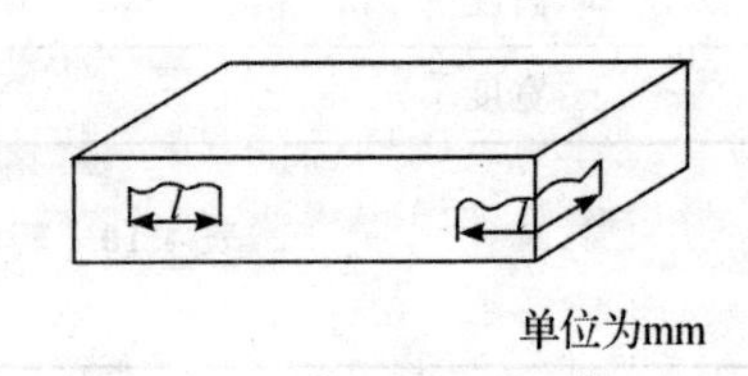

单位为mm

（a）宽度方向裂纹长度量法　　（b）长度方向裂纹长度量法　　（c）水平方向裂纹长度量法

图 4-6　裂纹长度量法

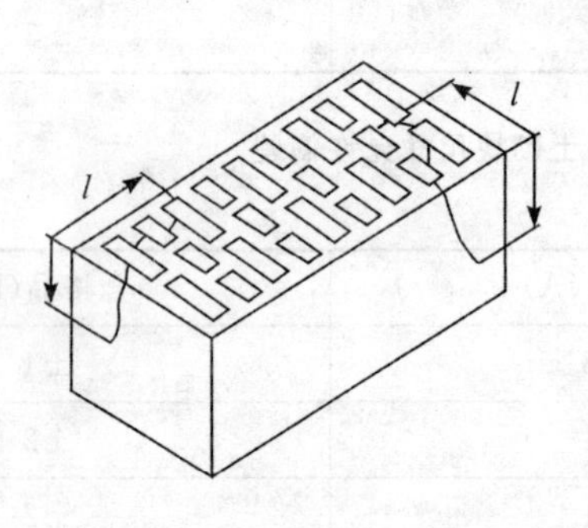

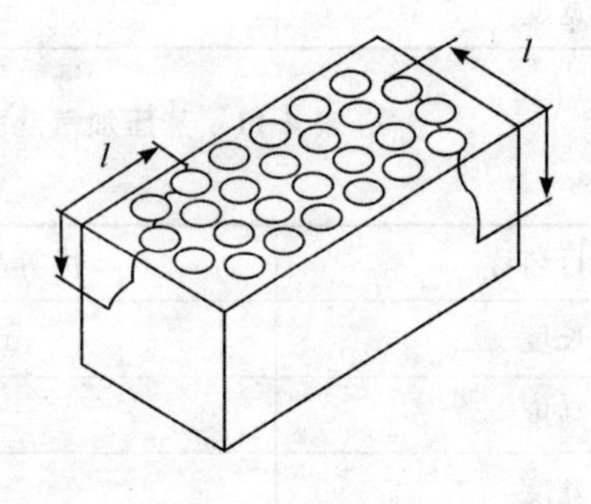

l—裂纹总长度　　单位为mm

图 4-7　多孔砖裂纹通过孔洞时的长度量法

弯曲：弯曲分别在大面和条面上测量，测量时将砖用卡尺的两脚沿棱边两端放置，择其弯曲最大处将垂直尺推至砖面，如图 4-8 所示。但不应将因杂质或碰伤造成的凹处计算在内。以弯曲中测得的较大者作为测量结果。

杂质凸出高度：杂质在砖面上造成的凸出高度以杂质距砖面的最大距离表示。测量时将砖用卡尺的两脚置于凸出两边的砖平面上，以垂直尺测量出杂质凸出高度值，如图 4-9 所示。

色差：装饰面朝上随机分两排并列，在自然光下距离砖样 2 m 处目测。

结果处理：外观测量以毫米为单位，不足 1 mm 者，按 1 mm 计，统计不合格数，查相应

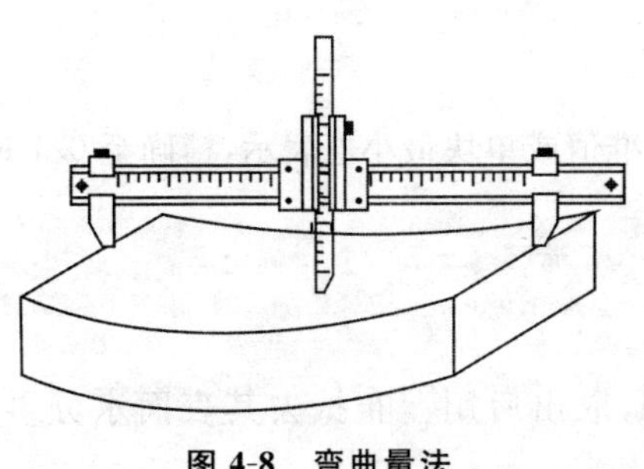

图 4-8　弯曲量法

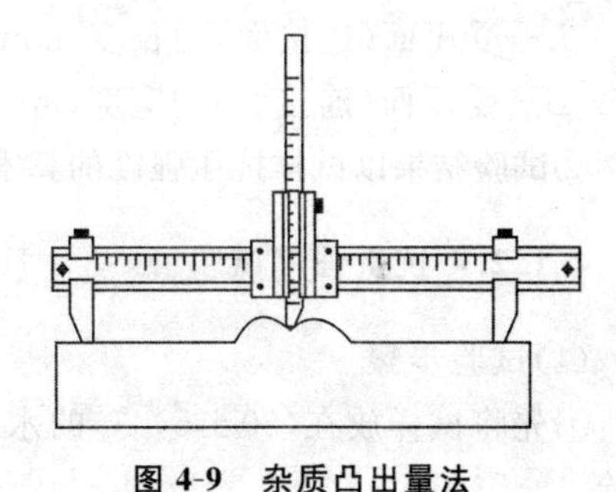

图 4-9　杂质凸出量法

标准规范规定判定合格与否。外观检验中有欠火砖、酥砖和螺旋纹砖则判该批产品不合格。

4.1.2 砌墙砖抗压、抗折强度试验

4.1.2.1 试验目的

通过测定砌墙砖的抗压、抗折强度，既可以检验砌墙砖的强度是否满足设计、施工要求，也可以作为评定砌墙砖强度等级的依据。熟悉标准，掌握测试方法；正确使用仪器与设备，并熟悉其性能。

4.1.2.2 主要仪器设备

(1)材料试验机(见图 4-10)：预期最大破坏荷载应在量程的 20%～80%之间，其下加压板应为球绞支座，示值相对误差不大于±1%；

(2)抗折夹具；

(3)水平尺：规格为 250～300 mm；

(4)钢直尺：分度值为 1 mm；

(5)锯砖机；

(6)砂浆搅拌机、抹刀等；

图 4-10　材料试验机

4.1.2.3 抗压强度试验

(1)试验步骤

①测量每个试件连接面或受压面的长、宽尺寸各两个，分别取其平均值，精确至 1 mm。

②将试件平放在加压板的中央(蒸压加气混凝土试件受压方向应垂直于制品发气方向)，垂直于受压面以合适的加荷速度均匀平稳加荷，不得发生冲击或振动，直至试件破坏为止，记录最大破坏荷载 P。

(2)结果计算与评定

①每块试样的抗压强度 R_P 按式(4-1)计算，精确至 0.01 MPa。

$$R_P=\frac{P}{LB} \tag{4-1}$$

式中，R_P—抗压强度，MPa；

P—最大破坏荷载，N；

L—受压面(连接面)的长度,mm;

B—受压面(连接面)的宽度,mm。

②试验结果以试样抗压强度的算术平均值和标准值或单块最小值表示,精确至0.1 MPa。

4.1.2.4 抗折强度试验

(1)试验步骤

①先将试样放在(20±5) ℃的水中浸泡 24 h,取出后用湿布拭去其表面水分再进行试验。

②按规定测量试样的宽度和高度尺寸各 2 个,分别取算术平均值,精确至 1 mm。

③调整抗折夹具下支辊的跨距为砖规格长度减去 40 mm,但规格长度为 190 mm 的砖,其跨距为 160 mm。

④将试样大面平放在下支辊上,试样两端面与下支辊的距离应相同。当试样有裂缝或凹陷时,应使有裂缝或凹陷的大面朝下,以合适的加荷速度均匀平稳加荷,直至试样断裂,记录最大破坏荷载 P。

(2)结果计算与评定

①每块试样的抗折强度(R_C)按式(4-2)计算,精确至 0.01 MPa。

$$R_C=\frac{3PL}{2BH^2} \tag{4-2}$$

式中,R_C—抗折强度,MPa;

P—最大破坏荷载,N;

L—跨距,mm;

B—试样宽度,mm;

H—试样高度,mm。

②试验结果以试样抗折强度的算术平均值和单块最小值表示,精确至 0.01 MPa。

4.1.3 砌墙砖密度试验

4.1.3.1 烧结空心砖和空心砌块体积密度

(1)主要仪器设备

①鼓风干燥箱:温度控制范围为(105±5) ℃;

②磅秤:称量 50 kg,感量为 1 g;

③钢直尺:分度值为 1 mm,

④砖用卡尺:分度值为 0.5 mm。

(2)试验步骤

①清理试样表面,然后将试样置于(105±5) ℃鼓风干燥箱中干燥至恒量,称其质量 G_0,精确至 1 g,并检查外观情况,不得有缺棱、掉角等破损。如有破损者,需重新换取备用试样。

②将干燥后的试样按规定测量试样的长、宽、高尺寸各两个,分别取其平均值,精确至 1 mm。

(3)结果计算与评定

烧结空心砖和空心砌块体积密度应按式(4-3)计算,试验结果以 5 个试件的算术平均值表示,精确至 1 kg/m³。

$$\rho=\frac{G_0}{LBH}\times 10^9 \tag{4-3}$$

式中,ρ—体积密度,kg/m³;

G_0—试样干质量,kg;

L—试样长度,mm;

B—试样宽度,mm;

H—试样高度,mm。

4.1.3.2 轻集料混凝土小型空心砌块块体密度

(1)主要仪器设备

①鼓风干燥箱:温度控制范围为(105±5) ℃;

②电子台秤:称量 50 kg,感量为 1 g;

③钢直尺:分度值为 1 mm;

④砖用卡尺:分度值为 0.5 mm;

(2)试验步骤

①按规定测量试样的长、宽、高尺寸各两个,分别取其平均值,精确至 1 mm,计算每个试件体积 V,精确至 0.001 m³;

②将试件放入电热鼓风干燥箱内,在(105±5) ℃温度下至少干燥 24 h,然后每隔 2 h 称量一次,直至两次称量之差不超过一次称量的 2%为止;

③待试件在电热鼓风干燥箱内冷却至与室温之差不超过 20 ℃后取出,立即称其绝干质量 m,精确至 0.05 kg。

(3)结果计算与评定

轻集料混凝土小型空心砌块块体密度应按式(4-4)计算,试验结果以 3 个试件的算术平均值表示,精确至 10 kg/m³。

$$r=\frac{m}{V} \tag{4-4}$$

式中,r—试件的块体密度,kg/m³;

m—试样绝干质量,kg;

V—试件的体积,m³。

4.1.3.1 蒸压加气混凝土砌块干密度

(1)主要仪器设备

①鼓风干燥箱:温度控制范围为(105±5) ℃;

②磅秤:称量 50 kg,感量为 1 g;

③钢直尺:分度值为 1 mm,

④砖用卡尺:分度值为 0.5 mm。

(2)试验步骤

①按规定测量试样的长、宽、高尺寸各两个,分别取其平均值,精确至 1 mm。计算每个试件体积 V,精确至 0.001 m^3。称取试件质量 M_0,精确至 1 g。

②将试件放入电热鼓风干燥箱内,在(60±5) ℃温度下保温 24 h,在(80±5) ℃温度下保温 24 h,再在(105±5) ℃温度下烘至恒质 M_0(恒质是指烘干过程中间隔 4 h,前后两次质量差不超过试件质量的 0.5%)。

(3)结果计算与评定

蒸压加气混凝土砌块干密度应按式(4-5)计算,试验结果以 3 个试件的算术平均值表示,精确至 1 kg/m^3。

$$r_0=\frac{M_0}{V} \tag{4-5}$$

式中,r_0—试件的干密度,kg/m^3;

M_0—试样烘干后质量,kg;

V—试件的体积,m^3。

附表一　砖、砌块委托检测协议书

委托编号：

委托方填写	委托单位	名称		委托联系人		
		地址		联系电话		
		邮编		传真		
	工程名称					
	施工单位					
	见证单位					
	见证人签名	年　月　日	证书编号		联系电话	
	取样人签名	年　月　日	证书编号		联系电话	
	样品信息	出厂商标	种类		规格	
		(　)出厂编号(　)合格证编号	(　)生产日期(　)出厂日期		样品数量及状态	
		使用部位	强度等级		代表数量	
		见证编号		见证人	月　日　时　分	
	检测项目	(　)尺寸偏差(　)外观质量(　)抗压强度(　)抗折强度(　)体积密度(　)孔洞率或空心率(　)相对含水率(　)干燥收缩(　)抗渗性(　)放射性(　)导热系数(　)传热系数(　)其他：				
	检测依据	(　)《混凝土小型空心砌块试验方法》GB/T 4111 (　)《轻集料混凝土小型空心砌块》GB/T 15229 (　)《普通混凝土小型空心砌块》GB 8239 (　)《蒸压加气混凝土砌块》GB 11968 (　)《混凝土普通砖和装饰砖》NY/T 671 (　)《烧结空心砖和空心砌块》GB 13545 (　)《粉煤灰小型空心砌块》JC 862 (　)其他：			(　)《砌墙砖试验方法》GB/T 2542 (　)《粉煤灰砖》JC 239 (　)《烧结多孔砖》GB 13544 (　)《蒸压灰砂砖》GB 11945 (　)《混凝土路面砖》JC/T 446 (　)《混凝土实心砖》GB/T21144 (　)《砼多孔砖》JC/T 943	
		声明：以上标准均为现行版本，如有不同，请注明。				
	样品处置	(　)试毕取回　(　)委托本单位处理　(　)其他：				
	报告形式	(　)单页　(　)精装　(　)其他：				
	报告发放	(　)自取　(　)邮寄：　(　)电话告知结果： (　)其他：				
	缴费方式	(　)冲账　(　)现金　(　)转账：汇款单位：			缴费确认：	
	其他要求					
检测单位填写	核查样品	是否符合检测要求？(　)符合　(　)不符合：　(　)其他：				
	检测类别	(　)委托检测　(　)抽样检测　(　)见证检测　(　)其他：				
	检测收费	人民币(大写)　拾　万　仟　佰　拾　元　角　分(￥：　)				
	预计完成日期	年　月　日		出具报告份数	份	
	保密声明	未经客户的书面同意，本单位均不对外披露检测/检查结果等信息。但法律法规另有要求的除外。				
	其他声明			样品编号/报告编号		
双方确认	客户签名确认本协议内容。 委托人签名： 年　月　日			本单位评审意见：能否满足客户要求？ (　)满足　(　)不满足 受理人签名： 年　月　日		

附表二　砌墙砖检测原始记录(一)

检测依据：

委托编号			样品数量、状态		
样品编号			试件制作日期		
种类规格			环境温湿度	℃	%
等级		试件在不透风的养护室温度	月　日	月　日	月　日
检验日期			℃	℃	℃
主要检测仪器设备					
编号	仪器名称	规格型号	编号	仪器名称	规格型号

试件编号		长 L(mm)			宽 B(mm)			破坏荷载 P(kN)	抗压强度 R_P(MPa)
		L_1	L_2	$\overline{L}$	B_1	B_2	$\overline{B}$		
抗压试验	1								
	2								
	3								
	4								
	5								
	6								
	7								
	8								
	9								
	10								

标准差(S)		抗压强度标准值(f_k)	MPa	抗压强度平均值($\overline{f}$)	MPa
变异系数(δ)		单块最小抗压强度(f_{min})	MPa		

试件编号		宽 B(mm)			高 H(mm)			跨距 L(mm)	破坏荷载 P(kN)	抗折强度 R_C(MPa)
		B_1	B_2	$\overline{B}$	H_1	H_2	$\overline{H}$			
抗折试验	1									
	2									
	3									
	4									
	5									

单块最小抗压强度(f_{min})	MPa	抗折强度平均值($\overline{f}$)	MPa	$R_C=\frac{3PL}{2BH^2}$
结论				
说明	检验前后设备状况： 检测过程异常状况及采取的控制措施：			

校核：　　　　　　　　校核日期：　　　　　　　　主检：

附表三　砌墙砖检测原始记录(二)

检测依据：

委托编号			样品数量、状态		
试样编号			检验日期		
种类规格			环境温湿度	℃　　%	
主要检测仪器设备					
编号	仪器名称	规格型号	编号	仪器名称	规格型号

试件尺寸(mm)		试件1		试件2		试件3		试件4		试件5	
长 L_1	$\overline{L}$										
长 L_2											
宽 B_1	$\overline{B}$										
宽 B_2											
高 H_1	$\overline{H}$										
高 H_2											
体积(m^3)											

	温度/时间	试件1质量(g)	试件2质量(g)	试件3质量(g)	试件4质量(g)	试件5质量(g)
鼓风干燥箱中干燥	℃　h					
	℃　h					
	℃　h					
	℃　h					
	℃　h					
	℃　h					
	℃　h					
	℃　h					
	℃　h					
	℃　h					
前后两次质量差(g)						
≤　(g)						
(　　　)密度(kg/m^3)						
平均值(kg/ m^3)						
结论						
说明		检验前后设备状况： 检测过程异常状况及采取的控制措施：				

校核：　　　　　　　　　　　　校核日期：　　　　　　　　　　　　主检：

附表四 砌墙砖检测报告

<table>
<tr><td colspan="2">工程名称</td><td colspan="3"></td><td>委托编号</td><td></td></tr>
<tr><td colspan="2">委托单位</td><td colspan="3"></td><td>报告编号</td><td></td></tr>
<tr><td colspan="2">施工单位</td><td colspan="3"></td><td>委托日期</td><td></td></tr>
<tr><td colspan="2">结构部位</td><td colspan="3"></td><td>报告日期</td><td></td></tr>
<tr><td colspan="2">种 类</td><td></td><td>设计强度等级</td><td></td><td>检验性质</td><td></td></tr>
<tr><td colspan="2">厂 别</td><td></td><td>出厂合格证编号</td><td></td><td>环境条件</td><td>温度： ℃
湿度： %</td></tr>
<tr><td colspan="2">规 格</td><td>mm× mm× mm</td><td>生产日期</td><td></td><td>见证人</td><td></td></tr>
<tr><td colspan="2">见证单位</td><td></td><td>代表数量</td><td>万块</td><td>证书编号</td><td></td></tr>
<tr><td colspan="2">检验项目</td><td colspan="5">检 验 结 果</td></tr>
<tr><td rowspan="4">强度指标</td><td rowspan="2">抗压强度(MPa)</td><td>平均值</td><td>标准值</td><td>最小值</td><td colspan="2">变异系数</td></tr>
<tr><td></td><td></td><td></td><td colspan="2"></td></tr>
<tr><td rowspan="2">抗折强度(MPa)</td><td colspan="2">平均值</td><td colspan="3">最小值</td></tr>
<tr><td colspan="2"></td><td colspan="3"></td></tr>
<tr><td rowspan="3">耐久性</td><td>抗冻(融)循环</td><td colspan="5"></td></tr>
<tr><td>泛霜</td><td colspan="5"></td></tr>
<tr><td>石灰爆裂</td><td colspan="5"></td></tr>
<tr><td colspan="2">体积密度</td><td colspan="5"></td></tr>
<tr><td colspan="2">尺寸偏差</td><td colspan="5"></td></tr>
<tr><td colspan="2">外观质量</td><td colspan="5"></td></tr>
<tr><td colspan="2">检验结论</td><td colspan="5"></td></tr>
<tr><td colspan="2">检验依据</td><td colspan="5"></td></tr>
<tr><td colspan="2">主要检验仪器</td><td colspan="3">检验仪器：
检定证书编号：</td><td colspan="2" rowspan="2">检测单位
（盖章）</td></tr>
<tr><td colspan="2">说明</td><td colspan="3">1. 报告未盖检测单位“检测报告专用章”无效，复制无效；
2. 对本报告如有异议请于收到报告后 15 日内(以签字或邮戳为准)通知本公司。</td></tr>
</table>

批准： 审核： 校核： 主检：

水泥检测

水泥作为水硬性无机胶凝材料，被广泛应用于城市建筑、水利大坝、道路桥梁等工程，用以生产各种性能现浇混凝土、预应力混凝土构件及其他水泥预制品，也常用于配制建筑砂浆用以砌筑、抹灰和灌浆。水泥的品种很多，最常用的是硅酸盐系水泥。

实训目标：能够根据具体工程设计资料要求，正确使用仪器设备，按照作业指导书检测水泥的各项性能是否符合相应标准规范的要求，并对其进行评价，判断某一水泥能否满足工程实际需要。正确填写委托单、记录表和出具并审阅试验报告的能力。

5.0　实训准备

5.0.1 水泥检测试验执行标准

GB/T 4131-1997	水泥的命名、定义和术语（GB/74131-2014 水泥命名原则和术语将于 2015 年 2 月 1 日实施）
GB/T 12573-2008	水泥取样方法
GB/T 1345-2005	水泥细度检验方法　筛析法
GB/T 8074-2008	水泥比表面积测定方法　勃氏法
GB/T 1346-2011	水泥标准稠度用水量、凝结时间、安定性检验方法
GB/T 17671-1999	水泥胶砂强度检验方法（ISO 法）
GB/T 2419-2005	水泥胶砂流动度测定方法
GB/T 208-1994	水泥密度测定方法
GB 175-2007/XG1-2009	通用硅酸盐水泥（附 XG1-2009 第 1 号修改单）
GB/T 3183-2003	砌筑水泥

5.0.2 水泥检验批划分、取样、制样

5.0.2.1 检验批划分

按照《混凝土结构工程施工质量验收规范》GB 50204-2002(2010 版)7.2.1 的规定，水泥

进场时应对其品种、级别、包装或散装仓号、出厂日期等进行检查，并应对其强度、安定性及其他必要的性能指标进行复验，其质量必须符合现行国家标准《通用硅酸盐水泥》GB 175-2007 等的规定。当在使用中对水泥质量有怀疑或水泥出厂超过三个月(快硬硅酸盐水泥超过一个月)时，应进行复验，并按复验结果使用。钢筋混凝土结构、预应力混凝土结构中，严禁使用含氯化物的水泥。

所以检验批划分：按同一生产厂家、同一品种、同一强度等级、同一批号且连续进场的水泥，袋装不超过 200 t 为一批，散装不超过 500 t 为一批，每批抽样不少于一次。当散装水泥运输工具的容量超过该厂规定出厂编号吨数时，允许该编号的数量超过取样规定吨数。

检验方法：检查产品合格证、出厂检验报告和进场复验报告。水泥运至施工现场后应对其品种、级别、包装及散装仓号、出厂日期等进行核查，并应对凝结时间、强度、安定性及其他必要的性能指标进行复验，其质量必须符合现行国家标准的规定。

5.0.2.2 取样

取样方法：应按 GB 12573-2008 进行。袋装水泥取样应有代表性，应从 20 个以上不同部位袋装水泥中取大致等量样品，总量不少于 20 kg。散装水泥随机从不少于 3 个灌车中采取等量水泥，经搅拌混合均匀后不少于 20 kg。

水泥取样时，将取样器(见图 5-1、图 5-2)插入水泥适当深度，用大拇指按住气孔或转动控制开关，小心抽出取样器，将所取的样品放入容器即可。样品取得后应有负责取样的人员填写取样单。

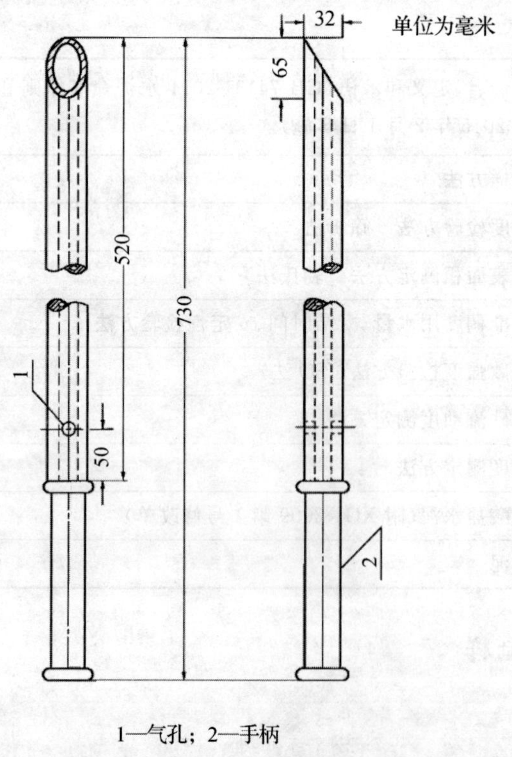

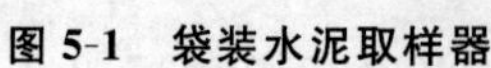
1—气孔；2—手柄

图 5-1　袋装水泥取样器

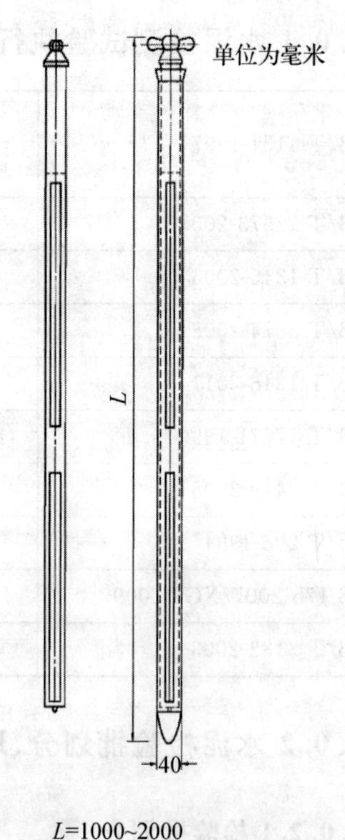

L=1000~2000

图 5-2　散装水泥取样器

5.0.2.3 制样

水泥试样、拌和水、仪器和用具的温度应与实验室环境温度一致。试验用水必须是洁净的饮用水，有争议时应以蒸馏水为准。

在实验室内先将所取的部分水泥样充分混匀通过 0.9 mm 方孔筛，并记录筛余物情况，然后一次或多次将样品缩分到相关标准要求的定量后分成两份，一份用于检验（称为试验样），一份盛于密闭、防潮且不易与水泥发生反应的容器中密封保管三个月（称为封存样，应贴上标有样品编号、取样时间、取样地点及取样人的封条，并加盖公章）。试验样按相关标准要求进行试验，封存样按要求贮存以备查。

如对检验结果有疑问时，可将封存样送省级或省级以上国家认可的水泥质量监督检验机构进行仲裁检验或送双方共同认可的机构进行仲裁检验。水泥安定性仲裁检验时，应在取样之日起 10 天内完成。

5.0.3 物理指标必检项目

物理指标必检项目包括凝结时间、安定性、强度。

5.0.4 检测环境要求

试验前应再次检查实验室环境条件、样品状况是否满足试验要求，试验所需的仪器设备是否齐备，检查仪器设备的使用状态，并做好相关的记录。

试体成型实验室的温度应保持在(20±2) ℃，相对湿度应不低于 50%。水泥试样、拌和用水、仪器、用具的温度应与实验室一致。

当水泥细度以比表面积表示时，测定比表面积时实验室相对湿度不大于 50%。

试体带模养护的养护箱或雾室的温度应保持在(20±1) ℃，相对湿度应不低于 90%。

试体养护池水温应保证在(20±1) ℃。

实验室空气温度和相对湿度及养护池水温在工作期间每天至少记录一次；养护箱或雾室的温度与相对湿度至少每 4 h 记录一次（也可采用自动控制）。

【工程实例】某科技楼工地现场新进 150 吨袋装 P.C 32.5R 水泥（见图 5-3）用于 10～15 层楼板施工，请根据相关标准规范进行验收和检测。

图 5-3　进场的水泥

【分析】根据检验批的划分规则，该次进场的水泥只有一个检验批，进场时检查产品合格证、出厂检验报告，核对品种、级别、出厂编号、出厂日期。在见证员见证下，由工地试验员或材料员在水泥堆垛选取前后左右、上中下等 20 个以上不同部位的袋装水泥，用取样器沿对角方向插入水泥包装袋中取大致等量样品，装入水泥取样桶，总量不少于 20 kg。按规定封存后填写取样单，送有资质的检测机构检测。若供货方能够提供法定检测单位出具的，能够证明该批水泥合格的检测报告原件，则只做以下项目：细度、凝结时间、安定性、胶砂强度。

项目 5.1 水泥检测

5.1.1 水泥细度试验

5.1.1.1 试验目的

通过测定水泥细度衡量水泥质量。

图 5-4 水泥负压筛析仪

5.1.1.2 主要仪器设备

(1)筛析法所需主要仪器设备

①负压筛筛析仪(见图 5-4):可调范围为 4000～6000 Pa;

②电子天平:最大称量为 100 g,精度为 0.01 g;

③80 μm 方孔筛或 45 μm 方孔筛。

(2)勃氏法所需主要仪器设备

①勃氏比表面积透气仪(见图 5-5);

②电热鼓风干燥箱:控制温度灵敏度±1 ℃;

③分析天平:分度值为 0.001 g;

④秒表:精确读到 0.5 s;

⑤干燥器;

⑥标准试样、水银、中速定量滤纸等。

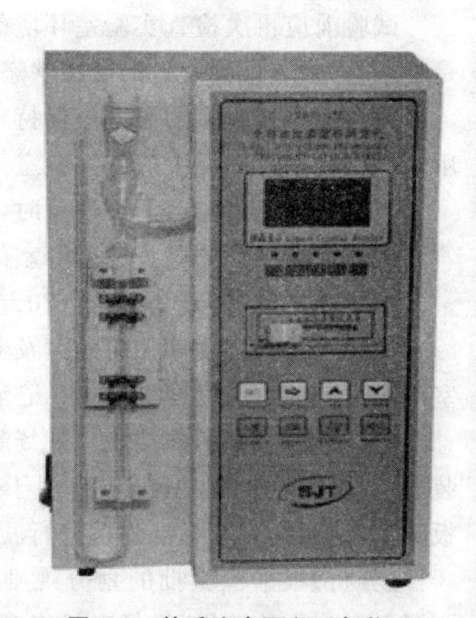

图 5-5 勃氏比表面积透气仪

5.1.1.3 试验步骤

(1)筛析法试验步骤(以 80 μm 筛为例)

①试验前检查所用试验筛应保持清洁、干燥,然后将负压筛放在筛座上,盖上筛盖,接通电源,检查控制系统,调节负压至 4000～6000 Pa,当工作负压小于 4000 Pa 时,应清理吸尘器内水泥,使负压恢复正常。

②试验时,称取试样 25 g,精确至 0.01 g,置于洁净的负压筛中,放在筛座上,接通电源,开动筛析仪连续筛析 2 min,同时用手指轻轻地敲击筛盖使附着在筛盖上试样落下。筛毕,用天平称量全部筛余物。

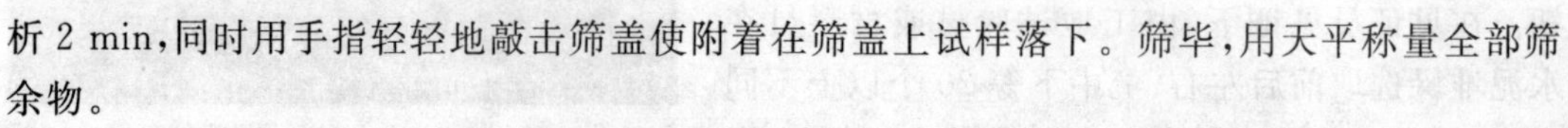

(2)勃氏法试验步骤

①试验前查看并记录实验室温湿度,判断是否符合要求,是否需要打开抽湿机,使实验室内的相对湿度不大于 50%。

②将已过 0.9 mm 方孔筛的水泥试样在(110±5) ℃下烘干 1 h 后放入干燥器中冷却至室温。

将(110±5) ℃下烘干并在干燥器中冷却到室温的标准试样倒入100 mL的密闭瓶内，用力摇动2 min，将结块成团的试样振碎，使试样松散。静置2 min后，打开瓶盖，轻轻搅拌，使在松散过程中落到表面的细粉分布到整个试样中。

③用水银排代法标定圆筒的试料层体积：将穿孔板平放入圆筒内，再放入两片滤纸。然后用水银注满圆筒，用玻璃片挤压圆筒上口多余的水银，使水银面与圆筒上口平齐，倒出水银称量P_1(精确至0.001 g)，然后取出一片滤纸，在圆筒内加入适量的试样(约3.3 g)。再盖上一片滤纸后用捣器压实至试料层规定高度。取出捣器用水银注满圆筒，同样用玻璃片挤压平后，将水银倒出称量P_2(精确至0.001 g)。重复以上步骤直到水银称量值相差小于50 mg为止。圆筒试料层体积V按式(5-1)计算：

$$V=\frac{P_1-P_2}{\rho_{水银}} \tag{5-1}$$

式中，V—试料层体积，cm³；

P_1—未装试样时，充满圆筒的水银质量，g；

P_2—装试样后，充满圆筒的水银质量，g；

$\rho_{水银}$—试验温度下水银的密度，g/cm³。

试料层体积至少取两次试验平均值(两次数值相差不超过0.005 cm³)，精确至0.001 cm³。

④测定水泥密度：参照模块2中2.1测定。

⑤确定试样量：校正试验用的标准试样量和被测定水泥的质量，应达到在制备的试料层中空隙率(P·Ⅰ、P·Ⅱ水泥的空隙率采用0.500±0.005，其他水泥选用0.530±0.005，当上述空隙率不能将试样压至规定位置时，允许改变空隙率)。按式(5-2)计算所需试样质量：

$$W=\rho V(1-\varepsilon) \tag{5-2}$$

式中，W—需要的试样量，g；

ρ—试样密度，g/m³；

V—试料层体积(按JC/T 956测定)，cm³；

ε—试料层空隙率。

⑥试料层制备：将穿孔板放入透气圆筒的突缘上，用一直径比圆筒略小的捣棒把一片滤纸送到穿孔板上，边缘放平压紧。称取⑤确定的水泥量，精确至0.001 g，倒入圆筒。轻敲圆筒的边，使水泥层表面平坦。再放入一片滤纸，用捣器均匀捣实试料直至捣器的支持环紧紧接触圆筒顶边并旋转两周，缓慢取出捣器。每次测定需用新的滤纸。

⑦透气试验：将装有试料层的透气圆筒下锥面涂上活塞油脂后插入压力计顶端锥形磨口处，保证紧密连接不漏气，并不振动所制备的试料层。

抽出空气，直至压力计内液面上升至扩大部下端时关闭阀门。当压力计内液面的凹液面下降到第一条刻线时按下秒表开始计时，当内液面的凹液面下降到第二条刻线时按动秒表停止计时，记录液面从第一条刻度线到第二条刻度线所需的时间，精确至0.5 s，并记录下试验时的温度。每次透气试验应重新制备试料层。

5.1.1.4 试验结果计算与评定

硅酸盐水泥和普通硅酸盐水泥的细度以比表面积表示，其比表面积不小于300 m²/kg。矿渣硅酸盐水泥、火山灰硅酸盐水泥、粉煤灰硅酸盐水泥和复合硅酸盐水泥的细度以筛余表示。其 80 μm 方孔筛筛余不大于 10%或 45 μm 方孔筛筛余不大于 30%。

(1)筛析法试验结果计算与评定

水泥样品的细度以筛余物质量占试样原质量的百分数来表示，按式(5-3)计算水泥细度(结果计算精确至 0.1%)：

$$F=\frac{R_S}{W}\times 100\% \tag{5-3}$$

式中，F—水泥试样的筛余百分率，%；

R_S—水泥筛余物的质量，g；

W—水泥试样的质量，g。

由于试验筛的筛网会在试验中磨损或堵塞，因此应使用标准样对试验筛进行校正，求得修正系数后修正筛析结果。修正的方法是将按式(5-3)计算得出的水泥细度乘以该试验筛标定后得到的有效修正系数，即为水泥细度最终结果。

合格评定时，每批样品应称取两个试样分别筛析，取筛余平均值为筛析结果。若两次筛余结果绝对误差大于 0.5%时(筛余值大于 5.0%时，可放至 1.0%)，应再做一次试验，取两次相近结果的算术平均值，作为最终结果。

需要注意的是，复合硅酸盐水泥 80 μm 方孔筛筛余不大于 10%为合格。

(2)勃氏法试验结果计算与评定

①当被测试样的密度、试料层中空隙率与标准试样相同，试验时的温度与校准温度之差≤ 3℃时，按式(5-4)计算：

$$S=\frac{S_S\sqrt{T}}{\sqrt{T_S}} \tag{5-4}$$

②当被测试样与标准试样的密度相同、试料层中空隙率不同，试验时的温度与校准温度之差≤3 ℃时，按式(5-5)计算：

$$S=\frac{S_S\sqrt{T}(1-\varepsilon_S)\sqrt{\varepsilon^3}}{\sqrt{T_S}(1-\varepsilon)\sqrt{\varepsilon_S^3}} \tag{5-5}$$

③当被测试样与标准试样的密度、试料层中空隙率均不相同，试验时的温度与校准温度之差≤3 ℃时，按式(5-6)计算：

$$S=\frac{S_S\rho_S\sqrt{T}(1-\varepsilon_S)\sqrt{\varepsilon^3}}{\rho\sqrt{T_S}(1-\varepsilon)\sqrt{\varepsilon_S^3}} \tag{5-6}$$

式中，S—被测试样的比表面积，cm^2/g；

S_S—标准样品的比表面积，cm^2/g；

T—被测试样试验时，压力计中液面降落测得的时间，s；

T_S—标准样品试验时，压力计中液面降落测得的时间，s；

ε—被测试样试料层中的空隙率；

ε_S—标准样品试料层中的空隙率；

ρ—被测试样的密度，g/cm^3；

ρ_S—标准样品的密度，g/cm^3。

水泥比表面积应由两次透气试验结果的平均值确定。若两次试验结果相差 2%以上时，应重新试验，计算结果精确至 10 cm^2/g。

5.1.2 水泥标准稠度用水量、凝结时间、安定性试验

5.1.2.1 试验目的

通过测定水泥标准稠度用水量了解水泥的需水性，还可使水泥的凝结时间和安定性等性能测试准确可比。

通过凝结时间的测定可以测得水泥的初凝时间和终凝时间，从而了解混凝土的初终凝时间，合理安排施工。

通过安定性检验可确保不合格的水泥不会使用在工程中。

5.1.2.2 主要仪器设备

(1)水泥净浆搅拌机(见图 5-6)；
(2)量水器：175 mL，精度±0.5 mL；
(3)电子天平：最大称量 1000 g，精度 1 g；
(4)标准法维卡仪(见图 5-7)和盛装水泥净浆的试模；
(5)湿气养护箱(见图 5-8)；
(6)沸煮箱(见图 5-9)；
(7)雷氏夹膨胀测定仪(见图 5-10)、雷氏夹：标尺最小刻度为 0.5 mm；
(8)秒表。

图 5-6　水泥净浆搅拌机

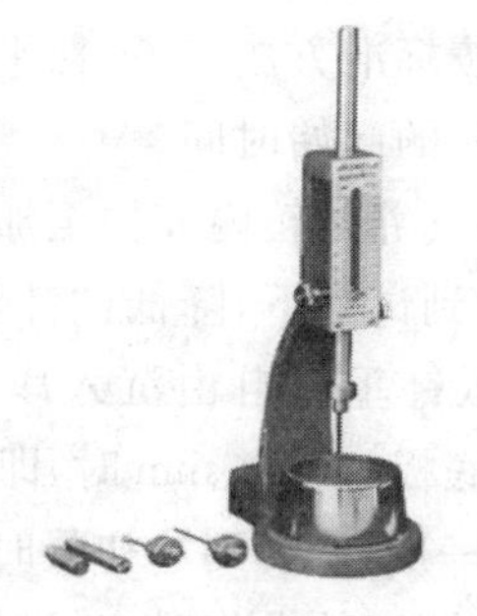

图 5-7　维卡仪

图 5-8　湿气养护箱

图 5-9　沸煮箱

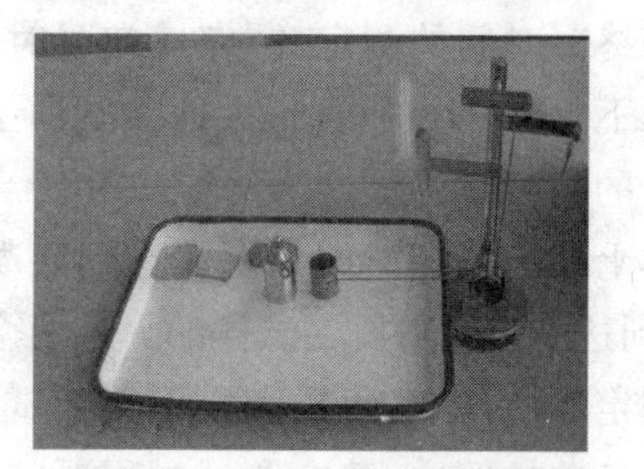

图 5-10　雷氏夹膨胀测定仪

5.1.2.3 试验步骤

(1)试验前:检查维卡仪的金属棒是否能自由滑动,调整至试杆接近玻璃板时指针对准零点,搅拌机运行正常。

(2)水泥净浆拌制:用湿布将水泥净浆搅拌机的搅拌锅、搅拌叶片抹过后,将拌和水倒入搅拌锅内,在5～10 s内将称好的500 g水泥加入水中(防止水和水泥溅出)。拌和时将锅放在搅拌机锅座上,升至搅拌位置再启动搅拌机(自动运行),低速搅拌120 s,停拌15 s,同时将叶片和锅上的水泥浆刮入锅中间,接着高速搅拌120 s后停机。在制备净浆的同时,将所需试模、玻璃底板等与净浆接触的用具擦拭后,用湿布覆盖备用。

(3)标准稠度用水量的测定:水泥净浆拌和结束后,立即取适量水泥净浆一次性装入已置放在玻璃底板上的试模中,浆体超过试模上端,用宽约25 mm的直边刀轻轻拍打超出试模部分的浆体5次以排除浆体中的空隙,然后在试模上表面约1/3处,略倾斜于试模分别向外轻轻锯掉多余净浆,再从试模边沿轻抹顶部一次,使净浆表面光滑。在锯掉多余净浆和抹平的操作过程中,注意不要压实净浆。抹平后迅速将试模连同底板移到维卡仪上,并将其中心定在试杆下,降低试杆直至与净浆表面接触,拧紧螺丝1～2 s后突然放松螺丝(同时按下秒表),让试杆垂直自由地沉入净浆中,在试杆停止沉入或释放试杆30 s时记录试杆距底板的距离。升起试杆,立即擦净,整个操作应在搅拌后1.5 min内完成。以试杆沉入净浆并距底板的(6±1) mm时的水泥净浆为标准稠度净浆,其拌和用水量为该水泥的标准稠度用水量P,按水泥质量的百分比计。

(4)凝结时间的测定:调整凝结时间测定仪的试针接触玻璃板时指针对准零点,将以标准稠度用水量制成标准稠度净浆按标准方法装模、抹平后立即放入湿气养护箱内,记录水泥全部加入水中的时间作为凝结时间的起始时间。

①初凝时间的测定:试件在湿气养护箱内养护至加水后30 min时进行第一次测定。测定时,从湿气养护箱中取出试模放到试针下,降低试针至与净浆表面接触,拧紧螺丝1～2 s后突然放松(同时按下秒表),让试针垂直自由沉入净浆。观察试针停止下沉或释放试针30 s时指针的读数,当试针沉至距底板(4±1) mm时,即认为水泥净浆达初凝状态。临近初凝时间时每隔5 min(或更短时间)测一次,认为到达初凝时应立即重测一次,只有两次结论相同才能确定为达到初凝状态。在最初测定的操作时应轻轻扶持金属柱,使其徐徐下降以防试针撞弯,但结果以自由下落为准,在整个测试过程中试针沉入的位置至少要距试模内壁10 mm。

②终凝时间的测定:在完成初凝时间的测定后,立即将试模连同浆体以平移的方式从玻璃板取下,翻转180°,直径大的一端向上放在玻璃上,再放入湿气养护箱中继续养护。将维卡仪上的初凝试针更换为终凝试针。当试针沉入试体0.5 mm时,即由环形附件开始不能在试体上留下痕迹时即为水泥达到终凝状态。临近终凝时间时每隔15 min(或更短时间)测一次,到达终凝时需要在试体的另外两个不同点测试,确定结论相同才能确认达到终凝状态。

测定时应注意:每次测定不得让试针落入原针孔。每次测试完需将试针擦净,并将试模放回湿气养护箱中,整个测试过程要防止试模受振。

(5)安定性的测定:每个试样需成型两个试件,每个雷氏夹需配备两个边长或直径为80 mm、厚度为4～5 mm玻璃板两块,凡与水泥净浆接触的玻璃板和雷氏夹内表面都要稍稍涂上一层油。

①将预先准备好的雷氏夹放在已稍擦油的玻璃板上，并立即将已制好的标准稠度净浆一次性装满雷氏夹，装浆时一只手轻扶雷氏夹，另一只手用宽约 25 mm 的直边刀轻轻插捣 3 次，然后抹平，盖上稍涂油的玻璃板，立即将试件移至湿气养护箱内养护(24±2) h。

②沸煮时，调整好沸煮箱内的水位，使之能保证在整个沸煮过程中都超过试件，同时又保证在(30±5) min 内升至沸腾。脱去玻璃板取下试件，先测量雷氏夹指针尖端间的距离(A)，精确至 0.5 mm。将试件放入沸煮箱水中的试件架上，指针朝上，接通电源使沸煮箱在(30±5) min 内加热至沸腾并恒沸(180±5) min。

③沸煮结束后，立即放掉沸煮箱中的热水，打开箱盖，待箱体冷却至室温，取出试件进行测量。

5.1.2.4 试验结果计算与评定

(1)凝结时间判定：由水泥全部加入水中至初凝状态的时间为水泥的初凝时间，水泥全部加入水中至终凝状态的时间为水泥的终凝时间，均用“min”表示。

硅酸盐水泥初凝时间不小于 45 min，终凝时间不大于 390 min；普通硅酸盐水泥、矿渣硅酸盐水泥、火山灰质硅酸盐水泥、粉煤灰硅酸盐水泥和复合硅酸盐水泥初凝不小于 45 min，终凝不得大于 600 min 为合格。

(2)安定性判定：测量雷氏夹指尖端的距离(C)，准确至 0.5 mm，当两个试件煮后增加距离($C-A$)的平均值不大于 5.0 mm 时，即认为该水泥安定性合格；当两个试件煮后增加距离($C-A$)的平均值大于 5.0 mm 时，应用同一样品立即重做一次试验，以复检结果为准。

5.1.3 水泥胶砂强度、胶砂流动度试验

5.1.3.1 试验目的

通过水泥胶砂抗折、抗压强度测定确定样品是否满足其强度等级要求；通过胶砂流动度的测定确定水泥胶砂适宜的用水量。

5.1.3.2 主要仪器设备

(1)行星式胶砂搅拌机(见图 5-11)；
(2)水泥胶砂振实台(见图 5-12)；
(3)恒应力压力试验机及抗压夹具(见图 5-13)；
(4)抗折强度试验机(见图 5-14)；
(5)水泥胶砂流动度测定仪(见图 5-15)，简称跳桌；
(6)胶砂流动度试模：由截锥圆模和模套组成(符合 JC/T 958 要求)；
(7)水泥试模：40 mm×40 mm×160 mm；
(8)量水器：225 mL，精度±0.5 mL；
(9)电子天平：最大称量 1000 g，精度 1 g；
(10)卡尺：量程不小于 300 mm，分度值不大于 0.5 mm；
(11)捣棒：直径为(2±0.5) mm，长度 200 mm；
(12)小刀：刀口平直，长度大于 80 mm。

图 5-11　行星式胶砂搅拌机

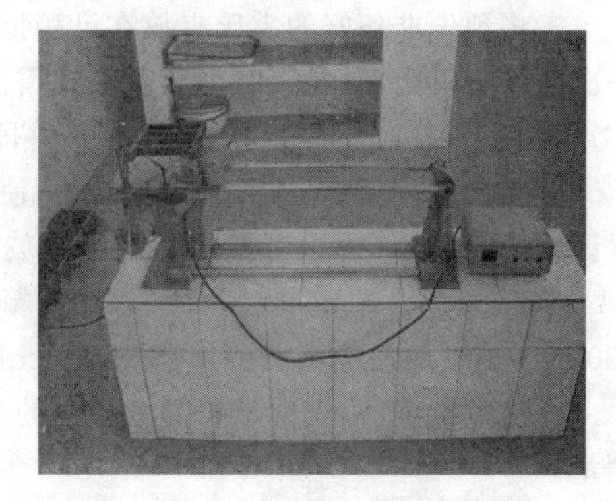
图 5-12　水泥胶砂振实台

图 5-13　恒应力压力试验机

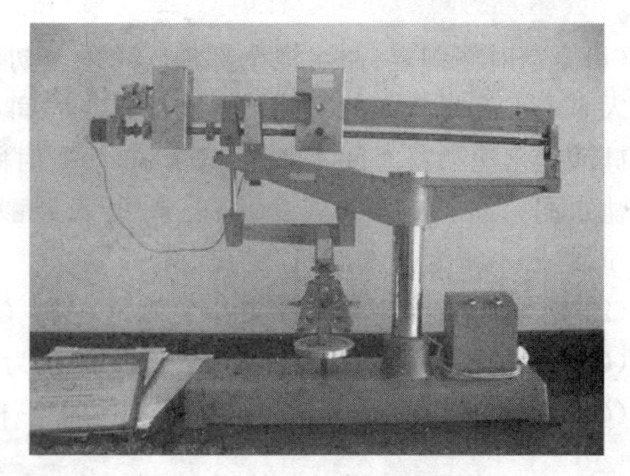
图 5-14　抗折强度试验机

图 5-15　水泥胶砂流动度测定仪

5.1.3.3 试验步骤

(1)配合比:胶砂质量配合比应为一份水泥[(450±2) g],三份标准砂[(1350±5) g],半份水(225±1) mL。一锅胶砂成型三条试体。

(2)将水泥搅拌机的搅拌锅和搅拌叶片用湿布抹过,使搅拌机处于待工作状态,将标准砂倒入砂筒中,然后按以下的程序进行操作:先把水加入锅中,再加入水泥,将锅放在固定架上,上升至固定位置。然后立即开动机器(自动运行),低速搅拌 30 s 后,在第二个 30 s 开始

水泥胶砂搅拌机会自动均匀地将标准砂加入搅拌锅内，机器再高速拌 30 s，停拌 90 s，在停拌的第 1 个 15 s 内可用胶皮刮具将叶片和锅壁上的胶砂刮入锅中间。继续高速搅拌 60 s。在制备胶砂同时，先启动跳桌，使其空跳一个周期 25 次，再用湿布擦拭跳桌台面、试模内壁、捣棒等与胶砂接触的用具。将试模放在跳桌台面中央并用湿布覆盖备用。

(3)胶砂流动度测定：将拌好的胶砂分两层迅速装入试模（第一层装至截锥圆模高度约 2/3 处，用小刀在相互垂直的两个方向上各划 5 次，用捣棒由边缘向中心螺旋均匀捣压 15 次；第二层装至高出圆模约 20 mm，用小刀在相互垂直的两个方向上各划 5 次，用捣棒由边缘向中心螺旋均匀捣压 10 次，捣压时用手扶稳，不让试模移动并且不超过已捣实低层表面）。取下模套用小刀从中间向边缘分两次以近似水平的角度抹去多余胶砂，并擦去桌面散落的胶砂。垂直提起截锥圆模，立即开动跳桌完成 25 次跳动。跳动完毕后用卡尺测量胶砂底面相互垂直的两个方向直径，计算平均值，精确到 1 mm。该平均值即为该水量的水泥胶砂流动度（从胶砂加水开始到测量扩散结束不应超过 6 min）。

火山灰质硅酸盐水泥、粉煤灰硅酸盐水泥、复合硅酸盐水泥和掺火山灰质混合材料的普通硅酸盐水泥在进行胶砂强度试验时，其用水量按 0.5 水灰比，胶砂流动度不小于180 mm；当胶砂流动度小于 180 mm 时，应以 0.01 的整数倍递增的方法将水灰比调整至胶砂流动度不小于 180 mm。

(4)胶砂试件成型：胶砂制备后，测定的胶砂流动度不小于 180 mm 时，翻拌胶砂数次后应立即在振实台成型胶砂试件，试件尺寸为 40 mm×40 mm×160 mm。将空水泥试模和模套固定在振实台上，用勺子直接将胶砂分两层装入试模。装第一层时，每个槽里约放 300 g 胶砂，用大播料器垂直架在模套顶部沿每个模槽来回一次将料层播平，接着振实 60 次。再装入第二层胶砂，用小播料器播平，再振实 60 次。移走模套，从振实台上取下试模，用一金属直尺以近似 90°的角度架在试模模顶的一端，沿试模长度方向以横向锯割动作慢慢向另一端移动，一次性将超过试模部分的胶砂刮去，并用同一直尺以近乎水平的角度将试体表面抹平，去掉留在试模四周的胶砂。

(5)标识及养护：在试模上标记试件编号和试件相对于振实台的位置后，立即将作好标记的试模放入湿气养护箱的水平架子上养护，直至规定的脱模时间。湿空气应能与试模各边接触。养护时不应将试模放在其他试模上。

(6)脱模：对于 24 h 龄期的，应在破型试验前 20 min 内脱模，并用湿布覆盖至试验时为止；对于 24 h 以上龄期的，应在成型后 20～24 h 之间脱模。

脱模前，用防水墨汁或颜料笔在试体的刮平面上进行编号标记。两个龄期以上的试体，在编号时应将同一试模中的三条试体分在两个以上龄期内。

脱模后应将已做好试件编号的试件放入标准养护室养护：将试件水平或竖直放在(20±1) ℃水中养护（水平放置时刮平面应朝上），确保试件的六个面都与水接触。养护期间试件之间间隔或试体上表面的水深不得小于 5 mm。每个养护池只养护同类型的水泥试件。最初用自来水装满养护池（或容器），随后随时加水保持适当的恒定水位，不允许在养护期间全部换水。

(7)龄期：除 24 h 龄期或延迟至 48 h 脱模的试体外，任何到龄期的试体应在试验（破型）前 15 min 从水中取出。揩去试体表面沉积物，并用湿布覆盖至试验为止。试体龄期是从水泥全部加入水中开始搅拌时算起。不同龄期强度试验应在下列时间里进行。

24 h±15 min；48 h±30 min；72 h±45 min；7 d±2 h；>28 d±8 h。

(8)抗折强度测定：将试体一个侧面放在抗折试验机支撑圆柱上，以(50±10) N/s 的速率均匀加荷直至折断，读取并记录每个试件抗折强度，精确至 0.1 MPa。保持两个半截棱柱体处于潮湿状态直至抗压试验。

(9)抗压强度测定：抗压强度的试件是使用经过抗折强度试验后的半截棱柱体，共六个，受压面是成型时的两个侧面。将试体放入放有抗压夹具的恒应力水泥压力试验机中，以(2400±200) N/s 的速率均匀地加荷直至破坏，记录每个试件的破坏荷载。

5.1.3.4 试验结果计算与评定

抗折强度 R_f：计算三个棱柱体抗折强度的算术平均值作为试验结果，精确至 0.1 MPa。当三个强度值中有超出平均值±10%时，应剔除后再取平均值作为抗折强度试验结果。

抗压强度 R_C：抗压强度按式(5-7)计算，以一组三个棱柱体上得到的六个半棱柱体的抗压强度的算术平均值作为试验结果，精确至 0.1 MPa。如果六个测定值中有一个超出六个平均值的±10%，应剔除这个结果，以剩下五个的平均数为结果。如果五个测定值中仍有超过它们平均数±10%的，则此组结果作废。

$$R_C=\frac{F_C}{A} \tag{5-7}$$

式中，F_C—破坏时的最大荷载，N；

A—受压部分面积，mm^2(40 mm×40 mm=1600 mm^2)。

当水泥试样 3 d、28 d 抗折、抗压强度值均大于表 5-1 中要求时，认为满足相应水泥要求。

如工程实例中送检水泥样品可下结论：该样品强度等级满足 GB 175-2007 中复合硅酸盐水泥P.C 42.5R要求。

表 5-1 通用硅酸盐水泥的强度等级

单位：MPa

品种	强度等级	抗压强度		抗折强度	
		3 d	28 d	3 d	28 d
硅酸盐水泥	42.5	≥17.0	≥42.5	≥3.5	≥6.5
	42.5R	≥22.0		≥4.0	
	52.5	≥23.0	≥52.5	≥4.0	≥7.0
	52.5R	≥27.0		≥5.0	
	62.5	≥28.0	≥62.5	≥5.0	≥8.0
	62.5R	≥32.0		≥5.5	
普通硅酸盐水泥	42.5	≥17.0	≥42.5	≥3.5	≥6.5
	42.5R	≥22.0		≥4.0	
	52.5	≥23.0	≥52.5	≥4.0	≥7.0
	52.5R	≥27.0		≥5.0	
矿渣硅酸盐水泥 火山灰质硅酸盐水泥 粉煤灰硅酸盐水泥 复合硅酸盐水泥	32.5	≥10.0	≥32.5	≥2.5	≥5.5
	32.5R	≥15.0		≥3.5	
	42.5	≥15.0	≥42.5	≥3.5	≥6.5
	42.5R	≥19.0		≥4.0	
	52.5	≥21.0	≥52.5	≥4.0	≥7.0
	52.5R	≥23.0		≥4.5	

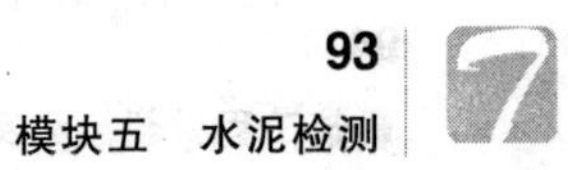

附表一　水泥委托检测协议书

委托编号：

委托方填写	委托单位	名称				委托联系人	
		地址				联系电话	
		邮编				传真	
	工程名称						
	施工单位						
	见证单位						
	见证人签名	年　月　日		证书编号		联系电话	
	取样人签名	年　月　日		证书编号		联系电话	
	样品信息	厂名	商标		品种		强度等级
		（　）出厂编号	（　）合格证编号	（　）出厂日期	（　）生产日期		样品数量
		使用部位		包装形式		代表数量	
		见证编号		见证人	月　日　时　分		
	检测项目	（　）细度　（　）比表面积　（　）凝结时间　（　）安定性　（　）强度 （　）不溶物　（　）烧失量　（　）三氧化硫　（　）氧化镁　（　）氯离子 （　）碱含量　（　）其他：					
	检测依据	（　）《通用硅酸盐水泥》GB 175 （　）《砌筑水泥》GB/T 3183 （　）其他 注：以上标准均为现行版本，如有不同，请注明。					
	样品处置	（　）试毕取回　（　）委托本单位处理　（　）其他					
	报告形式	（　）单页　（　）简装　（　）精装					
	报告发放	（　）自取　（　）邮寄：　（　）电话告知结果： （　）其他：					
	缴费方式	（　）冲账（　）现金（　）转账：汇款单位：　缴费确认：					
	其他要求						
检测中心填写	核查样品	是否符合检测要求？（　）符合　（　）不符合：　（　）其他：					
	检测类别	（　）委托检测　（　）抽样检测　（　）见证检测　（　）其他：					
	检测收费	人民币（大写）　拾　万　仟　佰　拾　元　角　分　（￥：　）					
	预计完成日期	年　月　日			出具报告份数	份	
	保密声明	未经客户的书面同意，本单位均不对外披露检测/检查结果等信息。但法律法规另有要求的除外。					
	其他声明				样品编号/报告编号		
双方确认	客户签名确认本协议内容。 委托人签名： 年　月　日			本单位评审意见：能否满足客户要求？ （　）满足　（　）不满足 受理人签名： 年　月　日			

附表二　水泥强度、物理性能检测记录表(一)

委托编号		样品状态					
样品编号		厂别		品种		强度等级	
检测日期		出厂日期		合格证号		代表数量	(t)

成型室温湿度	养护箱温湿度	养护箱温湿度	养护箱温湿度	样品质量	0.9 mm方孔筛余
℃，　%	℃，　%	℃，　%	℃，　%	g	g

编号	仪器名称	规格型号	编号	仪器名称	规格型号

检测过程异常情况：
采取控制措施：

检测设备前后状况：

细度检测　检验依据：GB/T 1345-2005、GB/T 8074-2008、GB/T 208-1994

80 μm 筛析法

筛析时间：2 min　负压控制：4000～6000 Pa

试样编号	试样质量 W(g)	筛余量 R_S(g)	修正前细度(%)	试验筛修正系数(C)	修正后细度(%)	$F_2-F_1\leqslant 0.3\%$	细度 F 平均值(%)
1	25.00						
2	25.00						

勃氏法

实验室温度下水银密度 $\rho_{水银}$：　　g/cm³　　选定试料层空隙率 ε：

试样编号	水银质量(g) 未装满水泥时 P_1	水银质量(g) 装满水泥时 P_2	试料层体积 V(cm³)	试样量 W(g)	试验温度(℃)	压力计液面降落时间 T(s)	比表面积 S(cm²/g)	$S_2-S_1\leqslant 2\%$
1								
2								
试料层体积 V 平均值(cm³)				比表面积 S 平均值(cm²/g)				

标准样品	密度 ρ_S(g/cm³)	比表面积 S_S(cm²/g)	选定空隙率 ε_S	试样量 W_S(g)	试验温度(℃)	压力计液面降落时间 T_S(s)	平均 T_S(s)	试样与标准样比较	
								密度	
1								空隙率	
2								试验、校准温差	

水泥密度	水泥质量 m(g)	第一次恒温水槽温度 T_1(℃)	第一次李氏瓶读数 V_1(cm³)	第二次恒温水槽温度 T_2(℃)	第二次李氏瓶读数 V_2(cm³)	$T_1-T_2\leqslant 0.2$(℃)	V_1-V_2(cm³)	水泥密度 ρ(g/cm³)	水泥密度 ρ 平均值(g/cm³)
1	60								
2	60								

结论	

校核：　　　　　　　　校核日期：　　　　　　　　主检：

附录二 水泥强度、物理性能检测记录表(二)

标准稠度用水量(标准法)、凝结时间检测(标准法)、安定性检测(雷氏法)
检验依据:GB/T 1346-2011

样品重(g)	加水量(mL)	加水时间	试杆距底板距离(mm)	样品重(g)	加水量(mL)	加水时间	试杆距底板距离(mm)
500		:		500		:	
500		:		500		:	
水泥全部加入水时间		:	标准稠度加水量(mL)			标准稠度用水量 P(%)	

初凝	时间	:	:	:	:	:	:	初凝时间
	试杆距底板距离(mm)							min
终凝	时间	:	:	:	:	:	:	终凝时间
	试针沉入试件深度(mm)							min
结论								
沸煮开始时间		:	沸腾时间	:	沸煮结束时间	:	沸煮时间	

试样编号	1	2	复检 1	复检 2
沸煮前雷氏夹指针尖端距离 A(mm)				
沸煮后雷氏夹指针尖端距离 C(mm)				
雷氏夹指针尖端增加距离 $C-A$(mm)				
$C-A$ 差值(mm)				
$C-A$ 平均值(mm)				
结论				

胶砂强度 检验依据:GB/T 208-1994、GB/T 17671-1999

水泥全部加入水时间		水泥(g)		标准砂(g)		水(g)	
:							
		流动度 1	mm	流动度 2	mm	平均值	mm
调整后		水泥(g)		标准砂(g)		水(g)	
3 d	:						
28 d	:	流动度 1	mm	流动度 2	mm	平均值	mm

龄期	3 d 破型日期:	破型时间:	28 d 破型日期:	破型时间:
抗折检测	试件编号	强度 R_f(MPa)	试件编号	强度 R_f(MPa)
	D-1		D-4	
	D-2		D-5	
	D-3		D-6	
	三块平均值(MPa)		三块平均值(MPa)	
	代表值(MPa)		代表值(MPa)	

抗压检测	试件编号	荷载 F_C(kN)	强度 R_C(MPa)	试件编号	荷载 F_C(kN)	强度 R_C(MPa)
	D-1			D-4		
	D-2			D-5		
	D-3			D-6		
	平均值(MPa)	六块	五块	平均值(MPa)	六块	五块
	代表值(MPa)			代表值(MPa)		

校核: 校核日期: 主检:

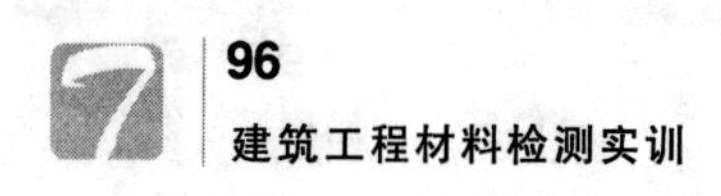

附录二　水泥养护室温湿度记录表(三)

成型日期			3 d龄期			28 d龄期			
养护箱						养护水			
日期	温度(℃)	湿度(%)	日期	温度(℃)	湿度(%)	日期	温度(℃)	日期	湿度(%)
1			15			1		15	
2			16			2		16	
3			17			3		17	
4			18			4		18	
5			19			5		19	
5			20			5		20	
6			21			6		21	
8			22			8		22	
9			23			9		23	
10			24			10		24	
11			25			11		25	
12			26			12		26	
13			27			13		27	
14			28			14		28	

校核：　　　　　　　　　　校核日期：　　　　　　　　　　主检：

附表三 水泥强度、物理性能检测报告

工程名称				报告编号	
委托单位				委托编号	
施工单位				委托日期	
使用部位		包装形式		报告日期	
厂别商标		品种		检测性质	
合格证编号		强度等级		见证人	
出厂编号		代表数量	t	证书编号	
样品状况		见证单位			
标准稠度用水量	mL	环境条件	温度： ℃，湿度： %		

检测项目		标准要求	检测结果	合格判定
化学指标	不溶物			
	烧失量			
	三氧化硫			
	氧化镁			
	氯离子			
物理性能	细度	勃氏法，≥300 m²/kg	m²/kg	
		80 μm 筛析法，≤10%	%	
	凝结时间	初凝时间，≥45 min	min	
		终凝时间，≤ min	min	
	安定性	雷氏法，$C-A$≤5.0 mm	mm	

检测项目	标准要求	单块强度						强度代表值
抗压强度	3 d≥ MPa							
	28 d≥ MPa							
抗折强度	3 d≥ MPa							
	28 d≥ MPa							

检验结论		
检验依据		
主要检测仪器	检验仪器： 检定证书编号：	检测单位 （公章）
说明	1. 报告未盖检测单位“检测报告专用章”无效，复制无效； 2. 对本报告如有异议请于收到报告后15日内（以签字或邮戳为准）通知本公司。	

批准：　　　　审核：　　　　校核：　　　　主检

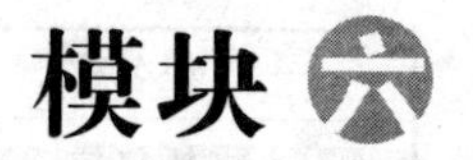

普通混凝土检测

我们日常见到的高楼大厦、道路桥梁，处处都有混凝土的踪迹。混凝土是当代最主要的建筑材料。随着科技的进步发展，混凝土从原来的大流动性混凝土发展到塑性混凝土，再到今天的高强、高性能混凝土，甚至多功能混凝土，使用量越来越大，应用领域也越来越宽。常见的是水泥混凝土，也叫“普通混凝土”，它是用水泥作胶凝材料，砂、石作骨料，与水(加或不加外加剂和掺合料)按一定比例配合，经均匀搅拌，密实成型，养护硬化而成的一种人工石材，具有强度高、耐久性好、生产工艺简单等特点。近年来，在建筑工程上推广使用商品混凝土，它不但改善了施工扰民、环境污染等问题，还通过专业技术人员的严格计量、使用外加剂和活性掺合料，提高了混凝土性能质量，加快了施工进度，创造经济效益。

实训目标:能够根据具体工程设计资料要求，计算所需混凝土的设计配合比。正确使用仪器设备，按照作业指导书检测混凝土拌和物的各项性能指标，并对其进行评价，判断混凝土拌和物能否满足工程实际需要;正确填写委托单、记录表和出具并审阅试验报告的能力。

6.0 实训准备

6.0.1 普通混凝土检测试验执行标准

GB/T 50080-2002	普通混凝土拌和物性能试验方法标准
GB/T 50081-2002	普通混凝土力学性能试验方法标准
GB/T 50082-2009	普通混凝土长期性能和耐久性能试验方法标准
JGJ 55-2011	普通混凝土配合比设计规程
JGJ/T 23-2011	回弹法检测混凝土抗压强度技术规程
GB/T 50344-2004	建筑结构检测技术标准
GB/T 14902-2012	预拌混凝土
GB 50204-2002	混凝土结构工程施工质量验收规范(2010 版)
GB 50164-2011	混凝土质量控制标准
GB/T 50107-2010	混凝土强度检验评定标准
GB 50010-2010	混凝土结构设计规范
GB/T 50476-2008	混凝土结构耐久性设计规范
JGJ/T 15-2008	早期推定混凝土强度试验方法标准

6.0.2 基本规定

(1)实验室拌制混凝土时,材料用量以质量计,称量精确度:骨料为±1%,水、水泥与外加剂均为±0.5%,所用材料的温度应与实验室温度一致。

(2)按混凝土拌和物的稠度确定混凝土试件成型方法:坍落度不大于70 mm的宜采用振动振实,坍落度大于70 mm的宜采用捣棒人工捣实,混凝土试件成型后应立即用不透水的薄膜覆盖表面。用于检验现浇混凝土或预制构件的混凝土试件的成型方法宜与实际采用方法相同。

①用振动振实制作试件应按下述方法进行:将取样或拌制好的混凝土拌和物用铁锹至少再来回拌和三次,混合均匀后一次装入试模。装料时应用抹刀沿各试模壁插捣,并使混凝土拌和物高出试模口。将试模固定在振动台上,持续振动到表面出浆为止,不得过振。

②用人工插捣制作试件应按下述方法进行:将取样或拌制好的混凝土拌和物用铁锹至少再来回拌和三次,混合均匀后分两层装入试模。每层的装料厚度大致相等。插捣时应按螺旋方向由边缘向中心均匀进行。在插捣底层混凝土时,捣棒应达到试模底部;插捣上层时,捣棒应贯穿上层后插入下层20～30 mm;插捣时捣棒应保持垂直,不得倾斜,然后用抹刀沿试模内壁插拔数次。每层插捣次数按在10000 mm^2截面积内不得少于12次,插捣后用橡皮锤轻轻敲击试模四周,直至插捣棒留下的孔洞消失为止。

(3)普通混凝土力学性能试验

以三个试件为一组:

①混凝土抗压强度试件的尺寸应根据混凝土中骨料的最大粒径选定。边长为150 mm的立方体试件是标准试件,边长为100 mm和200 mm的立方体试件是非标准试件。当混凝土强度等级<C60时,非标准试件测得的强度值均应乘以尺寸换算系数,尺寸换算系数按表6-1取用。当混凝土强度等级≥C60时,宜采用标准试件,如果使用非标准试件,尺寸换算系数应由试验确定。

表6-1　混凝土试件尺寸及强度的尺寸换算系数

骨料最大粒径(mm)	试件尺寸(mm)	强度的尺寸换算系数
≤31.5	100×100×100	0.95
≤40	150×150×150	1.00
≤63	200×200×200	1.05

②混凝土抗折强度试件尺寸为100 mm×100 mm×600(或550) mm的是标准试件。试件尺寸为100 mm×100 mm×400 mm的抗折试件是非标准试件,应乘以尺寸换算系数0.85。当混凝土强度等级>C60时,宜采用标准试件;使用非标准试件时,尺寸换算系数应由试验确定。

③结构构件的拆模、出池、出厂、吊装、张拉放张及施工期间临时负荷的混凝土强度,应根据同条件养护的标准尺寸试件的混凝土强度确定。同条件养护试件的强度代表值应根据强度试验结果乘以1.10(也可根据统计值调整)的折算系数取用。

④当混凝土试件强度评定不合格时,可采用非破损或局部破损的检测方法,按国家现行

有关标准的规定对结构构件中的混凝土强度进行推定,并作为处理的依据。

(4)混凝土试件的标准养护龄期为28 d(从搅拌加水开始计算)。同条件养护试件采用的是等效养护龄期。但也可根据要求养护到的所需龄期就进行力学性能试验,提供有效数据来确定等下一工序的进行时间。

①采用标准养护的试件应在温度为(20±5) ℃的环境中静置1~2昼夜后编号、拆模。拆模后应立即放入温度为(20±2) ℃,相对湿度大于95%以上的标准养护室中养护,或在温度为(20±2) ℃的不流动的$Ca(OH)_2$饱和溶液中养护。标准养护室内的试件应放在支架上,彼此间隔10~20 mm,试件表面不得被水直接冲淋,但应保持潮湿。

②采用同条件养护的试件拆模时间可与实际构件的拆模时间相同。拆模后,试件仍需保持同条件养护。同条件养护试件的等效养护龄期,按下列规定确定:取按日平均温度逐日累计达到600 ℃时所对应的龄期(0 ℃及以下龄期不计入);等效养护龄期不应小于14 d,不宜大于60 d。

(5)首次使用的混凝土配合比应进行开盘鉴定,其工作性应满足设计配合比的要求。开始生产时应至少留置一组标准养护试件,作为验证配合比的依据。混凝土拌制前,应测定砂、石含水率(雨天应增加检测次数),并根据测试结果调整材料用量,提出施工配合比。混凝土原材料每盘称量的允许偏差应符合规定:水泥、掺合料为±2%,粗细骨料为±3%水,外加剂为±2%,每工作班抽查不应少于一次。

6.0.3 术语

普通混凝土:干表观密度为2000~2800 kg/m^{3}的水泥混凝土。

塑性混凝土:拌和物坍落度为10~90 mm的混凝土。

流动性混凝土:拌和物坍落度为100~150 mm的混凝土。

大流动性混凝土:拌和物坍落度不小于160 mm的混凝土。

抗渗混凝土:抗渗等级不低于P6的混凝土。

高强混凝土:强度等级不小于C60的混凝土。

泵送混凝土:可在施工现场通过压力泵及输送管道进行浇筑的混凝土。

大体积混凝土:体积较大、可能由胶凝材料水化热引起的温度应力导致有害裂缝的结构混凝土。

胶凝材料:混凝土中水泥和矿物掺合料的总称。

胶凝材料用量:混凝土中水泥用量和矿物掺合料用量之和。

水胶比:混凝土中用水量与胶凝材料用量的质量比。

外加剂掺量:外加剂用量相对于胶凝材料用量的质量百分比。

6.0.4 混凝土拌和物制样、取样

6.0.4.1 实验室制样

在实验室制备混凝土拌和物时,应采用工程中实际使用的原材料,混凝土的搅拌方法也宜与生产时使用的方法相同。每盘混凝土的最小搅拌量应符合表6-2的规定。当采用机械搅拌时,其搅拌时不应小于搅拌机额定搅拌量的1/4。

表 6-2　混凝土试配的最小搅拌量

骨料最大粒径(mm)	搅拌物数量(L)
31.5 及以下	20
40	25

拌和时实验室的温度应保持在(20±5) ℃,所用材料的温度应与实验室温度保持一致。从试样制备完毕到开始做各项性能试验不宜超过 5 min。

6.0.4.2 现场取样

混凝土拌和物的取样应具有代表性,宜采用多次采样的方法。一般在同一盘混凝土或同一车混凝土中的约 1/4 处、1/2 处和 3/4 处之间分别取样,从第一次取样到最后一次取样不宜超过 15 min,然后人工搅拌均匀。从取样完毕到开始做各项性能试验不宜超过 5 min。

同一组混凝土拌和物的取样应从同一盘混凝土或同一车混凝土中取样。取样量应多于试验所需量的 1.5 倍,且宜不小于 20 L。

施工现场检验混凝土拌和物质量,每工作班至少两次。

6.0.4.3 用于检查结构构件混凝土强度的试件应在混凝土浇筑地点随机抽取,取样与试件留置应符合下列规定

(1)每拌制 100 盘且不超过 100 m^3 的同配合比混凝土取样不得少于 1 次。

(2)每工作班拌制的同一配合比的混凝土不足 100 盘时,取样不得少于 1 次。

(3)当一次连续浇筑超过 1000 m^3 时,同一配合比的混凝土每 200 m^3 取样不得少于 1 次。

(4)每楼层、同一配合比的混凝土取样不得少于 1 次。

(5)每次取样至少留置一组标准养护试件,同条件养护试件的留置组数应根据实际需要确定。同一强度等级的同条件养护试件留置组数应根据混凝土工程量和重要性确定,不宜少于 10 组。每批混凝土试样应制作的试件总组数,除满足混凝土强度评定所必需的组数外,还应留置为检验结构或构件施工阶段混凝土强度所必需的试件。

(6)为了检查结构或构件的拆模、出池、出厂、吊装、张拉、放张及施工期间临时负荷需要,应留置与结构或构件同条件养护的试件,组数可按实际需要确定。

(7)对有抗渗要求的混凝土结构,其混凝土试件应在浇筑地点随机取样。同一工程、同一配合比的混凝土,取样不应少于 1 次,留置组数可根据实际需要确定。

6.0.5 常规必检项目

常规必检项目包括混凝土稠度、表观密度、强度、混凝土配合比。

6.0.6 检测环境要求

试验前应再次检查实验室环境条件、样品状况以及试验所需的仪器设备是否齐备。

实验室的温度应保持在(20±5) ℃。

试件制作后应在室温为(20±5) ℃的环境下静置一昼夜至两昼夜,试件拆模后应立即放入温度为(20±2) ℃,相对湿度为 95%以上的标准养护室中养护。养护期间,试件彼此

间隔不小于10 mm(通常为 10～20 mm)。

项目 6.1　混凝土拌和物性能试验

6.1.1 混凝土拌和物稠度试验

6.1.1.1 试验目的

混凝土试件成型前一般要先做稠度试验。通过混凝土拌和物稠度的测定,可以早期预测混凝土的质量情况,一旦发现问题,可以及时纠正、减少损失;熟悉标准,掌握测试方法;正确使用仪器与设备,并熟悉其性能。

6.1.1.2 坍落度与坍落扩展度法

本方法适用于骨料最大粒径不大于 40 mm、坍落度不小于 10 mm 的混凝土拌和物稠度测定。

(1)主要仪器设备

①坍落度筒及标尺(见图 6-1);

②钢直尺:长 600 mm,精度 0.1 mm;

③捣棒:直径 16 mm、长度 600 mm、端部磨圆的钢棒;

④混凝土测温仪(见图 6-2)。

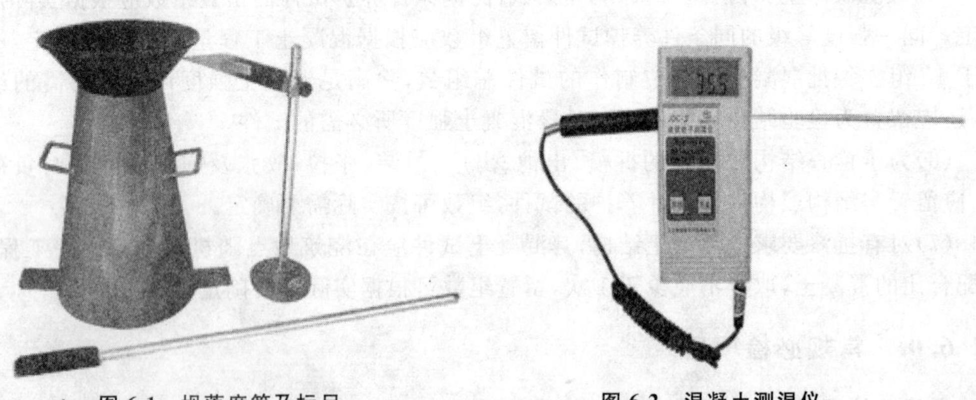

图 6-1　坍落度筒及标尺　　图 6-2　混凝土测温仪

(2)试验步骤

①用湿布湿润坍落度筒及底板,用两脚分别踩住坍落度筒两边的脚踏板,使坍落度筒在装料时能保持固定的位置。

②把按要求取得的混凝土试样用小铲分三层均匀地装入筒内,使捣实后每层高度为筒高的 1/3 左右。每层用捣棒沿螺旋方向由外向中心插捣 25 次。各次插捣应在截面上均匀分布。插捣筒边混凝土时,捣棒可以稍稍倾斜。插捣底层时,捣棒应贯穿整个深度,插捣第

二层和顶层时，捣棒应插透本层至下一层的表面；浇灌顶层时，混凝土应灌到高出筒口。插捣过程中，如混凝土沉落到低于筒口，则应随时添加。顶层插捣完后，刮去筒口多余的混凝土，并用抹刀抹平。

③清除坍落度筒四周底板上的混凝土，在 5～10 s 垂直平稳地提起坍落度筒。从开始装料到提坍落度筒的整个过程应不间断地进行，并应在 150 s 内完成。

④提起坍落度筒后，测量筒高与坍落后混凝土试体最高点之间的高度差，即为该混凝土拌和物的坍落度值；坍落度筒提离后，若混凝土发生崩坍或一边剪坏现象，则应重新取样测定；如第二次取样测定时仍出现上述现象，则表示该混凝土和易性不好，应记录备查。

⑤测完坍落度值后应立即观察坍落后混凝土试体的黏聚性及保水性。

黏聚性的检查方法：用捣棒在已坍落的混凝土锥体侧面轻轻敲打，如果锥体逐渐下沉，则表示黏聚性良好，如果锥体倒塌、部分崩裂或出现离析现象，则表示黏聚性不好。

保水性以混凝土拌和物稀浆析出的程度来评定。坍落度筒提起后如有较多的稀浆从底部析出，锥体部分的混凝土也因失浆而骨料外露，则表明此混凝土拌和物的保水性能不好；如坍落度筒提起后无稀浆或仅有少量稀浆自底部析出，则表示此混凝土拌和物保水性良好。

⑥当混凝土拌和物的坍落度大于 220 mm 时，应用钢直尺测量混凝土扩展后最终的最大直径和最小直径，在这两个直径之差小于 50 mm 的条件下，用其算术平均值作为坍落扩展度值，否则，此次试验无效。

如果在试验中发现粗骨料在中央集堆或边缘有水泥浆析出，表示此混凝土拌和物抗离析性不好，应予以记录。

(3)试验结果计算与评定

混凝土拌和物坍落度和坍落扩展度值以毫米为单位，测量精确至 1 mm，结果表达修约至 5 mm。

6.1.1.3 维勃稠度法

本方法适用于骨料最大粒径不大于 40 mm，维勃稠度在 5～30 s 之间的混凝土拌和物稠度测定。

(1)仪器设备

①维勃稠度仪(见图 6-3)；

②秒表：精确至 0.5 s；

③捣棒：直径 16 mm、长度 600 mm、端部磨圆的钢棒；

④混凝土测温仪。

图 6-3　维勃稠度仪

(2)试验步骤

①用湿布润湿容器、坍落度筒、喂料斗内壁及其他用具。

②将喂料斗提到坍落度筒上方扣紧，校正容器位置，使其中心与喂料中心重合，然后拧紧固定螺丝。

③把按要求取样或制作的混凝土拌和物试样用小铲分三层经喂料斗均匀地装入筒内，装料及插捣的方法与坍落度与坍落扩展度法相同。

④转离喂料斗，垂直提起坍落度筒，此时应注意不使混凝土试体产生横向的扭动。

⑤把透明圆盘转到混凝土圆台体顶面，放松测杆螺钉，降下圆盘，使其轻轻接触到混凝土顶面。拧紧定位螺钉，并检查测杆螺钉是否已经完全放松。

⑥在开启振动台的同时用秒表计时。当振动到透明圆盘的底面被水泥浆布满的瞬间停止计时，并关闭振动台。

(3)试验结果计算与评定

由秒表读出时间即为该混凝土拌和物的维勃稠度值，精确至 1 s。

6.1.2 混凝土表观密度试验

6.1.2.1 试验目的

测定混凝土表观密度即测定混凝土拌和物捣实后单位体积的质量，用来修正、核实混凝土配合比计算中各种材料的用量。

6.1.2.2 主要仪器设备

(1)容量筒；

(2)台秤：称量 50 kg，感量 50 g；

(3)磁吸式振动台：符合 JC/T 3020 技术要求；

(4)捣棒：直径 16 mm、长度 600 mm、端部磨圆的钢棒。

6.1.2.3 试验步骤

(1)选择容量筒：对骨料最大粒径不大于 40 mm 的拌和物选用容积为 5 L 的容量筒；骨料最大粒径大于 40 mm 时，按骨料的最大粒径来选择容量筒，应符合表 6-3 的规定，满足容量筒的内径与内高均应大于骨料最大粒径的 4 倍。容量筒应经过校正。

表 6-3 表观密度试验容量筒选择表

骨料最大粒径(mm)	容量筒规格(L)	容量筒内径(mm)	容量筒内高(mm)
40	5	186	186
50	10	234	234
63.5	15	268	268

(2)用湿布擦净容量筒内外，称出容量筒质量 W_1，精确至 50 g。

(3)混凝土的装料及捣实方法应根据拌和物的稠度而定，如在现场检测混凝土表观密度，则宜采用与现场相同的成型方法成型。

用 5 L 容量筒时，混凝土拌和物应分两层装入，每层的插捣次数应为 25 次；用大于 5 L 的容量筒时，每层混凝土的高度不应大于 100 mm，每层插捣次数应按每 10000 mm^2 截面不小于 12 次计算。各次插捣应由边缘向中心均匀地插捣，插捣底层时捣棒应贯穿整个深度，插捣第二层时，捣棒应插透本层至下一层的表面；每一层捣完后用橡皮锤轻轻沿容器外壁敲打 5～10 次，直至拌和物表面插捣孔消失并不见大气泡为止。

(4)用刮尺将筒口多余的混凝土拌和物刮去，表面如有凹陷应填平。擦净容量筒外壁，称出混凝土试样与容量筒总质量 W_2，精确至 50 g。

6.1.2.4 试验结果计算与评定

混凝土拌和物表观密度的计算按式(6-1)计算，精确至 10 kg/m³：

$$\gamma_h=\frac{W_2-W_1}{V}\times 1000 \tag{6-1}$$

式中，γ_h—表观密度，kg/m³；

W_1—容量筒质量，kg；

W_2—容量筒和试样总质量，kg；

V—容量筒容积，L。

项目 6.2　混凝土力学性能检测

6.2.1 混凝土抗压强度试验

6.2.1.1 试验目的

通过测定混凝土的抗压强度，检验原材料的质量，确定校核混凝土配合比，为控制混凝土施工质量提供依据。

6.2.1.2 主要仪器设备

(1)压力试验机：测量精度为±1%，试件的破坏荷载应大于压力试验机全量程 20%，且小于全量程的 80%；

(2)钢垫板；

(3)钢直尺：量程大于 600 mm，分度值为 1 mm；

(4)塞尺，万能角度尺。

6.2.1.3 试验步骤

(1)试件从养护地点取出后应及时进行试验，将试件表面与上下承压板面擦干净。测量并记录试件尺寸，观察试件外观是否符合试验要求，如有缺陷应记录。

(2)将试件安放在试验机的下压板或垫板上，试件的承压面应与成型时的顶面垂直。试件的中心应与试验机下压板中心对准，开动试验机，当上压板与试件或钢垫板接近时，调整球座，使接触均衡。

(3)在试验过程中应连续均匀地加荷，混凝土强度等级<C30 时，加荷速度取每秒钟 0.3～0.5 MPa；混凝土强度等级≥C30 且<C60 时，取每秒钟 0.5～0.8 MPa；混凝土强度等级≥C60 时，取每秒钟 0.8～1.0 MPa。

(4)当试件接近破坏开始急剧变形时,停止调整试验机油门,直至破坏,记录破坏荷载。

6.2.1.4 试验结果计算与评定

(1)混凝土立方体抗压强度应按式(6-2)计算,精确至 0.1 MPa:

$$f_{cc}=\frac{F}{A} \tag{6-2}$$

式中,f_{cc}—混凝土立方体试件抗压强度,MPa;

F—试件破坏荷载,N;

A—试件承压面积,mm^2。

(2)混凝土立方体抗压强度值的确定应符合下列规定

①以三个试件测值的算术平均值作为该组试件的强度值,精确至 0.1 MPa。

②如三个测值中的最大值或最小值中有一个与中间值的差值超过中间值的 15%,则把最大及最小值一并舍去,取中间值作为该组试件的抗压强度值;如最大值和最小值与中间值的差均超过中间值的 15%,则该组试件的试验结果无效。

6.2.2 混凝土抗折强度试验

6.2.2.1 试验目的

通过测定混凝土的抗折强度,可以检验混凝土强度是否满足结构设计要求。

6.2.2.2 仪器设备

(1)抗折试验机(见图 6-4):测量精度为±1%;

(2)钢直尺:量程大于 600 mm、分度值为 1 mm;

(3)塞尺,万能角度尺。

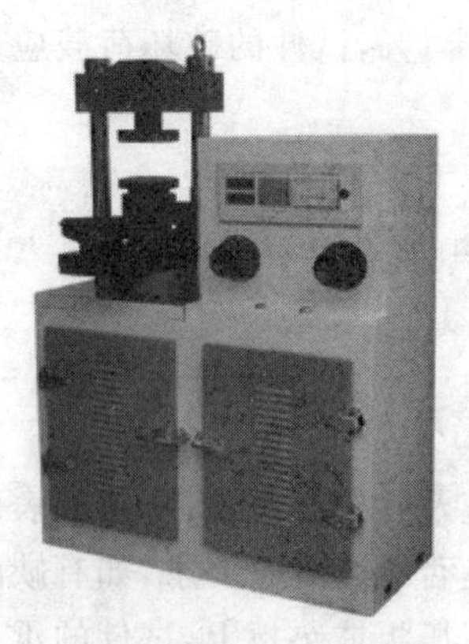

图 6-4 抗折试验机

6.2.2.3 试验步骤

(1)试件从养护地点取出后应及时进行试验,将试件表面擦干净。测量并记录试件尺寸,观察试件外观是否符合试验要求(混凝土抗折强度试件在长向中部 1/3 区段内不得有表

面直径超过 5 mm、深度超过 2 mm 的孔洞)，并据此计算试件承压面面积，如有缺陷应一并记录。

(2)按图 6-5 装置试件，安装尺寸偏差不得大于 1 mm。试件的承压面应为试件成型时的侧面，支座及承压面与圆柱的接触面应平稳、均匀，否则应垫平。

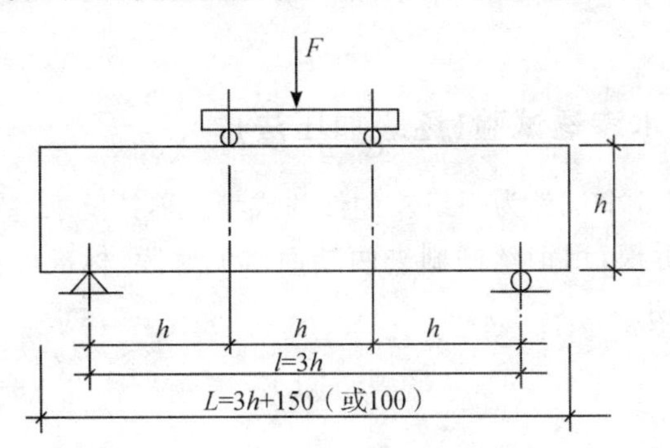

图 6-5　抗折试验装置

(3)施加荷载应保持均匀、连续。当混凝土强度等级＜C30 时，加荷速度取每秒 0.02～0.05 MPa；当混凝土强度等级≥C30 且＜C60 时，取每秒钟 0.05～0.08 MPa；当混凝土强度等级≥C60 时，取每秒钟 0.08～0.10 MPa，至试件接近破坏时，停止调整试验机油门，直至试件破坏，然后记录破坏荷载及试件下边缘断裂位置。

6.2.2.4 试验结果计算与评定

(1)混凝土抗折强度应按式(6-3)计算：

若试件下边缘断裂位置处于两个集中荷载作用线之间，则试件的抗折强度按式(6-3)计算，精确至 0.1 MPa：

$$f_f = \frac{Fl}{bh^2} \tag{6-3}$$

式中，f_f—混凝土抗折强度，MPa；

F—试件破坏荷载，N；

l—支座间跨度，mm；

b—试件截面宽度，mm；

h—试件截面高度，mm。

(2)混凝土抗折强度值的确定应符合以下规定：

①以三个试件测值的算术平均值作为该组试件的强度值，精确至 0.1 MPa。

②如三个测值中的最大值或最小值中有一个与中间值的差值超过中间值的 15%时，则把最大及最小值一并舍去，取中间值作为该组试件的抗折强度值。如最大值和最小值与中间值的差均超过中间值的 15%，则该组试件的试验结果无效。

③三个试件中若有一个折断面位于两个集中荷载之外，则混凝土抗折强度值按另两个试件的试验结果计算。若这两个测值的差值不大于这两个测值的较小值的 15%时，则该组试件的抗折强度值按这两个测值的平均值计算，否则该组试件的试验无效。若有两个试件的下边缘断裂位置位于两个集中荷载作用线之外，则该组试件试验无效。

项目 6.3　混凝土长期性和耐久性检测

6.3.1 混凝土抗水渗透试验(逐级加压法)

混凝土抗渗试样以 6 个试件为一组。试件的成型及养护要求基本同混凝土力学性能试样。试件成型后 24 h 拆模,用钢丝刷刷去两端面水泥浆膜,标准养护至 28 d,如有特殊要求,也可养护至其他龄期。

6.3.1.1 试验目的

通过测定混凝土抗渗等级,控制施工质量。

6.3.1.2 主要仪器设备

(1)全自动混凝土渗透仪(见图 6-6);
(2)电热鼓风干燥箱;
(3)石蜡,内掺松香约 2%;
(4)钢丝刷。

6.3.1.3 试验步骤

图 6-6　全自动混凝土渗透仪

(1)在试件到达试验龄期的前一天从标准养护室取出试件并擦拭干净,待试件表面晾干后,进行密封。首先在试件侧面滚涂一层熔化的石蜡,然后立即用螺旋加压器将试件压入经过电热鼓风干燥箱预热过的试模中,使试件底面和试模底平齐。待试模变冷后,即可解除压力,装至渗透仪上准备进行试验。试模的预热温度应以石蜡接触试模即缓慢熔化、不流淌为准。如在试验过程中,水从试件周边渗出,说明密封不好,要重新密封。也可采用其他更可靠的密封方式。

(2)试验前检查水箱水位及螺栓是否紧固。试验时,水压从 0.1 MPa 开始,每隔 8 h 增加 0.1 MPa,并随时注意观察试件端面情况,当某个试件端面出现渗水时,应停止该试件试验并记录时间。一直加压至 6 个试件中有 3 个试件表面出现渗水,记下此时的水压力,并停止试验。如果加压至规定压力,经 8 h 后六个试件中表面渗水的少于 3 个试件,则表明混凝土抗渗等级已满足设计要求,亦可停止试验,记录此时的水压力。

6.3.1.4 试验结果计算与评定

混凝土的抗渗等级以每组 6 个试件中 4 个未发现有渗水现象时的最大水压力乘以 10 来确定,按式(6-4)计算:

$$P=10H-1 \tag{6-4}$$

式中，P—混凝土抗渗等级；

H—发现第三个试件顶面开始有渗水现象时的水压力，MPa。

项目 6.4　混凝土配合比设计

6.4.1 基本规定

(1)混凝土配合比设计应满足混凝土配制强度、拌和物性能、力学性能和耐久性能的设计要求，应采用工程实际使用的原材料。混凝土配合比使用的原材料应满足国家现行标准的有关要求；配合比设计应以干燥状态骨料为基准，细骨料含水率应小于 0.5%，粗骨料含水率应小于 0.2%。

(2)混凝土的最大水胶比应符合《混凝土结构设计规范》GB 50010-2010 和《混凝土结构耐久性设计规范》GB/T 50476-2008 的相关规定，见表 6-4、表 6-5。

表 6-4　单位体积混凝土的胶凝材料用量

最低强度等级	最大水胶比	最小用量(kg/m^3)	最大用量(kg/m^3)
C25	0.60	260	
C30	0.55	280	400
C35	0.50	300	
C40	0.45	320	450
C45	0.40	340	
C50	0.36	360	480
≥C55	0.36	380	500

注：①表中数据适用于最大骨料粒径为 20 mm 的情况。骨料粒径较大时宜适当降低胶凝材料用量，骨料粒径较小时可适当增加用量。

②引气混凝土的胶凝材料用量与非引气混凝土要求相同。

③对于强度等级达到 C60 的泵送混凝土，胶凝材料最大用量可增大至 530 kg/m^3。

表 6-5　结构混凝土材料的耐久性基本要求

环境等级	最大水胶比	最低强度等级	最大碱含量(%)
一 a	0.60	C20	不限制
二 b	0.55	C25	3.0
三 b	0.55(0.50)	C35(C30)	3.0
二 c	0.50	C30	3.0
三 c	0.45(0.50)	C40(C35)	3.0

续表

环境等级	最大水胶比	最低强度等级	最大碱含量(%)
四 c	0.45	C40	3.0
三 d	0.40(0.50)	C45(C35)	3.0
四 d	0.40	C45	3.0

注:①预应力混凝土构件的最低混凝土强度等级应按表中的规定提高两个等级;
②素混凝土构件的水胶比及最低强度等级可适度放松;
③当使用非碱活性骨料时对混凝土中的碱含量可不做限制。

(3)混凝土的最小胶凝材料用量(在满足最大水胶比条件下,最小胶凝材料用量是满足混凝土施工性能和掺加矿物掺合料后满足混凝土耐久性的胶凝材料用量)应符合表 6-6 的规定,配制 C15 及其以下强度等级的混凝土,可不受此表的限制。

表 6-6 混凝土的最小胶凝材料用量

最大水胶比	最小胶凝材料用量(kg/m^3)		
	素混凝土	钢筋混凝土	预应力混凝土
0.60	250	280	300
0.55	280	300	300
0.50	320		
≤0.45	330		

(4)矿物掺合料在混凝土中的掺量应通过试验确定。钢筋混凝土中矿物掺合料最大掺量宜符合表 6-7 的规定。

表 6-7 钢筋混凝土中矿物掺合料最大掺量

矿物掺合料种类	水胶比	最大掺量(%)	
		硅酸盐水泥	普通硅酸盐水泥
粉煤灰	≤0.40	≤45	≤35
	>0.40	≤40	≤30
粒化高炉矿渣粉	≤0.40	≤65	≤55
	>0.40	≤55	≤45
钢渣粉	—	≤30	≤20
磷渣粉	—	≤30	≤20
硅灰	—	≤10	≤10
复合掺合料	≤0.40	≤65	≤55
	>0.40	≤55	≤45

注:①采用其他通用硅酸盐水泥时,宜将水泥混合掺量 20%以上的混合材量计入矿物掺合料;
②复合掺合料中各组分的掺量不宜超过单掺时的最大掺量;
③在混合使用两种或两种以上矿物掺合料时,矿物掺合料总掺量应符合表中复合掺合料的规定。

(5)混凝土拌和物中水溶性氯离子最大含量应符合表6-8的规定,其测试方法应符合现行行业标准《水运工程混凝土试验规程》JTJ270中混凝土拌和物中氯离子的快速测定方法的规定。

表6-8　混凝土拌和物中水溶性氯离子最大含量

环境条件	混凝土拌和物中水溶性氯离子最大含量(%,水泥用量的质量百分比)		
	钢筋混凝土	预应力混凝土	素混凝土
干燥环境	0.30	0.06	1.00
潮湿但不含氯离子的环境	0.20		
潮湿但含氯离子的环境	0.10		
除冰盐等腐蚀性物质的腐蚀环境	0.06		

注:①采用Ⅰ级、Ⅱ级粉煤灰宜取上限值;

②采用S75级粒化高炉矿渣粉宜取下限值,采用S95级粒化高炉矿渣粉宜取上限值,采用S105级粒化高炉矿渣粉可取上限值加0.05。

③当超出表中的掺量时,粉煤灰和粒化高炉矿渣粉影响系数应经试验确定。

6.4.2 试验目的

通过配合比设计,满足设计和施工要求,保证混凝土质量;在满足混凝土的强度、工作性、耐久性的同时节约水泥、降低成本,提供高性能的混凝土拌和物。

6.4.3 主要仪器设备

(1)单卧轴式混凝土搅拌机(见图6-7);
(2)磁吸式振动台(见图6-8);
(3)台秤:称量50 kg,感量50 g;
(4)量水器:1000 mL、500 mL、50 mL,精度为0.1 mL;
(5)混凝土试模;
(6)捣棒;
(7)坍落度筒及标尺;
(8)容积升:10 L、5 L。

图6-7　单卧轴式混凝土搅拌机

图6-8　磁吸式振动台

6.4.4 混凝土配合比计算

6.4.4.1 混凝土配制强度应按下列规定确定：

(1)当混凝土的设计强度等级小于C60时，配制强度应按式(6-5)计算：

$$f_{cu,0} \geqslant f_{cu,k} + 1.645\sigma \quad (6-5)$$

式中，$f_{cu,0}$—混凝土配制强度，MPa。

$f_{cu,k}$—混凝土立方体抗压强度标准值，这里取设计混凝土强度等级值，MPa。

σ—混凝土强度标准差，MPa。强度标准差σ可按表6-9取值。

表6-9 标准差σ值(MPa)

混凝土强度标准值	≤C20	C25～C45	C50～C55
σ	4.0	5.0	6.0

(2)当设计强度等级大于或等于C60时，配制强度应按式(6-6)计算：

$$f_{cu,0} \geqslant 1.15 f_{cu,k} \quad (6-6)$$

(3)当有下列情况时应提高混凝土配制强度：

①现场条件与实验室条件有显著差异时；

②混凝土强度等级≥C30并采用非统计方法评定时。

6.4.4.2 水胶比计算

当混凝土强度等级不大于C60等级时，水胶比宜按式(6-7)计算：

$$\frac{W}{B} = \frac{\alpha_a f_b}{f_{cu,0} + \alpha_a \alpha_b f_b} \quad (6-7)$$

式中，α_a、α_b—回归系数，当粗骨料为碎石时取$\alpha_a = 0.53$，$\alpha_b = 0.20$，当粗骨料为卵石时取$\alpha_a = 0.49$，$\alpha_b = 0.13$；

f_b—胶凝材料(水泥与矿物掺合料按使用比例混合)28 d胶砂强度，MPa。

当无实测值时可按下列规定确定：

①根据3 d胶砂强度或快测强度推定28 d胶砂强度关系式推定f_b值。

②当矿物掺合料为粉煤灰和粒化高炉矿渣粉时，按式(6-8)推算f_b值：

$$f_b = 1.1\gamma_f \gamma_s f_{ce,g} \quad (6-8)$$

式中，γ_f、γ_s—粉煤灰影响系数和粒化高炉矿渣粉影响系数，按表6-10选用；

$f_{ce,g}$—水泥强度等级值，MPa。

表6-10 粉煤灰影响系数γ_f和粒化高炉矿渣粉影响系数γ_s

掺量(%) \ 种类	粉煤灰影响系数γ_f	粒化高炉矿渣粉影响系数γ_s
0	1.00	1.00
10	0.85～0.95	1.00
20	0.75～0.85	0.95～1.00

续表

掺量(%) \ 种类	粉煤灰影响系数 γ_f	粒化高炉矿渣粉影响系数 γ_s
30	0.65～0.75	0.90～1.00
40	0.55～0.65	0.80～0.90
50	—	0.70～0.85

注:①采用Ⅰ级、Ⅱ级粉煤灰宜取上限值;

②采用 S75 级粒化高炉矿渣粉宜取下限值,采用 S95 级粒化高炉矿渣粉宜取上限值,采用 S105 级粒化高炉矿渣粉可取上限值加 0.05。

③当超出表中的掺量时,粉煤灰和粒化高炉矿渣粉影响系数应经试验确定。

6.4.4.3 用水量和外加剂用量

(1)干硬性或塑性混凝土的用水量(m_{w0}):混凝土水胶比在 0.40～0.80 范围时,可按表 6-11、表 6-12 选取;混凝土水胶比小于 0.40 时,应通过试验确定。

表 6-11 干硬性混凝土的用水量

单位:kg/m³

拌和物稠度		卵石最大公称粒径(mm)			碎石最大粒径(mm)		
项目	指标	10.0	20.0	40.0	16.0	20.0	40.0
维勃稠度(s)	16～20	175	160	145	180	170	155
	11～15	180	165	150	185	175	160
	5～10	185	170	155	190	180	165

表 6-12 塑性混凝土的用水量

单位:kg/m³

拌和物稠度		卵石最大公称粒径(mm)				碎石最大粒径(mm)			
项目	指标	10.0	20.0	31.5	40.0	16.0	20.0	31.5	40.0
坍落度(mm)	10～30	190	170	160	150	200	185	175	165
	35～50	200	180	170	160	210	195	185	175
	55～70	210	190	180	170	220	205	195	185
	75～90	215	195	185	175	230	215	205	195

注:①表中用水量系采用中砂时的取值。采用细砂时,每立方米混凝土用水量可增加 5～10 kg;采用粗砂时,可减少 5～10 kg。

②掺用矿物掺合料和外加剂时,用水量应相应调整。

(2)每立方米流动性或大流动性混凝土的用水量(m_{w0})按式 6-9 计算:

$$m_{w0}=m'_{w0}(1-\beta) \tag{6-9}$$

式中,m'_{w0}—满足实际坍落度要求的每立方米混凝土用水量,kg;以表 6-9 中 90 mm 坍落度的用水量为基础,按每增大 20 mm 坍落度相应增加 5 kg 用水量计算。

β—外加剂的减水率,%,应经混凝土试验确定。

(3)每立方米混凝土中外加剂用量(m_{a0})按式(6-10)计算:

$$m_{a0}=m_{b0}\beta_a \tag{6-10}$$

式中,m_{a0}—每立方米混凝土中外加剂用量,kg;

m_{b0}—每立方米混凝土中胶凝材料用量,kg;

β_a—外加剂掺量,%,应经混凝土试验确定。

6.4.4.4 胶凝材料、矿物掺合料和水泥用量

(1)每立方米混凝土的胶凝材料用量(m_{b0})按式(6-11)计算:

$$m_{b0}=\frac{m_{w0}}{W/B} \tag{6-11}$$

(2)每立方米混凝土的矿物掺合料用量(m_{f0})按式(6-12)计算:

$$m_{f0}=m_{b0}\beta_f \tag{6-12}$$

式中,m_{f0}—每立方米混凝土中矿物掺合料用量,kg;

β_f—计算水胶比过程中确定的矿物掺合料掺量,%。

(3)每立方米混凝土的水泥用量(m_{c0})按式(6-13)计算:

$$m_{c0}=m_{b0}-m_{f0} \tag{6-13}$$

式中,m_{c0}—每立方米混凝土中水泥用量,kg。

6.4.4.5 砂率

(1)当无历史资料可参考时,混凝土砂率的确定应符合下列规定:

①坍落度小于 10 mm 的混凝土,其砂率应经试验确定。

②坍落度为 10～60 mm 的混凝土砂率,可根据粗骨料品种、最大公称粒径及水灰比按表 6-12 选取。

③坍落度大于 60 mm 的混凝土砂率,可经试验确定,也可在表 6-13 的基础上,按坍落度每增大 20 mm、砂率增大 1%的幅度予以调整。

表 6-13　混凝土的砂率

单位:%

水胶比(W/B)	卵石最大公称粒径(mm)			碎石最大粒径(mm)		
	10.0	20.0	40.0	16.0	20.0	40.0
0.40	26～32	25～31	24～30	30～35	29～34	27～32
0.50	30～35	29～34	28～33	33～38	32～37	30～35
0.60	33～38	32～37	31～36	36～41	35～40	33～38
0.70	36～41	35～40	34～39	39～44	38～43	36～41

注:①本表数值系中砂的选用砂率,对细砂或粗砂,可相应地减少或增大砂率;

②采用人工砂配制混凝土时,砂率可适当增大;

③只用一个单粒级粗骨料配制混凝土时,砂率应适当增大;

④对薄壁构件,砂率宜取偏大值。

(2)砂率按式(6-14)计算

$$\beta_s=\frac{m_{s0}}{m_{s0}+m_{g0}} \tag{6-14}$$

6.4.4.6 粗细骨料用量

(1)用体积法计算砂率及砂石用量按式(6-14)、式(6-15)计算：

$$\frac{m_{c0}}{\rho_c}+\frac{m_{f0}}{\rho_f}+\frac{m_{g0}}{\rho_g}+\frac{m_{s0}}{\rho_s}+\frac{m_{w0}}{\rho_w}+0.01\alpha=1 \tag{6-15}$$

式中，β_s—砂率，%；

m_{g0}—每立方米混凝土的粗骨料用量，kg；

m_{s0}—每立方米混凝土的细骨料用量，kg；

m_{w0}—每立方米混凝土的用水量，kg；

ρ_c—水泥密度，kg/m^3，可参照模块2中2.1试验测定，也可取2900～3100 kg/m^3；

ρ_f—矿物掺合料密度，kg/m^3，按《水泥密度测定方法》GB/T 208测定；

ρ_g—粗骨料的表观密度，kg/m^3，按《普通混凝土用砂、石质量及检验方法标准》JGJ 52-2006测定；

ρ_s—细骨料的表观密度，kg/m^3，按《普通混凝土用砂、石质量及检验方法标准》JGJ 52-2006测定；

ρ_w—水的密度，kg/m^3，可取1000 kg/m^3；

α—混凝土的含气量百分数，不使用引气型外加剂时，α可取为1。

(2)用质量法计算砂率及砂石用量按式(6-14)、式(6-16)计算：

$$m_{c0}+m_{f0}+m_{g0}+m_{s0}+m_{w0}=m_{cp} \tag{6-16}$$

式中，m_{cp}—每立方米混凝土拌和物的假定质量，kg，可取2350～2450 kg。

在实际工程中，普通混凝土配合比设计通常采用质量法。混凝土配合比设计也允许采用体积法，可视具体技术需要选用。与质量法比较，体积法需要测定水泥和矿物掺合料的密度以及骨料的表观密度等，对技术条件要求略高。

6.4.4.7 混凝土配合比的试配、调整与确定

(1)通过以上计算得出的每立方米混凝土中各种材料用量，可以得到计算配合比。计算配合比的各材料用量必须通过试验验证看其是否满足各项性能的指标要求，若有偏差再进行适当的调整，直至最后确定试拌基准配合比。

①根据骨料最大粒径选取混凝土试件尺寸，计算成型每个混凝土试件所需混凝土的数量，再乘以所需成型混凝土试件的个数即可得出成型混凝土试件所需的试样总量。由于试验中会有损耗，所以应多算一些。例如：150 mm×150 mm×150 mm的立方体试件两组，所需混凝土数量为$(0.15)^3\times6=0.02025\ m^3$，可取0.025 m^3。

②根据表6-2查得混凝土试配的最小搅拌量，结合混凝土搅拌机不少于1/4搅拌量(不少于20 L)要求，与①中计算的量相比，取较大值。

③根据确定的搅拌量和计算配合比中每立方米混凝土各种材料的用量计算各材料试拌用量。搅拌机应先挂浆后再称取材料进行试拌，并做好试验记录。

④混凝土拌和物搅拌均匀后按《普通混凝土拌和物性能试验方法标准》GB/T 50080 测坍落度，并检查拌和物的黏聚性、保水性。如实测坍落度小于或大于混凝土设计要求，可保持水灰比不变，增加或减少适量水泥浆；如出现黏聚性和保水性不良，则可适当提高砂率。

⑤每次调整后重复步骤③④，再次进行试拌，直到符合混凝土设计和施工要求，测定该次混凝土拌和物的实际表观密度(γ_h)，精确至 10 kg/m³。当试拌完成后，记录各材料调整后用量，折算成每立方混凝土用量。这个满足和易性的配比即为试拌的基准配合比。

(2)基准配合比能否满足强度要求，需进行强度检验。一般采用三个不同的配合比，其中一个为基准配合比，另外两个配合比的水胶比值应较基准配合比分别增加及减少 0.05，其用水量应该与基准配合比相同，但砂率值可分别增加和减少 1%，外加剂掺量也可做减少和增加的微调。

(3)每种配合比的拌和物都应检验其坍落度或维勃稠度、黏聚性、保水性及表观密度等，作为相应配合比的混凝土拌和物性能指标。保持拌和物性能符合设计和施工要求。

(4)各种配比至少应制作一组试件，标准养护到 28 d 或设计强度要求的龄期时试压；也可同时多制作几组试件，按《早期推定混凝土强度试验方法标准》JGJ/T 15 早期推定混凝土强度，用于配合比调整，但最终应满足标准养护 28 d 或设计规定龄期的强度要求。如有耐久性要求，应同时制作有关耐久性测试指标的试件，标准养护 28 d 进行测定。

(5)根据试验得出的各胶水比及其相对应的混凝土强度的线性关系图，用图解法或插值计算法求出略大于混凝土配制强度($f_{cu,0}$)相对应的水胶比值，并按下列原则确定每立方米混凝土的材料用量，即可得出实验室配合比：

用水量(m_w)—取基准配合比中的用水量，并根据制作强度试件时测得的坍落度或维勃稠度进行调整；

胶凝材料用量(m_b)—取用水量乘以求出的胶水比计算而得；

粗、细骨料用量(m_s、m_g)—取基准配合比中的粗、细骨料用量，并按求出的用水量、水胶比进行调整。

(6)根据混凝土实验室初步配合比按式(6-17)计算出混凝土拌和物表观密度的计算值 $\rho_{c,c}$；再根据混凝土实验室初步配合比试拌混凝土，检验其坍落度或维勃稠度、黏聚性、保水性及表观密度等，按式(6-18)计算混凝土配合比校正系数 δ：

$$\rho_{c,c}=m_c+m_f+m_s+m_g+m_w \tag{6-17}$$

$$\delta=\frac{\rho_{c,t}}{\rho_{c,c}} \tag{6-18}$$

式中，$\rho_{c,t}$——按混凝土实验室初步配合比拌和的混凝土拌和物的表观密度实测值，kg/m³；

$\rho_{c,c}$—按混凝土实验室初步配合比计算的混凝土拌和物表观密度计算值，kg/m³。

当混凝土拌和物表观密度实测值与计算值之差的绝对值不超过计算值的 2%时，混凝土实验室初步配合比即可定为混凝土正式配合比；当二者之差超过 2%时，应将混凝土实验室初步配合比中每项材料用量均乘以校正系数 δ，即可求出混凝土正式配合比，通常也称之为“实验室配合比”。配合比调整后应进行拌和物的水溶性氯离子含量测定，试验应符合 6.4.1 中表 6-8 的规定。

项目 6.5 混凝土无损检测(回弹法)

6.5.1 实训准备

6.5.1.1 凡需要使用回弹法检测的混凝土结构或构件,往往包括以下几种情况

(1)缺乏涉及结构安全的同条件或标准养护试块检验数量不足;

(2)抽样检测结构达不到设计要求,试块的质量缺乏代表性;

(3)试块的试压结果不符合现行标准、规范、规程所规定的要求,并对该结果持有怀疑;

(4)混凝土质量控制的其他要求。

6.5.1.2 回弹法适用条件

(1)回弹仪使用时的环境温度应为−4～40℃,混凝土构件最好在表面干燥状态下进行(否则应采用钻芯法等进行修正);

(2)采用普通成型工艺,采用符合《混凝土结构工程施工及验收规范》GB 50204 规定的钢模、木模及其他材料制成的模板;

(3)混凝土立方体抗压强度在 10～60 MPa 范围内(大于 60 MPa 时应采用标准能量大于 2.207 J 的混凝土回弹仪并使用专用测强曲线检测);

(4)采用单一回弹法时,混凝土采用自然养护且龄期在 14～1000 d 范围内。

6.5.1.3 检测前应制定检测方案,全面正确地了解被测结构或构件的情况

(1)工程名称、设计单位、施工单位、建设单位;

(2)需要进行回弹的结构构件名称、外形尺寸、构件数量、混凝土设计强度等级、配筋及预应力情况;

(3)结构构件所处环境及存在问题;

(4)使用原材料情况:水泥厂别品种、强度等级、安定性;砂石种类、粒径;外加剂或掺合料品种、掺量;配合比及施工时材料计量情况等;

(5)成型日期、模板、浇筑及养护情况;

(6)必要的图纸及施工记录。

6.5.1.4 回弹仪保养、检定,钢砧率定

(1)回弹仪有下列情况之一需要进行保养或检定:

①新的有出厂合格证的仪器,也需送检定单位检定。

②累计弹击次数超过 2000 次应保养;累计弹击次数超过规定(如 6000 次)或仪器超过检定有效期限(6 个月)需检定。

③钢砧率定不合格需进行保养,经保养后在钢砧率定仍不合格时需检定。

④对检测值有怀疑时需进行保养；当仪器遭受撞击、损害或零部件损坏需要更换时需检定。

(2)回弹仪使用前后或保养后应进行钢砧率定

钢砧率定时环境温度应在5～35 ℃，钢砧应稳固地平放在刚度大的物体上。测定回弹值时，弹击杆应分四次旋转，每次旋转宜为90°，每次取连续向下弹击三次的稳定回弹平均值。弹击杆每旋转一次的率定平均值应为80±2。率定值如不在标准范围内，应该进行保养或检修、检定。

6.5.1.5 单个构件和批量构件检测

(1)单个构件检测主要用于对混凝土强度质量有怀疑的独立结构(如现浇整体的壳体、烟囱、水塔、隧道、连续墙等)、单独构件(如结构物中的柱、梁、屋架、板、基础等)和有明显质量问题的某些结构或构件。

(2)批量检测主要用于在相同的生产工艺条件下，强度等级相同、原材料、配合比养护条件基本一致且龄期相近的混凝土结构或构件。被检测的试样应随机抽取不少于同批结构或构件总数的30%，且不少于10件。当检验批构件数量大于30件时可适量调整，但不得少于《建筑结构检测技术标准》GB/T 50344-2004规定的最小抽样数量，详见表6-14。具体的抽样方法及数量，一般由建设单位、施工单位、监督单位、检测单位等各有关部门共同商定。

表6-14 建筑结构抽样检测的最小样本容量

检测批的容量	检测类别和样本最小容量			检测批的容量	检测类别和样本最小容量		
	A	B	C		A	B	C
2～8	2	2	3	501～1200	32	80	125
9～15	2	3	5	1201～3200	50	125	200
16～25	3	5	8	3201～10000	80	200	315
26～50	5	8	13	10001～35000	125	315	500
51～90	5	13	20	35001～150000	200	500	800
91～150	8	20	32	150001～500000	315	800	1250
151～280	13	32	50	＞500000	500	1250	2000
281～500	20	50	80	—	—	—	—

注：检测类别A适用于一般施工质量的检测，检测类别B适用于结构质量或性能的检测，检测类别C适用于结构质量或性能的严格检测或复检。

6.5.1.6 测区

(1)所谓“测区”，系指每一试样的测试区域。每一测区相当于该试样同条件混凝土的一组试块。

(2)每一结构或构件的测区应符合下列规定：

①每一结构或构件测区数不少于10个。当受检构件数量大于30个且无须提供单个构件推定强度或受检构件某一方向尺寸不大于4.5 m，另一方向尺寸不大于0.3 m的构件时，其测区数量可适当减少，但不应少于5个。

②相邻两测区的间距应控制在2 m以内，测区离构件端部或施工缝边缘的距离不宜大于0.5 m，且不宜小于0.2 m。

③测区应选在能使回弹仪处于水平方向检测的混凝土浇筑侧面。当不能满足这一要求时，可使回弹仪处于非水平方向检测的混凝土浇筑表面或底面。

④测区宜选在构件的两个对称可测面上，也可选在一个可测面上，且应均匀分布。在构件的重要部位及薄弱部位必须布置测区，并应避开预埋件。

⑤测区的面积不宜大于0.04 m^2（如200 mm×200 mm的正方形）。

⑥检测面应为原状混凝土原浆面，应避开蜂窝、麻面，并应清洁、平整，不应有装饰层、疏松层、浮浆、油垢、涂层等，必要时可用砂轮清除疏松层和杂物，并清理残留的粉末或碎屑。

⑦对弹击时产生震动的薄壁、小型构件应进行固定后再回弹。

⑧应在记录上绘制测区布置示意图，必要时描述外观质量情况。构件测区应标有与示意图相呼应的、清晰的编号。

6.5.2 试验目的

在不损害建筑物的前提下，直接在建筑物结构构件上进行检测，通过回弹值与碳化深度的关系推算混凝土的抗压强度值，作为检测混凝土强度的一种辅助手段。

6.5.3 仪器设备

(1)中型混凝土回弹仪(见图6-9)；

(2)碳化深度测定仪；

(3)率定钢砧；

(4)1%的酚酞酒精溶液。

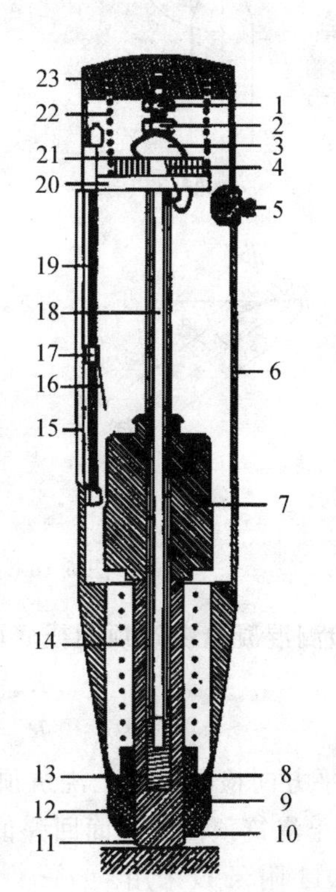

图6-9　中型混凝土回弹仪

6.5.4 试验步骤

(1)回弹值测量

按6.5.1.5方法选取试样，且按6.5.1.6要求布置测区后进行回弹值测量。测量时应注意：

①回弹仪的轴线应始终垂直于试样的检测面，缓慢施压，准确读数，快速复位。

②每一测区应读取16个回弹值，每一测点的回弹值读数应精确至1。

③测点在测区内均匀分布，相邻两点不宜小于20 mm，测点距构件边缘或外露钢筋、铁件不得小于30 mm。测点不应在气孔或外露石子上，同一测点只应弹击一次。

(2)碳化深度值测量

①回弹值测量完毕后，应在有代表性的测区上测量碳化深度值，测点不应少于构件测区数的30%。当碳化深度值极差大于2.0 mm时，应在每一测区测量碳化深度值。

②采用适当的工具在测区表面形成直径15 mm的孔洞，其深度应大于混凝土的碳化深度。用洗耳球吹去孔洞中的粉末和碎屑(不得用水擦洗)。用浓度为1%～2%的酚酞酒精溶液滴在孔洞内壁的边缘处，当已碳化与未碳化界线清楚时，再用碳化深度测定仪从三个方向分别测量已碳化与未碳化混凝土交界面到混凝土表面的垂直距离，每次读数精确到0.25 mm。

6.5.5 试验结果计算与评定

(1)回弹值的计算

①计算测区平均回弹值，应从该测区的16个回弹值中剔除3个最大值和3个最小值，取余下的10个回弹值的平均值R_m，精确至0.1。

②非水平方向(见图6-10)检测混凝土浇筑侧面时，应按式(6-19)修正：

$$R_m = R_{m\alpha} + R_{a\alpha} \tag{6-19}$$

式中，$R_{m\alpha}$—非水平状态时测区的平均回弹值；

$R_{a\alpha}$—非水平状态检测时回弹值修正值，应按《回弹法检测混凝土抗压强度技术规程》JGJ/T 23-2011附录C采用。

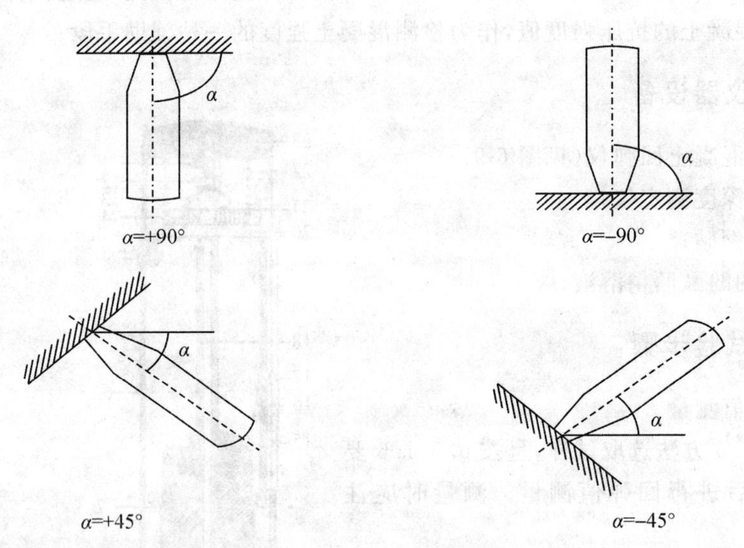

图6-10 非水平方向检测

③水平方向检测混凝土浇筑顶面或底面时，应按式(6-20)或式(6-21)修正：

$$R_m = R_m^t + R_a^t \tag{6-20}$$

$$R_m = R_m^b + R_a^b \tag{6-21}$$

式中，R_m^t、R_m^b—水平方向检测混凝土浇筑顶面或底面时，测区的平均回弹值；

R_a^t、R_a^b—混凝土浇筑顶面或底面回弹值修正值，应按《回弹法检测混凝土抗压强度技术规程》JGJ/T 23-2011附录D采用。

④当检测回弹仪为非水平方向且测试面为非混凝土的浇筑侧面时，应先按附录C对回

弹值进行角度修正，再按附录D对修正后的值进行浇筑面修正。

(2)碳化深度值计算

取每个测区三次测量的平均值作为该构件的每个测区碳化深度值d_m，精确至0.5 mm。当碳化深度值大于6.0 mm时，取6.0 mm。

(3)构件第i个测区混凝土强度换算值

应根据该测区求得平均回弹值R_m及平均碳化深度值d_m由《回弹法检测混凝土抗压强度技术规程》JGJ/T 23-2011附录A查表得出(泵送混凝土按《回弹法检测混凝土抗压强度技术规程》JGJ/T23-2011附录B的曲线方程计算或进行强度换算)。当有地区测强曲线或专用测强曲线时，混凝土强度换算值应按地区测强曲线或专用测强曲线换算得出。

注：统一测强曲线和福建省的测强曲线不适用于：

①粗骨料最大粒径大于60 mm；

②特种成型工艺制作的混凝土；

③检测部位曲率半径小于250 mm；

④长期处于高温、潮湿或浸水环境的混凝土。

(4)构件的混凝土强度平均值可根据各测区的混凝土强度换算值计算。当测区数为10个及以上时，还应计算强度标准差。构件的混凝土强度平均值按式(6-22)计算，精确至0.1 MPa，标准差按式(6-23)计算，精确至0.01 MPa：

$$m_{f_{cu}^c} = \frac{\sum_{i=1}^{n} f_{cu,i}^c}{n} \tag{6-22}$$

$$S_{f_{cu}^c} = \sqrt{\frac{\sum_{i=1}^{n} (f_{cu,i}^c)^2 - n(m_{f_{cu}^c})^2}{n-1}} \tag{6-23}$$

式中，$m_{f_{cu}^c}$—构件测区混凝土强度换算值的平均值，MPa。

n—对于单个检测构件，取该构件测区数；对批量检测构件，取所有被抽检构件的测区数之和。

$S_{f_{cu}^c}$—结构或构件测区混凝土强度换算值的标准差，MPa。

6.5.6 构件的现龄期混凝土强度的推定值

(1)当构件测区数少于10个，应按式(6-24)确定：

$$f_{cu,e} = f_{cu,\min}^c \tag{6-24}$$

式中，$f_{cu,\min}^c$—构件中最小的测区混凝土强度换算值。

(2)当构件的测区强度值中出现小于10.0 MPa时，应按$f_{cu,e} < 10.0$ MPa确定。

(3)当构件测区数不少于10个时，应按式(6-25)计算：

$$f_{cu,e} = m_{f_{cu}^c} - 1.645 S_{f_{cu}^c} \tag{6-25}$$

(4)当批量检测时，应按式(6-26)计算：

$$f_{cu,e} = m_{f_{cu}^c} - k S_{f_{cu}^c} \tag{6-26}$$

式中，k—推定系数，宜取1.645。当需要进行推定强度区间时，可按国家现行有关标准的规定取值。

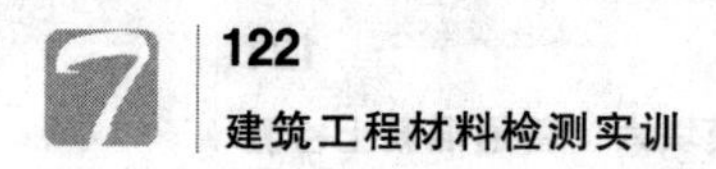

注：结构或构件的混凝土强度推定值是指相应于强度换算值总体分布中保证率不低于 95%的结构或构件中的混凝土抗压强度值。

(5)对按批量检测的构件，当该批构件混凝土强度标准差出现下列情况之一时，该批构件应全部按单个构件检测：

①当该批构件混凝土强度平均值小于 25 MPa 时，$S_{f_{cu}^{c}}>4.5$ MPa；

②当该批构件混凝土强度平均值不小于 25 MPa 时，$S_{f_{cu}^{c}}>5.5$ MPa。

附表一　混凝土、砂浆、芯样力学性能及长期性耐久性委托检测协议书

委托编号：

<table>
<tr><td rowspan="25">客户填写</td><td colspan="2" rowspan="3">委托单位</td><td>名称</td><td colspan="3"></td><td>委托联系人</td><td colspan="2"></td></tr>
<tr><td>地址</td><td colspan="3"></td><td>联系电话</td><td colspan="2"></td></tr>
<tr><td>邮编</td><td colspan="3"></td><td>传真</td><td colspan="2"></td></tr>
<tr><td colspan="2">工程名称</td><td colspan="2"></td><td>拌制单位</td><td colspan="4"></td></tr>
<tr><td colspan="2">施工单位</td><td colspan="2"></td><td>见证单位</td><td colspan="4"></td></tr>
<tr><td colspan="2">见证人签名</td><td colspan="2"></td><td>证书编号</td><td colspan="2"></td><td>联系电话</td><td></td></tr>
<tr><td colspan="2">取样人签名</td><td colspan="2"></td><td>证书编号</td><td colspan="2"></td><td>联系电话</td><td></td></tr>
<tr><td rowspan="9">样品信息</td><td>样品种类</td><td colspan="2"></td><td>拌制方法</td><td colspan="2"></td><td>振捣方法</td><td></td></tr>
<tr><td>试件尺寸</td><td colspan="2"></td><td colspan="2"></td><td colspan="3"></td></tr>
<tr><td>构件部位</td><td colspan="2"></td><td colspan="2"></td><td colspan="3"></td></tr>
<tr><td>养护方式</td><td colspan="2"></td><td colspan="2"></td><td colspan="3"></td></tr>
<tr><td>养护地点</td><td colspan="2"></td><td colspan="2"></td><td colspan="3"></td></tr>
<tr><td>配合比
报告编号</td><td colspan="2"></td><td colspan="2"></td><td colspan="3"></td></tr>
<tr><td>强度等级</td><td colspan="2"></td><td colspan="2"></td><td colspan="3"></td></tr>
<tr><td>成型日期</td><td colspan="2">年　月　日</td><td colspan="2">年　月　日</td><td colspan="3">年　月　日</td></tr>
<tr><td>组数</td><td colspan="2"></td><td colspan="2"></td><td colspan="3"></td></tr>
<tr><td colspan="2">检测项目</td><td colspan="7">（　）抗压强度　（　）抗折强度　（　）抗渗等级　（　）其他：</td></tr>
<tr><td colspan="2">检测依据</td><td colspan="7">（　）《普通砼力学性能试验方法标准》GB/T 50081
（　）《普通混凝土长期性能和耐久性能试验方法标准》GB 50082
（　）《建筑砂浆基本性能试验方法标准》JGJ 70
（　）《钻芯法检测砼强度技术规程》CECS 03:2007
（　）其他
注：以上标准均为现行版本，如有不同，请注明。</td></tr>
<tr><td colspan="2">样品处置</td><td colspan="7">（　）试毕取回　（　）委托本单位处理　（　）其他：</td></tr>
<tr><td colspan="2">报告形式</td><td colspan="7">（　）单页　（　）精装　（　）其他</td></tr>
<tr><td colspan="2">报告发放</td><td colspan="7">（　）自取　（　）邮寄：　（　）电话告知结果：
（　）其他：</td></tr>
<tr><td colspan="2">其他要求</td><td colspan="7"></td></tr>
<tr><td rowspan="6">检测单位填写</td><td colspan="2">核查样品</td><td colspan="7">是否符合检测要求？（　）符合　（　）不符合：　（　）其他：</td></tr>
<tr><td colspan="2">检测类别</td><td colspan="7">（　）委托检测　（　）抽样检测　（　）见证检测　（　）其他：</td></tr>
<tr><td colspan="2">检测收费</td><td colspan="7">人民币（大写）　拾　万　仟　佰　拾　元　角　分（¥：　）</td></tr>
<tr><td colspan="2">预计完成日期</td><td colspan="3">年　月　日</td><td colspan="2">出具报告份数</td><td colspan="2">份</td></tr>
<tr><td colspan="2">保密声明</td><td colspan="7">未经客户的书面同意，本单位均不对外披露检测/检查结果等信息。但法律法规另有要求的除外。</td></tr>
<tr><td colspan="2">其他声明</td><td colspan="3"></td><td colspan="2">样品编号/报告编号</td><td colspan="2"></td></tr>
<tr><td>双方确认</td><td colspan="4">客户签名确认本协议内容。

委托人签名：

年　月　日</td><td colspan="5">本单位评审意见：能否满足客户要求？
（　）满足　（　）不满足
受理人签名：

年　月　日</td></tr>
</table>

附表二　混凝土(芯样)抗压强度检测记录表

检验依据：

委托编号					检测环境		温度　℃,湿度　%		
样品编号					样品种类				
构件部位					配合比报告编号				
试样尺寸					强度等级				
成型日期	年　月　日				拌制方法				
检测日期	年　月　日				振捣方法				
龄期(d)					养护方法				
等效养护龄期(d)					养护地点				
试样编号									
试件编号	1	2	3	1	2	3	1	2	3
平整度(mm) $\leqslant 0.0005d$									
垂直度(°) $\leqslant 0.5°$									
尺寸(mm) 长度 L_1									
长度 L_2									
$\overline{L}$									
宽度 B_1									
宽度 B_2									
$\overline{B}$									
样品状态	□符合要求　□不符合：			□符合要求　□不符合：			□符合要求　□不符合：		
承压面面积(mm^2)									
检测结果 破坏荷载 F(kN)									
单块强度 f_{cc}(MPa)									
强度代表值(MPa)									
尺寸换算系数									
换算后强度代表值(MPa)									
主要仪器设备	编号		仪器名称		型号规格		检验前后设备状况		
检测过程异常情况： 采取控制措施：									

校核：　　　　　　　　校核日期：　　　　　　　　主检：

附表三　混凝土抗折强度检验记录表

检验依据：

<table>
<tr><td colspan="2">委托编号</td><td colspan="5"></td><td>成型日期</td><td colspan="2">年　月　日</td><td>检验环境</td><td colspan="3">温度　℃，湿度　%</td></tr>
<tr><td colspan="2">样品编号</td><td colspan="5"></td><td>检测日期</td><td colspan="2">年　月　日</td><td>拌制方法</td><td colspan="3"></td></tr>
<tr><td colspan="2">构件部位</td><td colspan="5"></td><td>龄期(d)</td><td colspan="2"></td><td>振捣方法</td><td colspan="3"></td></tr>
<tr><td colspan="2">试样尺寸
配合比报告编号</td><td colspan="5"></td><td>等效养护龄期(d)
强度等级</td><td colspan="2"></td><td>养护方法
养护地点</td><td colspan="3"></td></tr>
<tr><td rowspan="2">试样编号</td><td rowspan="2">试件编号</td><td colspan="4">试件尺寸(mm)</td><td rowspan="2">支座跨距(mm)</td><td rowspan="2">样品状态</td><td rowspan="2">破坏荷载 F(kN)</td><td rowspan="2">单块抗折强度值(MPa)</td><td rowspan="2">破坏位置</td><td rowspan="2">抗折强度代表值 f_f(MPa)</td><td rowspan="2">尺寸换算系数</td><td rowspan="2">换算后抗折强度 f_f 代表值(MPa)</td></tr>
<tr><td>截面宽度 b</td><td>$\bar{b}$</td><td>截面高度 h</td><td>$\bar{h}$</td></tr>
<tr><td rowspan="6"></td><td rowspan="2">1</td><td></td><td rowspan="2"></td><td></td><td rowspan="2"></td><td rowspan="2"></td><td rowspan="2">□无缺陷　□有缺陷：</td><td rowspan="2"></td><td rowspan="2"></td><td rowspan="2"></td><td rowspan="6"></td><td rowspan="6"></td><td rowspan="6"></td></tr>
<tr><td></td><td></td></tr>
<tr><td rowspan="2">2</td><td></td><td rowspan="2"></td><td></td><td rowspan="2"></td><td rowspan="2"></td><td rowspan="2">□无缺陷　□有缺陷：</td><td rowspan="2"></td><td rowspan="2"></td><td rowspan="2"></td></tr>
<tr><td></td><td></td></tr>
<tr><td rowspan="2">3</td><td></td><td rowspan="2"></td><td></td><td rowspan="2"></td><td rowspan="2"></td><td rowspan="2">□无缺陷　□有缺陷：</td><td rowspan="2"></td><td rowspan="2"></td><td rowspan="2"></td></tr>
<tr><td></td><td></td></tr>
<tr><td rowspan="6"></td><td rowspan="2">1</td><td></td><td rowspan="2"></td><td></td><td rowspan="2"></td><td rowspan="2"></td><td rowspan="2">□无缺陷　□有缺陷：</td><td rowspan="2"></td><td rowspan="2"></td><td rowspan="2"></td><td rowspan="6"></td><td rowspan="6"></td><td rowspan="6"></td></tr>
<tr><td></td><td></td></tr>
<tr><td rowspan="2">2</td><td></td><td rowspan="2"></td><td></td><td rowspan="2"></td><td rowspan="2"></td><td rowspan="2">□无缺陷　□有缺陷：</td><td rowspan="2"></td><td rowspan="2"></td><td rowspan="2"></td></tr>
<tr><td></td><td></td></tr>
<tr><td rowspan="2">3</td><td></td><td rowspan="2"></td><td></td><td rowspan="2"></td><td rowspan="2"></td><td rowspan="2">□无缺陷　□有缺陷：</td><td rowspan="2"></td><td rowspan="2"></td><td rowspan="2"></td></tr>
<tr><td></td><td></td></tr>
<tr><td colspan="2" rowspan="2">主要
仪器设备</td><td colspan="2">编号</td><td colspan="2">仪器名称</td><td>规格型号</td><td>编号</td><td colspan="2">仪器名称</td><td>规格型号</td><td colspan="3">检验前后设备状况</td></tr>
<tr><td colspan="2"></td><td colspan="2">液压万能试验机</td><td>WE-600</td><td></td><td colspan="2">钢直尺</td><td>(0～1000)mm</td><td colspan="3"></td></tr>
<tr><td colspan="14">检测过程异常情况及采取控制措施：</td></tr>
</table>

校核：　　　　　　　　校核日期：　　　　　　　　主检：

附表四　混凝土抗渗性能检验记录表

检验依据：

委托编号						成型日期			年　月　日			检测环境		温度　℃,湿度　%	
样品编号						检测日期			年　月　日			拌制方法			
构件部位						龄期(d)						振捣方法			
试样尺寸						等效养护龄期(d)						养护方法			
配合比 报告编号						混凝土抗渗等级						养护地点			
开始 加压时间	月　日 ：													结束 试验时间	月　日 ：
试件编号	样品状态	渗　水　情　况 水　压　力　(MPa)												试件表面 渗水部位	剖开 渗水高度
		0.1	0.2	0.3	0.4	0.5	0.6	0.7	0.8	0.9	1.0	1.1	1.2		
1	□有缺陷 □无缺陷	□渗水 □无	□渗水 □无	□渗水 □无	□渗水 □无	□渗水 □无	□渗水 □无	□渗水 □无	□渗水 □无	□渗水 □无	□渗水 □无	□渗水 □无	□渗水 □无	○	△
2	□有缺陷 □无缺陷	□渗水 □无	□渗水 □无	□渗水 □无	□渗水 □无	□渗水 □无	□渗水 □无	□渗水 □无	□渗水 □无	□渗水 □无	□渗水 □无	□渗水 □无	□渗水 □无	○	△
3	□有缺陷 □无缺陷	□渗水 □无	□渗水 □无	□渗水 □无	□渗水 □无	□渗水 □无	□渗水 □无	□渗水 □无	□渗水 □无	□渗水 □无	□渗水 □无	□渗水 □无	□渗水 □无	○	△
4	□有缺陷 □无缺陷	□渗水 □无	□渗水 □无	□渗水 □无	□渗水 □无	□渗水 □无	□渗水 □无	□渗水 □无	□渗水 □无	□渗水 □无	□渗水 □无	□渗水 □无	□渗水 □无	○	△
5	□有缺陷 □无缺陷	□渗水 □无	□渗水 □无	□渗水 □无	□渗水 □无	□渗水 □无	□渗水 □无	□渗水 □无	□渗水 □无	□渗水 □无	□渗水 □无	□渗水 □无	□渗水 □无	○	△
6	□有缺陷 □无缺陷	□渗水 □无	□渗水 □无	□渗水 □无	□渗水 □无	□渗水 □无	□渗水 □无	□渗水 □无	□渗水 □无	□渗水 □无	□渗水 □无	□渗水 □无	□渗水 □无	○	△
抗渗等级 代表值	S=								主要 仪器 设备	编号		仪器名称		规格型号	检验前后 设备状况
检测过程异常情况 及采取控制措施：															

校核：　　　　校核日期：　　　　主检：

附表五　混凝土(芯样)抗压强度检验报告

工程名称				报告编号	
委托单位				委托编号	
施工单位				委托日期	年　月　日
构件部位				报告日期	年　月　日
强度等级		配合比 报告编号		检验性质	
拌制单位		成型日期	年　月　日	拌制方法	
检测环境	温度：　℃，湿度：　%	检测日期	年　月　日	振捣方法	
试件尺寸 (mm)		龄期(d)		养护方法	
换算系数		等效养护 龄期(d)		养护地点	
见证单位		见证人		证书编号	
样品编号	样品状态	检验结果(MPa)			抗压强度 代表值(MPa)
检验依据					
主要 仪器设备	仪器名称： 检定证书编号：			检测单位 （盖章）	
说明	1. 报告未盖检测单位“检测报告专用章”无效，复制无效； 2. 对本报告如有异议请于收到报告后15日内(以签字或邮戳为准)通知本公司。				

批准：　　　　审核：　　　　校核：　　　　主检：

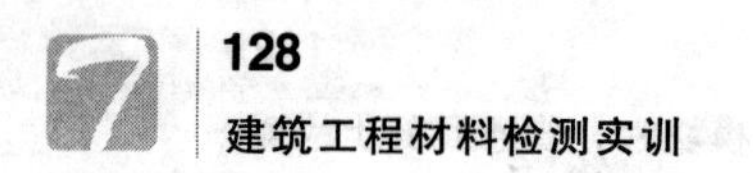

附表六　混凝土抗折强度检验报告

<table>
<tr><td>工程名称</td><td colspan="4"></td><td>报告编号</td><td></td></tr>
<tr><td>委托单位</td><td colspan="4"></td><td>委托编号</td><td></td></tr>
<tr><td>施工单位</td><td colspan="4"></td><td>委托日期</td><td>年　月　日</td></tr>
<tr><td>构件部位</td><td colspan="4"></td><td>报告日期</td><td>年　月　日</td></tr>
<tr><td>强度等级</td><td colspan="2"></td><td>配合比
报告编号</td><td></td><td>检验性质</td><td></td></tr>
<tr><td>拌制单位</td><td colspan="2"></td><td>成型日期</td><td>年　月　日</td><td>拌制方法</td><td></td></tr>
<tr><td>环境条件</td><td colspan="2">温度：　℃，湿度：　%</td><td>检测日期</td><td>年　月　日</td><td>振捣方法</td><td></td></tr>
<tr><td>试件尺寸</td><td colspan="2"></td><td>龄期(d)</td><td></td><td>养护方法</td><td></td></tr>
<tr><td>尺寸
换算系数</td><td colspan="2"></td><td>等效养护
龄期(d)</td><td></td><td>养护地点</td><td></td></tr>
<tr><td>见证单位</td><td colspan="2"></td><td>见证人</td><td></td><td>证书编号</td><td></td></tr>
<tr><td>样品编号</td><td>试件
编号</td><td>样品状态</td><td colspan="2">破坏部位</td><td>检验结果
(MPa)</td><td>抗折强度
代表值(MPa)</td></tr>
<tr><td rowspan="3"></td><td>1</td><td></td><td colspan="2"></td><td></td><td rowspan="3"></td></tr>
<tr><td>2</td><td></td><td colspan="2"></td><td></td></tr>
<tr><td>3</td><td></td><td colspan="2"></td><td></td></tr>
<tr><td rowspan="3"></td><td>1</td><td></td><td colspan="2"></td><td></td><td rowspan="3"></td></tr>
<tr><td>2</td><td></td><td colspan="2"></td><td></td></tr>
<tr><td>3</td><td></td><td colspan="2"></td><td></td></tr>
<tr><td>检验依据</td><td colspan="6"></td></tr>
<tr><td>主要
仪器设备</td><td colspan="4">仪器名称：WE-600 万能试验机
检定证书编号：</td><td colspan="2" rowspan="2">检测单位
（盖章）</td></tr>
<tr><td>说明</td><td colspan="4">1. 报告未盖检测单位“检测报告专用章”无效，复制无效；
2. 对本报告如有异议请于收到报告后 15 日内（以签字或邮戳为准）通知本公司。</td></tr>
</table>

批准：　　　　审核：　　　　校核：　　　　主检：

附表七　混凝土抗渗性能检验报告

工程名称					报告编号	
委托单位					委托编号	
施工单位					委托日期	年　月　日
构件部位					报告日期	年　月　日
强度等级					检验性质	
拌制单位			成型日期	年　月　日	拌制方法	
环境条件	温度：　℃，湿度：　%		检测日期	年　月　日	振捣方法	
试件尺寸	175 mm×185 mm×150 mm		龄期(d)		养护方法	
配合比报告编号			等效养护龄期(d)		养护地点	
见证单位			见证人		证书编号	
试件编号	1	2	3	4	5	6
样品状态						
最后水压力(MPa)						
试块表面渗水部位	○	○	○	○	○	○
试块剖面渗水高度(mm)	⏢	⏢	⏢	⏢	⏢	⏢
检验结论						
检验依据						
主要仪器设备	仪器名称：混凝土抗渗仪 检定证书编号：				检测单位 （公章）	
说明	1. 报告未盖检测单位“检测报告专用章”无效，复制无效； 2. 对本报告如有异议请于收到报告后15日内(以签字或邮戳为准)通知本公司。					

批准：　　　　审核：　　　　校核：　　　　主检：

附表八　混凝土、砂浆配合比委托检测协议书

委托编号：

委托方填写	委托单位	名称					委托联系人					
委托方填写	委托单位	地址					联系电话					
委托方填写	委托单位	邮编					传真					
委托方填写	工程名称											
委托方填写	施工单位											
委托方填写	见证单位											
委托方填写	见证人签名		年　月　日		证书编号				联系电话			
委托方填写	取样人签名		年　月　日		证书编号				联系电话			
委托方填写	样品信息	水泥		砂		石		掺合料		外加剂		
委托方填写	样品信息	厂名商标		种类		种类		种类		种类		
委托方填写	样品信息	品种强度		细度模数		粒径		厂名		厂名		
委托方填写	样品信息	出厂日期						型号		型号		
委托方填写	样品信息	出厂编号						掺量		掺量		
委托方填写	样品信息	检验报告编号		检验报告编号		检验报告编号		合格证号		合格证号		
委托方填写	样品信息	样品数量		样品数量		样品数量		样品数量状态		样品数量状态		
委托方填写	设计要求	砼、砂浆种类		设计强度等级		坍落度或稠度		搅拌方法		振捣方法		
委托方填写	设计要求	结构部位				其他						
委托方填写	见证编号					见证人		月　日　时　分				
委托方填写	检测项目	（　）配合比设计　（　）其他：										
委托方填写	检测依据	（　）《普通砼配合比设计规程》JGJ 55 （　）《砌筑砂浆配合比设计规程》JGJ 98 （　）其他：　注：以上标准均为现行版本，如有不同，请注明。										
委托方填写	样品处置	（　）试毕取回　（　）委托本单位处理　（　）其他：										
委托方填写	报告形式	（　）单页　（　）精装　（　）其他：										
委托方填写	报告发放	（　）自取　（　）邮寄：（　）电话告知结果 （　）其他：										
委托方填写	其他要求											
检测单位填写	核查样品	是否符合检测要求？（　）符合　（　）不符合：　（　）其他：										
检测单位填写	检测类别	（　）委托检测　（　）抽样检测　（　）见证检测　（　）其他：										
检测单位填写	检测收费	人民币（大写）　拾　万　仟　佰　拾　元　角　分（¥：　）										
检测单位填写	预计完成日期	年　月　日				出具报告份数		份				
检测单位填写	保密声明	未经客户的书面同意，本单位均不对外披露检测/检查结果等信息。但法律法规另有要求的除外。										
检测单位填写	其他声明					样品编号/报告编号						
双方确认	客户签名确认本协议内容。 委托人签名： 年　月　日					本单位评审意见：能否满足客户要求？ （　）满足　（　）不满足 受理人签名： 年　月　日						

附表九　混凝土配合比设计检验记录表(一)

检验依据：

<table>
<tr><td>委托编号</td><td colspan="2"></td><td>样品编号</td><td></td><td>拌和用水</td><td></td><td>环境条件</td><td colspan="4">温度：　℃,湿度：　%</td><td>检测日期</td><td colspan="2">年　月　日</td></tr>
<tr><td rowspan="2">设计要求</td><td colspan="2">结构部位</td><td colspan="2"></td><td>坍落度</td><td>mm</td><td>其他</td><td colspan="4"></td><td>拌制方法</td><td colspan="2"></td></tr>
<tr><td colspan="2">设计强度等级</td><td colspan="2"></td><td>维勃稠度</td><td>s</td><td>其他</td><td colspan="4"></td><td>振捣方法</td><td colspan="2"></td></tr>
</table>

<table>
<tr><td rowspan="7">原材料情况</td><td colspan="2">水泥</td><td colspan="2">砂</td><td colspan="2">石</td><td colspan="2">掺合料</td><td colspan="2">外加剂 1</td><td colspan="2">外加剂 2</td></tr>
<tr><td>厂名商标</td><td></td><td>种类</td><td></td><td>种类</td><td></td><td>种类</td><td></td><td>种类</td><td></td><td>种类</td><td></td></tr>
<tr><td>品种强度</td><td></td><td>细度模数</td><td></td><td>粒级</td><td></td><td>厂名</td><td></td><td>厂名</td><td></td><td>厂名</td><td></td></tr>
<tr><td>出厂日期</td><td></td><td></td><td></td><td></td><td></td><td>型号</td><td></td><td>型号</td><td></td><td>型号</td><td></td></tr>
<tr><td>报告编号</td><td></td><td></td><td></td><td></td><td></td><td>建议掺量</td><td></td><td>建议掺量</td><td></td><td>建议掺量</td><td></td></tr>
<tr><td>实测强度</td><td>MPa</td><td>报告编号</td><td></td><td>报告编号</td><td></td><td>合格证号</td><td></td><td>合格证号</td><td></td><td>合格证号</td><td></td></tr>
<tr><td colspan="12"></td></tr>
<tr><td>样品数量</td><td colspan="2">kg</td><td colspan="2">kg</td><td colspan="2">kg</td><td colspan="2">kg</td><td colspan="2">kg</td><td colspan="2">kg</td></tr>
<tr><td>样品状态</td><td colspan="2"></td><td colspan="2"></td><td colspan="2"></td><td colspan="2"></td><td colspan="2"></td><td colspan="2"></td></tr>
</table>

<table>
<tr><td rowspan="6">初步配合比计算</td><td>□质量法(kg/m³)　□体积法(kg/m³)</td><td colspan="3">砂含水率测定</td><td colspan="3">石含水率测定</td></tr>
<tr><td rowspan="5">(1)取 $\sigma=$　　MPa,则 $f_{cu,0} \geqslant f_{cu,k}+1.645\sigma=$　　MPa
(2)取 $\alpha_a=$　　,$\alpha_b=$　　,$f_b=$　　MPa,则 $\frac{W}{B}=\frac{\alpha_a f_b}{f_{cu,0}+\alpha_a \alpha_b f_b}=$
(3)选用 $m_{w0}=$　　kg/m³,则 $m_{b0}=$
(4)选用 $\beta_s=$　　%
(5)确定配合比,取
(6)确定搅拌量　　m³,计算各原材料试拌用量,并检验混凝土拌和物性能</td><td></td><td>试样 1</td><td>试样 2</td><td></td><td>试样 1</td><td>试样 2</td></tr>
<tr><td>湿砂质量 m_2</td><td>g</td><td>g</td><td>湿石质量 m_2</td><td>g</td><td>g</td></tr>
<tr><td>干砂质量 m_1</td><td>g</td><td>g</td><td>干石质量 m_1</td><td>g</td><td>g</td></tr>
<tr><td>砂含水率</td><td>%</td><td>%</td><td>石含水率 %</td><td>%</td><td></td></tr>
<tr><td>平均值</td><td colspan="2">%</td><td>平均值</td><td colspan="2">%</td></tr>
</table>

单位:kg/m³	水	水泥	砂	石	掺合料	外加剂 1	外加剂 2	水	水泥	砂	石	掺合料	外加剂 1	外加剂 2
计算用量														
试拌用量														

校核：　　　　　　　　校核日期：　　　　　　　　主检：

附表九　混凝土配合比设计检验记录表(二)

检验依据：

委托编号		样品编号		环境条件	温度：　℃，湿度：　%	养护室	温度：　℃，湿度：　%；详见养护室温湿度记录

拌和物性能	坍落度(mm)	坍落扩展度(mm)	维勃稠度(s)	黏聚性	保水性	含气量(%)	调整方法
试拌							调整 1
调整 1							调整 2
调整 2							调整 3
调整 3							

材料用量	调整后(kg/m^3)							
	水	水泥	砂	石	掺合料 1	掺合料 2	外加剂 1	外加剂 2
计算								
试拌								
计算								
试拌								
计算								
试拌								
基准配合比(kg/m^3)								

容量筒体积	试样质量	实测容重	设计容重	修正值
L	kg	kg/m^3	kg/m^3	

配合比试验											拌合物性能						
	W/B	砂率(%)	水(kg/m^3)	水泥(kg/m^3)	砂(kg/m^3)	石(kg/m^3)	掺合料 1(kg/m^3)	掺合料 2(kg/m^3)	外加剂 1(kg/m^3)	外加剂 2(kg/m^3)	B/W	坍落度(mm)	坍落扩展度(mm)	维勃稠度(s)	黏聚性	保水性	水溶性氯离子含量(%)	含气量(%)
A 组																	
B 组																	
C 组																	

主要仪器设备	编号	仪器名称	规格型号	编号	仪器名称	规格型号	编号	仪器名称	规格型号	检验前后设备状况	检测过程异常情况及采取控制措施

校核：　　　　校核日期：　　　　主检：

附表九　混凝土配合比设计检验记录表(三)

检验依据：

<table>
<tr><td>委托编号</td><td colspan="3"></td><td colspan="3">设计强度等级</td><td colspan="3"></td><td colspan="2">试件尺寸</td><td colspan="4"></td><td colspan="2">环境条件</td><td colspan="7">温度：　℃,湿度：　%</td></tr>
<tr><td>结构部位</td><td colspan="3"></td><td colspan="3">成型日期</td><td colspan="3"></td><td colspan="2">养护方法</td><td colspan="4"></td><td colspan="2">养护地点</td><td colspan="7">温度：　℃,湿度：　%;详见养护室温湿度记录</td></tr>
<tr><td></td><td colspan="6">A组</td><td colspan="6">B组</td><td colspan="6">C组</td><td colspan="7">实验室配合比</td></tr>
<tr><td>破型日期</td><td colspan="3">月　日</td><td colspan="3">月　日</td><td colspan="3">月　日</td><td colspan="3">月　日</td><td colspan="3">月　日</td><td colspan="3">月　日</td><td colspan="7" rowspan="9"></td></tr>
<tr><td>龄期</td><td colspan="3">天</td><td colspan="3">28天</td><td colspan="3">天</td><td colspan="3">28天</td><td colspan="3">天</td><td colspan="3">28天</td></tr>
<tr><td>试件编号</td><td>A-1</td><td>A-2</td><td>A-3</td><td>A-4</td><td>A-5</td><td>A-6</td><td>B-1</td><td>B-2</td><td>B-3</td><td>B-4</td><td>B-5</td><td>B-6</td><td>C-1</td><td>C-2</td><td>C-3</td><td>C-4</td><td>C-5</td><td>C-6</td></tr>
<tr><td>平整度垂直度</td><td></td><td></td><td></td><td></td><td></td><td></td><td></td><td></td><td></td><td></td><td></td><td></td><td></td><td></td><td></td><td></td><td></td><td></td></tr>
<tr><td>长度 L_1(mm)</td><td></td><td></td><td></td><td></td><td></td><td></td><td></td><td></td><td></td><td></td><td></td><td></td><td></td><td></td><td></td><td></td><td></td><td></td></tr>
<tr><td>长度 L_2(mm)</td><td></td><td></td><td></td><td></td><td></td><td></td><td></td><td></td><td></td><td></td><td></td><td></td><td></td><td></td><td></td><td></td><td></td><td></td></tr>
<tr><td>$\overline{L}$(mm)</td><td></td><td></td><td></td><td></td><td></td><td></td><td></td><td></td><td></td><td></td><td></td><td></td><td></td><td></td><td></td><td></td><td></td><td></td></tr>
<tr><td>宽度 B_1(mm)</td><td></td><td></td><td></td><td></td><td></td><td></td><td></td><td></td><td></td><td></td><td></td><td></td><td></td><td></td><td></td><td></td><td></td><td></td></tr>
<tr><td>宽度 B_2(mm)</td><td></td><td></td><td></td><td></td><td></td><td></td><td></td><td></td><td></td><td></td><td></td><td></td><td></td><td></td><td></td><td></td><td></td><td></td></tr>
<tr><td>$\overline{B}$(mm)</td><td></td><td></td><td></td><td></td><td></td><td></td><td></td><td></td><td></td><td></td><td></td><td></td><td></td><td></td><td></td><td></td><td></td><td></td></tr>
<tr><td>支座跨距(mm)</td><td></td><td></td><td></td><td></td><td></td><td></td><td></td><td></td><td></td><td></td><td></td><td></td><td></td><td></td><td></td><td></td><td></td><td></td><td colspan="4">A组:$R_{28推}=$　MPa;$B/W=$</td><td colspan="3" rowspan="3">$R_{28设计}=$　MPa
$B/W=$　$W/B=$
$\beta_s=$　%</td></tr>
<tr><td>样品状态</td><td></td><td></td><td></td><td></td><td></td><td></td><td></td><td></td><td></td><td></td><td></td><td></td><td></td><td></td><td></td><td></td><td></td><td></td><td colspan="4">B组:$R_{28推}=$　MPa;$B/W=$</td></tr>
<tr><td>破坏荷载 F(kN)</td><td></td><td></td><td></td><td></td><td></td><td></td><td></td><td></td><td></td><td></td><td></td><td></td><td></td><td></td><td></td><td></td><td></td><td></td><td colspan="4">C组:$R_{28推}=$　MPa;$B/W=$</td></tr>
<tr><td>单块强度 f_{cc}(MPa)</td><td></td><td></td><td></td><td></td><td></td><td></td><td></td><td></td><td></td><td></td><td></td><td></td><td></td><td></td><td></td><td></td><td></td><td></td><td colspan="7">实验室配合比每立方用量(kg/m³)及质量比</td></tr>
<tr><td>强度代表值(MPa)</td><td colspan="3"></td><td colspan="3"></td><td colspan="3"></td><td colspan="3"></td><td colspan="3"></td><td colspan="3"></td><td>水</td><td>水泥</td><td>砂</td><td>石</td><td>掺合料</td><td>外加剂1</td><td>外加剂2</td></tr>
<tr><td>尺寸换算系数</td><td colspan="6"></td><td colspan="6"></td><td colspan="6"></td><td></td><td></td><td></td><td></td><td></td><td></td><td></td></tr>
<tr><td>换算后强度代表值(MPa)</td><td colspan="6"></td><td colspan="6"></td><td colspan="6"></td><td></td><td></td><td></td><td></td><td></td><td></td><td></td></tr>
<tr><td>主要仪器设备</td><td colspan="2"></td><td colspan="3"></td><td colspan="2"></td><td colspan="2">检测前后设备状况</td><td colspan="5"></td><td colspan="3">检测过程异常情况及采取控制措施</td><td colspan="7"></td></tr>
</table>

校核：　　　　　　　　　　校核日期：　　　　　　　　　　主检：

附表十　混凝土配合比设计报告

工程名称		设计强度等级		环境条件		报告编号	
委托单位		稠度(mm)		养护地点		委托编号	
施工单位		维勃稠度(s)		养护室温湿度条件		委托日期	年　月　日
使用部位		拌制方法		振捣方法		报告日期	年　月　日
见证单位		见证人		证书编号		检验性质	

原材料情况

水泥		砂		石		掺合料		外加剂 1		外加剂 2	
厂别商标		种类		种类		种类		种类		种类	
品种强度		细度模数		粒级	mm	厂名		厂名		厂名	
出厂日期						型号		型号		型号	
出厂编号	NO.					稠度	mm	建议掺量	%	建议掺量	%
检验报告编号		检验报告编号		检验报告编号		合格证号		合格证号		合格证号	

设计配合比

原材料名称 质量，kg/m^3	水	水泥	砂	石	掺合料	外加剂 1	外加剂 2	砂率(%)	密度
质量比									

检验依据		
主要仪器设备	检验仪器：　　检定证书编号： 检验仪器：　　检定证书编号： 检验仪器：　　检定证书编号：	试验单位 （公章）
说明	1. 报告未盖检测单位“检测报告专用章”无效，复制无效； 2. 对本报告如有异议请于收到报告后 15 日内（以签字或邮戳为准）通知本公司。	

批准：　　　　审核：　　　　校核：　　　　主检：

附表十一　混凝土无损检测委托协议书（回弹法）

委托编号：

委托方填写	委托单位	名称		委托联系人	
		地址		联系电话	
		邮编		传真	
	工程名称			混凝土种类	
	设计单位			结构/构件名称	
	施工单位			结构/构件数量	
	建设单位			设计强度等级	
	混凝土拌制单位			配合比报告编号	
	检测原因			成型日期	年　月　日
	模板种类			龄期(d)	
	附件		构件外形尺寸、配筋等见附图；混凝土原材料计量情况，施工时浇筑、养护情况见施工日志、监理日志记录。	拌制方法	
				振捣方法	
	见证单位			输送方式	
	见证人签名		年　月　日	证书编号	联系电话
	取样人签名		年　月　日	证书编号	联系电话

	水泥		砂		石		掺合料		外加剂1		外加剂2	
样品信息	厂名商标		种类		种类		种类		种类		种类	
	品种强度		细度模数		粒径		厂名		厂名		厂名	
	出厂日期		含泥量		压碎值指标	%	型号		型号		型号	
	出厂编号		泥块含量		针片状含量	%	建议掺量		建议掺量		建议掺量	
	安定性		氯离子含量		碱活性		实际掺量		实际掺量		实际掺量	
	检验报告编号		检验报告编号		检验报告编号		合格证号		合格证号		合格证号	
设计配合比												
施工配合比												

见证编号		见证人　　月　日　时　分
检测项目	（　）混凝土结构/构件强度　（　）其他：	
检测依据	（　）《建筑结构检测技术标准》GB/T 50344 （　）《回弹法检测混凝土抗压强度技术规程》JGJ/T 23-2011 （　）《钻芯法检测混凝土强度技术规程》CECS 03 （　）《超声回弹综合法检测混凝土强度技术规程》CECS 02 （　）其他：　注：以上标准均为现行版本，如有不同，请注明。	
报告形式	（　）单页　（　）精装　（　）其他：	
报告发放	（　）自取　（　）邮寄：　（　）电话告知结果 （　）其他：	

检测单位填写	检测类别	（　）委托检测　（　）抽样检测　（　）见证检测　（　）其他：		
	检测收费	人民币（大写）　拾　万　仟　佰　拾　元　角　分（￥：　）		
	预计完成日期	年　月　日	出具报告份数	份
	保密声明	未经客户的书面同意，本单位均不对外披露检测/检查结果等信息。但法律法规另有要求的除外。		
	其他声明		样品编号/报告编号	
双方确认	客户签名确认本协议内容。 委托人签名： 年　月　日		本单位评审意见：能否满足客户要求？ （　）满足　（　）不满足 受理人签名： 年　月　日	

附表十二　回弹法检测混凝土抗压强度记录表(一)

委托编号		检测环境	温度　　℃,湿度　　%	结构/构件成型日期	年　月　日
工程名称		混凝土种类		检测日期	年　月　日
设计单位		结构/构件名称		龄期(d)	
施工单位		结构/构件数量		等效养护龄期(d)	
建设单位		设计强度等级		搅拌方法	
混凝土拌制单位		配合比报告编号		振捣方法	
模板类型		养护地点		养护方法	
检测原因				输送方法	
现场概况					

校核：　　　　校核日期：　　　　主检：

附表十二　回弹法检测混凝土抗压强度记录表(二)

检测依据						
主要仪器设备	编号	仪器名称	型号规格	编号	仪器名称	型号规格
检　测　方　案						
建设单位意见		年　月　日		联系电话		
设计单位意见		年　月　日		联系电话		
施工单位意见		年　月　日		联系电话		
检测单位意见		年　月　日		联系电话		
监理单位意见		年　月　日		联系电话		
说明						

校核：　　　　校核日期：　　　　主检：

附表十二　回弹法检测混凝土抗压强度记录表(三)

<table>
<tr><td>构件名称</td><td colspan="3"></td><td>混凝土类别</td><td></td><td>成型日期</td><td>年　月　日</td></tr>
<tr><td>存在问题</td><td colspan="3"></td><td>设计
强度等级</td><td></td><td>检测日期</td><td>年　月　日</td></tr>
<tr><td>检测
环境条件</td><td>温度：　℃,湿度：　%</td><td>养护方法</td><td></td><td>等效养护
龄期(d)</td><td></td><td>龄期(d)</td><td></td></tr>
<tr><td>回弹仪
名称型号</td><td></td><td>回弹仪检定
有效期至</td><td>年　月　日</td><td>回弹仪累计
弹击次数</td><td></td><td>使用意见</td><td>□保养　□不保养</td></tr>
</table>

<table>
<tr><td rowspan="2">率定
环境温度</td><td rowspan="2">率定结果</td><td colspan="12">回弹仪率定值</td><td>构件测区示意图</td></tr>
<tr><td colspan="3">0°</td><td colspan="3">90°</td><td colspan="3">180°</td><td colspan="3">270°</td><td rowspan="6"></td></tr>
<tr><td rowspan="2">℃</td><td rowspan="2">□合格
□需检定</td><td></td><td></td><td></td><td></td><td></td><td></td><td></td><td></td><td></td><td></td><td></td><td></td></tr>
<tr><td></td><td></td><td></td><td></td><td></td><td></td><td></td><td></td><td></td><td></td><td></td><td></td></tr>
<tr><td rowspan="2">测面
基本情况</td><td>侧面</td><td>表面</td><td>底面</td><td>风干</td><td>潮湿</td><td>光洁</td><td>粗糙</td><td rowspan="2">测试
角度</td><td>水平</td><td>向上</td><td colspan="3">向下</td></tr>
<tr><td></td><td></td><td></td><td></td><td></td><td></td><td></td><td></td><td></td><td colspan="3"></td></tr>
</table>

<table>
<tr><td rowspan="2">测区
编号</td><td colspan="16">回　弹　值</td><td rowspan="2">测区平均
回弹值</td><td colspan="3">碳化深度</td><td rowspan="2">碳化深度
平均值</td></tr>
<tr><td>1</td><td>2</td><td>3</td><td>4</td><td>5</td><td>6</td><td>7</td><td>8</td><td>9</td><td>10</td><td>11</td><td>12</td><td>13</td><td>14</td><td>15</td><td>16</td><td>1</td><td>2</td><td>3</td></tr>
<tr><td>1</td><td></td><td></td><td></td><td></td><td></td><td></td><td></td><td></td><td></td><td></td><td></td><td></td><td></td><td></td><td></td><td></td><td></td><td></td><td></td><td></td><td></td></tr>
<tr><td>2</td><td></td><td></td><td></td><td></td><td></td><td></td><td></td><td></td><td></td><td></td><td></td><td></td><td></td><td></td><td></td><td></td><td></td><td></td><td></td><td></td><td></td></tr>
<tr><td>3</td><td></td><td></td><td></td><td></td><td></td><td></td><td></td><td></td><td></td><td></td><td></td><td></td><td></td><td></td><td></td><td></td><td></td><td></td><td></td><td></td><td></td></tr>
<tr><td>4</td><td></td><td></td><td></td><td></td><td></td><td></td><td></td><td></td><td></td><td></td><td></td><td></td><td></td><td></td><td></td><td></td><td></td><td></td><td></td><td></td><td></td></tr>
<tr><td>5</td><td></td><td></td><td></td><td></td><td></td><td></td><td></td><td></td><td></td><td></td><td></td><td></td><td></td><td></td><td></td><td></td><td></td><td></td><td></td><td></td><td></td></tr>
<tr><td>6</td><td></td><td></td><td></td><td></td><td></td><td></td><td></td><td></td><td></td><td></td><td></td><td></td><td></td><td></td><td></td><td></td><td></td><td></td><td></td><td></td><td></td></tr>
<tr><td>7</td><td></td><td></td><td></td><td></td><td></td><td></td><td></td><td></td><td></td><td></td><td></td><td></td><td></td><td></td><td></td><td></td><td></td><td></td><td></td><td></td><td></td></tr>
<tr><td>8</td><td></td><td></td><td></td><td></td><td></td><td></td><td></td><td></td><td></td><td></td><td></td><td></td><td></td><td></td><td></td><td></td><td></td><td></td><td></td><td></td><td></td></tr>
<tr><td>9</td><td></td><td></td><td></td><td></td><td></td><td></td><td></td><td></td><td></td><td></td><td></td><td></td><td></td><td></td><td></td><td></td><td></td><td></td><td></td><td></td><td></td></tr>
<tr><td>10</td><td></td><td></td><td></td><td></td><td></td><td></td><td></td><td></td><td></td><td></td><td></td><td></td><td></td><td></td><td></td><td></td><td></td><td></td><td></td><td></td><td></td></tr>
</table>

<table>
<tr><td rowspan="2">见证人
签名</td><td rowspan="2">年　月　日</td><td>证书编号</td><td></td><td rowspan="2">检测过程异常情况
及采取控制措施</td><td rowspan="2"></td></tr>
<tr><td>联系电话</td><td></td></tr>
</table>

校核：　　　　　　　　　　校核日期：　　　　　　　　　　主检：

附表十三　回弹法检测混凝土抗压强度计算书

计算依据			混凝土类别		成型日期	年　月　日
测强曲线	□统一测强曲线　□地区专用测强曲线　□专用测强曲线		设计 强度等级		检测日期	年　月　日
结构/ 构件名称			养护方法		龄期(d)	
结构/ 构件数量	检测 环境条件	温度：　℃,湿度：　%	模板类型		等效养护 龄期(d)	

测区总数	测区混凝土强度换算值			现龄期混凝土强度推定值 $f_{cu,e}$(MPa)	说　明
	最小值 $f^{c}_{cu,\min}$(MPa)	平均值 $m_{f^{c}_{cu}}$(MPa)	标准差 $S_{f^{c}_{cu}}$		对按批量检测的构件,当该批构件混凝土强度标准差出现下列情况之一时,该批构件应全部按单个构件检测: ①当该批构件混凝土强度平均值小于25 MPa时,$S_{f^{c}_{cu}}>4.5$ MPa; ②当该批构件混凝土强度平均值不小于25 MPa时,$S_{f^{c}_{cu}}>5.5$ MPa
个					

构件编号	测区 编号	测区 平均回弹值	角度修正值	浇筑面修正值	修正后测区 平均回弹值	碳化深度 平均值	测区混凝土 强度换算值	泵送混凝土 修正值	修正后测区混凝 土强度换算值	备注
	1									
	2									
	3									
	4									
	5									
	6									
	7									
	8									
	9									
	10									

校核：　　　　　　　　校核日期：　　　　　　　　主检：

附表十三续表1 回弹法检测混凝土抗压强度计算书

	11									
	12									
	13									
	14									
	15									
	16									
	17									
	18									
	19									
	20									
	21									
	22									
	23									
	24									
	25									
	26									
	27									
	28									
	29									
	30									

校核： 校核日期： 主检：

附录十四

混凝土无损检测检测报告

(回弹法)

委 托 编 号：________________

报 告 编 号：________________

批　　　准：________________

审　　　核：________________

主　　　检：________________

上 岗 证 号：________________

主　　　检：________________

上 岗 证 号：________________

委 托 日 期：________________

检 测 时 间：________________

报 告 日 期：________________

检测专用章：________________

共　　页

检测单位地址：　　　　　　电话：　　　　　　邮编：

附录十四续表 1

注意事项

1. 报告无“试验检测报告专用章”无效。

2. 报告无批准(审定)、审核、复核、试验(检测)人员和报告编写人员签字无效。

3. 报告涂改无效。

4. 报告复印无加盖“试验检测报告专用章”无效。

5. 对试验、检测报告若有异议,应于收到报告之日起 15 日内向试验、检测单位提出。

附录十四续表 2　回弹法检测混凝土抗压强度报告

报告编号：　　　　　　　　　　　　　　　　　　　　　　　　　　第　　页 共　　页

检测信息

工程名称			混凝土种类		
设计单位			结构/构件名称		
施工单位			结构/构件数量		
建设单位			设计强度等级		
混凝土拌制单位			配合比报告编号		
搅拌方法			成型日期	年　月　日	
检测原因			振捣方法		
模板种类			输送方式		
见证单位			龄期(d)		
见证人签名	年　月　日	证书编号		联系电话	
取样人签名	年　月　日	证书编号		联系电话	
主要仪器设备	检验仪器： 检验仪器：		检定证书编号： 检定证书编号：		

混凝土原材料信息	水泥		砂		石		掺合料		外加剂 1		外加剂 2	
	厂名商标		种类		种类		种类		种类		种类	
	品种强度		细度模数		粒径		厂名		厂名		厂名	
	出厂日期		含泥量		压碎值指标	%	型号		型号		型号	
	出厂编号		泥块含量		针片状含量	%	建议掺量		建议掺量		建议掺量	
	安定性		氯离子含量		碱活性		实际掺量		实际掺量		实际掺量	
	检验报告编号		检验报告编号		检验报告编号		合格证号		合格证号		合格证号	
检测方案												

附录十四续表 3　回弹法检测混凝土抗压强度报告

报告编号：　　　　　　　　　　　　　　　　　　　　　　　　　　第　　页共　　页

检测结果

结构/构件编号	测区编号	测区混凝土强度换算值			备注
		最小值(MPa) $f^{c}_{cu,\min}$	平均值(MPa) $m_{f^{c}_{cu}}$	标准差 $S_{f^{c}_{cu}}$	
现龄期混凝土强度推定值 $f_{cu,e}$(MPa)					
检测依据					
检测结论					

建筑砂浆检测

建筑砂浆是将砖、石、砌块等块材黏结为整体的砂浆，它是由无机胶凝材料、细骨料、掺合料、水以及根据性能确定的各种组分按适当比例配合、拌制并经硬化而成的工程材料，分为施工现场拌制的砂浆或由专业生产厂生产的商品砂浆。

建筑砂浆常用于砌筑砌体（如砖、石、砌块）结构，建筑物内外表面（如墙面、地面、顶棚）的抹面，大型墙板、砖石墙的勾缝，以及装饰材料的黏结等。

实训目标：能够根据具体工程设计资料要求，正确使用仪器设备，按照作业指导书检测建筑砂浆的各项性能是否符合相应标准规范的要求，并对其进行评价，判断其能否满足工程实际需要；能够正确填写委托单、记录表，具备出具并审阅试验报告的能力。

7.0 实训准备

7.0.1 建筑砂浆检测试验执行标准

JGJ/T 98-2010	砌筑砂浆配合比设计规程
JGJ/T 70-2009	建筑砂浆基本性能试验方法标准
GB 50203-2011	砌体结构工程施工质量验收规范
JGJ/T 223-2010	预拌砂浆

7.0.2 基本规定

(1)配制砌筑砂浆时，各组分材料应采用质量计量，水泥及外加剂、掺合料的允许偏差为±0.5%；细骨料的允许偏差为±1%。所用材料的温度应与实验室温度一致。

(2)砌筑砂浆应采用机械搅拌，搅拌用量宜为砂浆搅拌机容量的30%～70%，搅拌时间应符合下列规定：

①水泥砂浆和水泥混合砂浆不得少于120 s。

②水泥粉煤灰砂浆和掺用外加剂的砂浆不得少于180 s。

(3)按砂浆拌和物的稠度确定砂浆试件成型方法：砂浆稠度大于50 mm时宜采用人工插捣，当砂浆稠度不大于50 mm时宜采用振动台振实。

①当采用振动台振实成型时，将砂浆一次装满试模放置到磁吸式振动台上持续振动至表面出浆；

②当采用人工插捣时，将砂浆一次装满试模，用捣棒由边缘向中心按螺旋方式插捣25次。

当砂浆低于试模口时应随时添加砂浆，确保砂浆高出试模口6～8 mm，然后用油灰刀插捣模壁四周数次。待表面水分稍干后，将高出试模部分的砂浆沿试模顶面刮去并抹平，立即用不透水的薄膜覆盖表面。

(4)现场拌制的砂浆应随拌随用，拌制的砂浆应于3 h内使用完毕；当施工期间最高气温超过30 ℃时，应在2 h内使用完毕。

(5)砂浆强度试验以三个试件为一组，砂浆试件的标准养护龄期为28 d(以搅拌加水开始计算)。

7.0.3 术语

砌筑砂浆：将砖、石、砌块等块材经砌筑成为砌体，起黏结、衬垫、传力作用的砂浆。

现场配制砂浆：由无机胶凝材料、细骨料和水，以及根据需要加入的石灰、活性掺合料或外加剂在现场配制成的砂浆，分为水泥砂浆和水泥混合砂浆。

预拌砂浆：由专业生产厂商生产的湿拌砂浆或干混砂浆。

7.0.4 砂浆取样、制样

7.0.4.1 实验室制样

在实验室制备砂浆拌和物时，应采用工程中实际使用的原材料，细骨料应先通过公称粒径为4.75 mm的试验筛。

7.0.4.2 现场取样

建筑砂浆试验用料应从同一盘砂浆或同一车砂浆中取样。取样量应不少于试验所需量的4倍。

施工中取样进行砂浆试验时，其取样方法和原则应按相应的施工验收规范执行。一般在使用地点的砂浆槽、砂浆运送车或搅拌机出料口，至少从三个不同部位取样。现场取来的试样，试验前应人工搅拌均匀。

从取样完毕到开始进行各项性能试验不宜超过15 min。

7.0.4.3 用于检查砌体结构施工质量的砂浆试件应在现场随机取样，取样与试件留置应符合下列规定

(1)每一检验批且不超过250 m^3砌体，每台搅拌机至少抽检一组。验收批为预拌砂浆、蒸压加气混凝土的专用砂浆抽检可为3组。

(2)现场拌制的砂浆每盘只应制作一组试件。

(3)同一验收批砂浆一般不少于3组。

检验批的划分应符合以下规定：

(1)所用的材料类型及设计强度等级相同；

(2)每个检验批不超过 250 m^3 砌体；

(3)主体结构一楼层(基础可按一楼层)，填充墙砌体量少时可多楼层合并。

7.0.5 常规必检项目

砂浆稠度、密度、保水率、立方体抗压强度试验、砂浆配合比。

7.0.6 检测环境要求

试验前应再次检查实验室环境条件、样品状况以及试验所需的仪器设备是否齐备。

实验室的温度应保持在(20±5) ℃。

试件制作后应在室温为(20±5) ℃的环境下静置(24±2) h，试件拆模后应立即放入温度为(20±2) ℃，相对湿度为90%以上的标准养护室中养护。养护期间，试件彼此间隔不小于 10 mm，混合砂浆试件上面应加以覆盖，以防有水滴在试件上。

项目7.1　砂浆拌和物性能试验

7.1.1 砂浆稠度试验

7.1.1.1 试验目的

通过砂浆稠度的测定，控制砂浆拌和物用水量；熟悉标准，掌握测试方法；正确使用仪器与设备，并熟悉其性能。

7.1.1.2 主要仪器设备

(1)砂浆稠度仪(见图 7-1)；

(2)捣棒：直径 10 mm，长 350 mm；

(3)秒表。

7.1.1.3 试验步骤

(1)将滑杆涂刷少量润滑油，用湿布擦净盛浆容器和试锥表面。

(2)将砂浆拌和物一次装入容器，使砂浆表面低于容器口约 10 mm。自中心向边缘插捣 25 次，轻摇容器或敲击 5～6 下后将容器置于稠度测定仪的底座上。

(3)调节螺丝使试锥尖端与砂浆表面接触，指针调至零点。

(4)拧松制动螺丝，同时按下秒表计时，10 s 时拧紧螺丝，将齿条测杆下端接触滑杆上端，从刻度盘上读出下沉深度(精确至 1 mm)，两次读数的差值即为砂浆的稠度值。

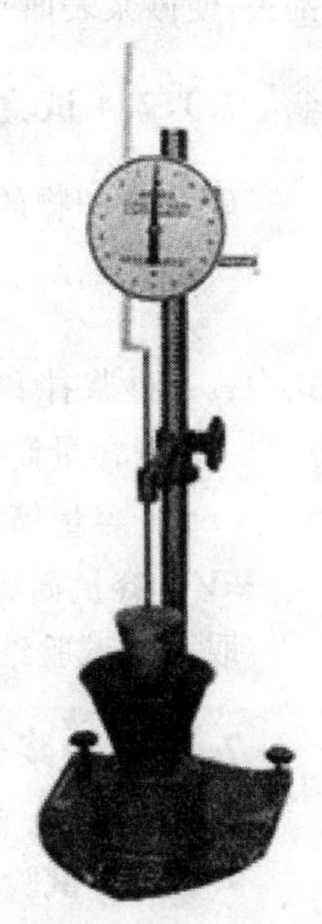

图 7-1　砂浆稠度仪

(5)倒出容器内砂浆,再次取样,重复步骤(2)～(5)。

7.1.1.4 试验结果计算与评定

取两次试验结果的算术平均值,精确至 1 mm。如两次试验值之差大于 10 mm,应重新取样测定。

7.1.2 砂浆密度试验

7.1.2.1 试验目的

通过砂浆密度的测定,确定每立方砂浆拌和物中各组成材料的实际用量;熟悉标准,掌握测试方法;正确使用仪器与设备,并熟悉其性能。

7.1.2.2 主要仪器设备

(1)容量筒:容积为 1 L;
(2)天平:称量 5 kg,感量 5 g;
(3)磁吸式振动台;
(4)捣棒:直径 10 mm,长 350 mm;
(5)秒表。

7.1.2.3 试验步骤

(1)测定砂浆拌和物的稠度后,用湿布擦净容量筒的内表面,称量容量筒质量 m_1,精确至 5 g。

(2)将砂浆一次装满容量筒,用手工或机械的方法捣实或振实,将筒口多余的砂浆拌和物刮去,使砂浆表面平整,再将容量筒外壁擦拭干净,称出砂浆与容量筒总质量 m_2,精确至 5 g。

7.1.2.4 试验结果计算与评定

砂浆拌和物的质量密度应按式(7-1)计算:

$$\rho=\frac{m_2-m_1}{V}\times 1000 \tag{7-1}$$

式中:ρ—砂浆拌和物的质量密度,kg/m³;
m_1—容量筒质量,kg;
m_2—容量筒及试样质量,kg;
V—容量筒容积,L。

取两次试验结果的算术平均值,精确至 10 kg/m³。

7.1.3 砂浆保水性试验

7.1.3.1 试验目的

通过测定砂浆保水性,确保砂浆在运输和停放时的保水能力,不易离析、泌水;熟悉标

准,掌握测试方法;正确使用仪器与设备,并熟悉其性能。

7.1.3.2 主要仪器设备

(1)金属或硬塑料圆环试模:内径 100 mm、内部高度 25 mm。

(2)重物:2 kg。

(3)金属滤网:网格尺寸 45 mm,圆形直径为(110±1) mm。

(4)超白滤纸:中速定性滤纸,直径 110 mm,单位面积质量应为 200 g/m^2。

(5)不透水片:2 片方形或圆形的金属或玻璃,边长或直径大于 110 mm。

(6)天平:量程 200 g,感量 0.1 g;量程 2000 g,感量 1 g。

7.1.3.3 试验步骤

(1)称量底部不透水片与干燥试模质量 m_1(精确至 1 g)、15 片中速定性滤纸质量 m_2(精确至 0.1 g);

(2)将砂浆拌和物一次性填入试模,并用抹刀快速插捣数次后以 45°角一次性刮去试模表面多余的砂浆,再平贴试模表面反方向抹平;

(3)擦去试模边的砂浆,称量试模、底部不透水片与砂浆总质量 m_3(精确至 1 g);

(4)用金属滤网覆盖在砂浆表面,再在滤网表面放上 15 片滤纸,用不透水片盖在滤纸表面,用 2 kg 的重物把不透水片压着,开始计时;

(5)静止 2 min 后移走重物及不透水片,并取出滤纸(不包括滤网),迅速称量滤纸质量 m_4(精确至 0.1 g);

(6)从砂浆的配比及加水量计算砂浆的含水率。或称取(100±10) g 砂浆拌和物试拌,置于一干燥、已称重的盘中,在(105±5) ℃的烘箱中烘干至恒重,计算砂浆含水率。

7.1.3.4 试验结果计算与评定

砂浆保水性应按式(7-2)计算:

$$W=\left[1-\frac{m_4-m_2}{\alpha\times(m_3-m_1)}\right]\times 100\% \qquad (7\text{-}2)$$

式中:W—保水率,%;

m_1—底部不透水片与干燥试模质量,g;

m_2—15 片滤纸吸水前的质量,g;

m_3—试模、底部不透水片与砂浆总质量,g;

m_4—15 片滤纸吸水后的质量,g;

α—砂浆含水率,%。

取两次试验结果的平均值作为砂浆保水率,精确至 0.1%;第二次试验应重新取样测定,如两个测定值之差超过 2%,则此组试验结果无效。

项目7.2 砂浆力学性能检测

7.2.1 建筑砂浆立方体抗压强度试验

7.2.1.1 试验目的

检验砂浆强度，评定砂浆是否满足设计要求。

7.2.1.2 仪器设备

设备主要是压力试验机。

7.2.1.3 试验步骤

(1)试件从养护地点取出后应及时进行试验，将试件表面擦拭干净，测量并记录尺寸，并检查其外观是否符合试验要求。据此计算试件的承压面积，如有缺陷应一并记录。若实训尺寸与公称尺寸之差小于等于1 mm，可按公称尺寸进行计算。

(2)放入试件，开动试验机，连续而均匀地加荷，加荷速度应为0.25～1.5 kN/s(砂浆强度不大于2.5 MPa时，宜取下限，砂浆强度大于2.5 MPa时，宜取上限)，当试件接近破坏而开始迅速变形时，停止调整试验机油门直至试件破坏，记录破坏荷载。

7.2.1.4 试验结果计算与评定

砂浆立方体抗压强度应按式(7-3)计算：

$$f_{m,cu}=\frac{N_u}{A} \tag{7-3}$$

式中：$f_{m,cu}$—砂浆立方体试件抗压强度，MPa；

N_u—试件破坏荷载，N；

A—试件承压面积，mm²。

以三个试件测值的算术平均值的1.35倍(f_2)作为该组试件的砂浆立方体试件抗压强度平均值(精确至0.1 MPa)。

当三个测值的最大值或最小值中如有一个与中间值的差值超过中间值的15%，则把最大值及最小值一并舍去，取中间值作为该组试件的抗压强度值；如两个测值与中间值的差值均超过中间值的15%，则该组试件的试验结果无效。

项目 7.3　砂浆配合比设计

7.3.1 基本规定

（1）M15 及以下强度等级的砌筑砂浆宜选用 32.5 级的通用硅酸盐水泥或砌筑水泥；M15 以上强度等级的砌筑砂浆宜选用 42.5 级通用硅酸盐水泥。

（2）细骨料选用中砂。

（3）掺合料、外加剂应符合国家现行有关标准要求。

（4）砌筑砂浆拌和物的表观密度宜符合表 7-1 规定。

表 7-1　砌筑砂浆拌和物表观密度

单位：kg/m^3

砂浆种类	表观密度
水泥砂浆	≥1900
水泥混合砂浆	≥1800
预拌砌筑砂浆	≥1800

（5）砌筑砂浆施工时的稠度宜符合表 7-2 的规定。

表 7-2　砌筑砂浆的施工稠度

单位：mm

砌体种类	施工稠度
烧结普通砖砌体、粉煤灰砖砌体	70～90
混凝土砖砌体、普通混凝土小型空心砌块砌体、灰砂砖砌体	50～70
烧结多孔砖砌体、烧结空心砖砌体、轻集料混凝土小型空心砌块砌体、蒸压加气混凝土砌块砌体	60～80
石砌体	30～50

（6）砌筑砂浆的保水率应符合表 7-3 规定。

表 7-3　砌筑砂浆保水率

单位：%

砂浆种类	保水率
水泥砂浆	≥80
水泥混合砂浆	≥84
预拌砌筑砂浆	≥88

（7）砌筑砂浆中水泥和石灰膏、电石膏等材料的用量可按表 7-4 选用。

表 7-4　砌筑砂浆的材料用量

单位:kg/m³

砂浆种类	材料用量
水泥砂浆	⩾200
水泥混合砂浆	⩾350
预拌砌筑砂浆	⩾200

(8)水泥砂浆的材料用量可按表 7-5 选用。

表 7-5　每立方水泥砂浆材料用量

单位:kg/m³

强度等级	水泥	砂	用水量
M5	200～230	砂的堆积密度值	270～330
M7.5	230～260		
M10	260～290		
M15	290～330		
M20	340～400		
M25	360～410		
M30	430～480		

注:①当采用细砂或粗砂时,用水量分别去上限或下限;

②稠度小于 70 mm 时,用水量可小于下限。施工现场气候炎热或干燥季节可酌量增加用水量。

(9)水泥粉煤灰砂浆材料用量可按表 7-6 选用。

表 7-6　每立方水泥粉煤灰砂浆材料用量

单位:kg/m³

强度等级	水泥和粉煤灰总量	粉煤灰	砂	用水量
M5	210～240	粉煤灰掺量可占胶凝材料总量的 15%～25%	砂的堆积密度值	270～330
M7.5	240～270			
M10	270～300			
M15	300～330			

注:①表中水泥强度等级为 32.5 级。

②当采用细砂或粗砂时,用水量分别去上限或下限。

③稠度小于 70 mm 时,用水量可小于下限。施工现场气候炎热或干燥季节可酌量增加用水量。

7.3.2 试验目的

通过配合比设计,满足设计和施工要求,保证砂浆质量。在满足砂浆的稠度、保水性、强度的同时节约水泥,降低成本,提供高性能的砂浆拌和物。

7.3.3 主要仪器设备

(1)砂浆搅拌机(见图 7-2);
(2)磁吸式振动台;
(3)台秤:称量 30 kg,感量 5 g;
(4)量水器:500 mL、10 mL,精度为 0.1 mL;
(5)砂浆试模:70.7 mm×70.7 mm×70.7 mm;
(6)砂浆稠度仪;
(7)保水性测定仪;
(8)容积升:1 L。

图 7-2　砂浆搅拌机

7.3.4 砂浆配合比计算

(1)计算砂浆试配强度

$$f_{m,0}=kf_2 \tag{7-4}$$

式中:$f_{m,0}$—砂浆的试配强度,MPa,精确至 0.1 MPa;
　　f_2—砂浆强度等级值,MPa,精确至 0.1 MPa;
　　k—系数,按表 7-7 取值。

表 7-7　砂浆强度标准差 σ 及 k 值

强度等级 施工水平	强度标准差 σ(MPa)							k
	M5	M7.5	M10	M15	M20	M25	M30	
优良	1.00	1.50	2.00	3.00	4.00	5.00	6.00	1.15
一般	1.25	1.88	2.50	3.75	5.00	6.25	7.50	1.20
较差	1.50	2.25	3.00	4.50	6.00	7.50	9.00	1.25

(2)计算每立方米砂浆中的水泥用量

$$Q_c=\frac{1000(f_{m,0}-\beta)}{\alpha \cdot f_{ce}} \tag{7-5}$$

式中：Q_c—每立方米砂浆的水泥用量，kg，精确至1 kg。

f_{ce}—水泥的实测强度，MPa，精确至0.1 MPa。无实测强度及统计资料时可用水泥强度等级值。

α、β—砂浆的特征系数，其中α取3.03，β取−15.09。

(3)计算每立方米砂浆中石灰膏用量

$$Q_D=Q_A-Q_C \tag{7-6}$$

式中：Q_D—每立方米砂浆的石灰膏用量，kg，精确至1 kg。石灰膏使用时的稠度宜为(120±5) mm。

Q_C—每立方米砂浆的水泥用量，kg，精确至1 kg。

Q_A—每立方米砂浆中水泥和石灰膏总量，精确至1 kg，可为350 kg。

(4)确定每立方米砂浆砂用量Q_s，应按干燥状态(含水率小于0.5%)的堆积密度值作为计算值，kg。

(5)按砂浆稠度选取每立方米砂浆用水量Q_w，可根据砂浆稠度等要求选用210～310 kg。

7.3.5 砂浆配合比的试配、调整与确定

(1)试配时应按JGJ/T 70-2009测定砂浆拌和物稠度和保水率，当稠度和保水率不能满足要求时应调整材料用量，直至符合要求，将其确定为实验室初步配合比。在满足试配强度和施工要求的情况下，稠度和水泥用量尽可能取下限。

(2)砌筑砂浆还应根据实验室初步配合比按式(7-7)计算出砂浆拌和物表观密度的理论值ρ_t；与根据混凝土实验室初步配合比试拌的砂浆拌和物表观密度实测值比较，按式(7-8)计算混凝土配合比校正系数δ：

$$\rho_t=Q_C+Q_D+Q_S+Q_W \tag{7-7}$$

$$\delta=\frac{\rho_c}{\rho_t} \tag{7-8}$$

式中，ρ_c—按实验室初步配合比拌和的砂浆拌和物表观密度的实测值，kg/m^3，精确至10 kg/m^3；

ρ_t—按实验室初步配合比计算的砂浆拌和物表观密度的理论值，kg/m^3，精确至10 kg/m^3。

当砂浆拌和物表观密度实测值与理论值之差的绝对值不超过理论值的2%时，初步配合比即可定为砂浆正式配合比；当二者之差超过2%时，应将试配配合比中每项材料用量均乘以校正系数δ，即可求出正式配合比，通常也称为“基准配合比”。

(3)基准配合比是否满足强度要求，需进行强度检验。一般采用三个不同的配合比，其中一个配合比为基准配合比，其余两个配合比的水泥用量应按基准配合比分别增加及减少10%，其余用量不变，测定各自拌和物性能和强度。各种配比应制作一组试件，标准养护至28 d龄期时试压。

附表一 砼、砂浆、芯样力学性能及长期性耐久性委托检测协议书

委托编号：

<table>
<tr><td rowspan="27">客户填写</td><td colspan="2" rowspan="3">委托单位</td><td>名称</td><td colspan="2"></td><td>委托联系人</td><td colspan="2"></td></tr>
<tr><td>地址</td><td colspan="2"></td><td>联系电话</td><td colspan="2"></td></tr>
<tr><td>邮编</td><td colspan="2"></td><td>传真</td><td colspan="2"></td></tr>
<tr><td colspan="2">工程名称</td><td colspan="2"></td><td>拌制单位</td><td colspan="3"></td></tr>
<tr><td colspan="2">施工单位</td><td colspan="2"></td><td>见证单位</td><td colspan="3"></td></tr>
<tr><td colspan="2">见证人签名</td><td colspan="2"></td><td>证书编号</td><td></td><td>联系电话</td><td></td></tr>
<tr><td colspan="2">取样人签名</td><td colspan="2"></td><td>证书编号</td><td></td><td>联系电话</td><td></td></tr>
<tr><td rowspan="9">样品信息</td><td>样品种类</td><td colspan="2"></td><td>拌制方法</td><td></td><td>振捣方法</td><td></td></tr>
<tr><td>试件尺寸</td><td colspan="2"></td><td colspan="2"></td><td colspan="2"></td></tr>
<tr><td>构件部位</td><td colspan="2"></td><td colspan="2"></td><td colspan="2"></td></tr>
<tr><td>养护方式</td><td colspan="2"></td><td colspan="2"></td><td colspan="2"></td></tr>
<tr><td>养护地点</td><td colspan="2"></td><td colspan="2"></td><td colspan="2"></td></tr>
<tr><td>配合比
报告编号</td><td colspan="2"></td><td colspan="2"></td><td colspan="2"></td></tr>
<tr><td>强度等级</td><td colspan="2"></td><td colspan="2"></td><td colspan="2"></td></tr>
<tr><td>成型日期</td><td colspan="2">年 月 日</td><td colspan="2">年 月 日</td><td colspan="2">年 月 日</td></tr>
<tr><td>组 数</td><td colspan="2"></td><td colspan="2"></td><td colspan="2"></td></tr>
<tr><td colspan="2">检测项目</td><td colspan="6">（ ）抗压强度 （ ）抗折强度 （ ）抗渗等级 （ ）其他：</td></tr>
<tr><td colspan="2">检测依据</td><td colspan="6">（ ）《普通砼力学性能试验方法标准》GB/T 50081
（ ）《普通混凝土长期性能和耐久性能试验方法标准》GB 50082
（ ）《建筑砂浆基本性能试验方法标准》JGJ 70
（ ）《钻芯法检测砼强度技术规程》CECS 03:2007
（ ）其他：
注：以上标准均为现行版本，如有不同，请注明。</td></tr>
<tr><td colspan="2">样品处置</td><td colspan="6">（ ）试毕取回 （ ）委托本单位处理 （ ）其他：</td></tr>
<tr><td colspan="2">报告形式</td><td colspan="6">（ ）单页 （ ）精装 （ ）其他：</td></tr>
<tr><td colspan="2">报告发放</td><td colspan="6">（ ）自取 （ ）邮寄： （ ）电话告知结果： （ ）其他：</td></tr>
<tr><td colspan="2">缴费方式</td><td colspan="6">（ ）冲账 （ ）现金 （ ）转账：汇款单位： 缴费确认：</td></tr>
<tr><td colspan="2">其他要求</td><td colspan="6"></td></tr>
<tr><td rowspan="6">检测单位填写</td><td colspan="2">核查样品</td><td colspan="6">是否符合检测要求？（ ）符合 （ ）不符合： （ ）其他：</td></tr>
<tr><td colspan="2">检测类别</td><td colspan="6">（ ）委托检测 （ ）抽样检测 （ ）见证检测 （ ）其他：</td></tr>
<tr><td colspan="2">检测收费</td><td colspan="6">人民币（大写） 拾 万 仟 佰 拾 元 角 分（¥： ）</td></tr>
<tr><td colspan="2">预计完成日期</td><td colspan="3">年 月 日</td><td colspan="2">出具报告份数</td><td>份</td></tr>
<tr><td colspan="2">保密声明</td><td colspan="6">未经客户的书面同意，本单位均不对外披露检测/检查结果等信息。但法律法规另有要求的除外。</td></tr>
<tr><td colspan="2">其他声明</td><td colspan="3"></td><td colspan="2">样品编号/报告编号</td><td></td></tr>
<tr><td>双方确认</td><td colspan="4">客户签名确认本协议内容。

委托人签名：
年 月 日</td><td colspan="4">本单位评审意见：能否满足客户要求？
（ ）满足 （ ）不满足
受理人签名：
年 月 日</td></tr>
</table>

附表二　砼(芯样)、砂浆抗压强度检测记录表

检验依据：

委托编号					检测环境		温度　℃,湿度　%		
样品编号					样品种类				
构件部位					配合比 报告编号				
试样尺寸					强度等级				
成型日期	年　月　日				拌制方法				
检测日期	年　月　日				振捣方法				
龄期(d)					养护方法				
等效养护龄期(d)					养护地点				
试样编号									
试件编号	1	2	3	1	2	3	1	2	3
平整度(mm) $\leqslant 0.0005d$									
垂直度(°) $\leqslant 0.5$									
尺寸(mm) 长度 L_1									
尺寸(mm) 长度 L_2									
尺寸(mm) $\overline{L}$									
尺寸(mm) 宽度 B_1									
尺寸(mm) 宽度 B_2									
尺寸(mm) $\overline{B}$									
样品状态	□符合要求　□不符合：			□符合要求　□不符合：			□符合要求　□不符合：		
承压面面积(mm^2)									
检测结果 破坏荷载 F(kN)									
检测结果 单块强度 f_{cc}(MPa)									
检测结果 强度代表值(MPa)									
尺寸换算系数									
换算后强度代表值(MPa)									
主要仪器设备	编号		仪器名称		型号规格		检验前后设备状况		

检测过程异常情况：

采取控制措施：

校核：　　　　校核日期：　　　　主检：

附表三　混凝土(芯样)、砂浆抗压强度检验报告

工程名称				报告编号	
委托单位				委托编号	
施工单位				委托日期	年　月　日
构件部位				报告日期	年　月　日
强度等级		配合比 报告编号		检验性质	
拌制单位		成型日期	年　月　日	拌制方法	
检测环境	温度：　℃，湿度：　%	检测日期	年　月　日	振捣方法	
试件尺寸 (mm)		龄期(d)		养护方法	
换算系数		等效养护 龄期(d)		养护地点	
见证单位		见证人		证书编号	

样品编号	样品状态	检验结果(MPa)			抗压强度 代表值(MPa)

检验依据		
主要 仪器设备	仪器名称：　　检定证书编号： 仪器名称：　　检定证书编号：	检测单位 （盖章）
说明	1. 报告未盖检测单位“检测报告专用章”无效，复制无效； 2. 对本报告如有异议请于收到报告后 15 日内(以签字或邮戳为准)通知本公司。	

批准：　　　　审核：　　　　校核：　　　　主检：

附表四　混凝土、砂浆配合比委托检测协议书

委托编号：

委托方填写	委托单位	名称						委托联系人			
		地址						联系电话			
		邮编						传真			
	工程名称										
	施工单位										
	见证单位										
	见证人签名		年　月　日		证书编号			联系电话			
	取样人签名		年　月　日		证书编号			联系电话			
	样品信息	水泥		砂		石		掺合料		外加剂	
		厂名商标		种类		种类		种类		种类	
		品种强度		细度模数		粒径		厂名		厂名	
		出厂日期						型号		型号	
		出厂编号						掺量		掺量	
		检验报告编号		检验报告编号		检验报告编号		合格证号		合格证号	
		样品数量		样品数量		样品数量		样品数量状态		样品数量状态	
	设计要求	砼、砂浆种类		设计强度等级		坍落度或稠度		搅拌方法		振捣方法	
		结构部位				其他					
	见证编号					见证人		月　日　时　分			
	检测项目	（　）配合比设计　（　）其他：									
	检测依据	（　）《普通砼配合比设计规程》JGJ 55 （　）《砌筑砂浆配合比设计规程》JGJ 98 （　）其他： 注：以上标准均为现行版本，如有不同，请注明。									
	样品处置	（　）试毕取回　（　）委托本单位处理　（　）其他：									
	报告形式	（　）单页　（　）精装　（　）其他：									
	报告发放	（　）自取　（　）邮寄：　（　）电话告知结果　（　）其他：									
	其他要求										
检测单位填写	核查样品	是否符合检测要求？（　）符合　（　）不符合：　（　）其他：									
	检测类别	（　）委托检测　（　）抽样检测　（　）见证检测　（　）其他：									
	检测收费	人民币（大写）　拾　万　仟　佰　拾　元　角　分（￥：　）									
	预计完成日期	年　月　日				出具报告份数		份			
	保密声明	未经客户的书面同意，本单位均不对外披露检测/检查结果等信息。但法律法规另有要求的除外。									
	其他声明					样品编号/报告编号					
双方确认	客户签名确认本协议内容。 委托人签名： 年　月　日					本单位评审意见：能否满足客户要求？ （　）满足　（　）不满足 受理人签名： 年　月　日					

附表五 砂浆配合比设计检验记录表(一)

检验依据：

委托编号		样品编号		拌和用水		环境条件	温度： ℃，湿度： %	检测日期	年 月 日
设计要求	结构部位			稠度	mm	其他		拌制方法	
	设计强度等级			其他		其他		振捣方法	

原材料情况	水泥		砂		掺合料		外加剂 1		外加剂 2		其他	
	厂名商标		种类		种类		种类		种类			
	品种强度		细度模数		厂名		厂名		厂名			
	出厂日期				型号		型号		型号			
	报告编号				稠度		建议掺量		建议掺量			
	实测强度	MPa	报告编号		合格证号		合格证号		合格证号			
样品数量		kg		kg		kg		kg		kg		kg
样品状态												

初步配合比计算

(1)取 $k=$ ，则 $f_{m,0} \geqslant k f_2=$ MPa

(2)取 $f_{ce}=$ ，$\alpha=$ ，$\beta=$ MPa，则 $Q_c=\dfrac{1000(f_{m,0}-\beta)}{\alpha \cdot f_{ce}}=$

(3)选用 $Q_A=$ kg/m³，则 $Q_D=$ kg/m³

(4)选用用水量 kg/m³

(5)确定配合比，取

(6)确定搅拌量 m³，计算各原材料试拌用量，并检验砂浆拌和物性能

砂含水率测定	试样 1	试样 2	石灰膏、电石膏稠度测定	试样 1	试样 2
湿砂质量 m_2	g	g	初始读数	mm	mm
干砂质量 m_1	g	g	10s 后读数	mm	mm
砂含水率	%	%	稠 度	mm	mm
平均值		%	平均值		mm

单位：kg/m³	水	水泥	砂	掺合料	外加剂 1	外加剂 2	水	水泥	砂	掺合料	外加剂 1	外加剂 2
计算用量												
试拌用量												

校核： 校核日期： 主检：

附表五　砂浆配合比设计检验记录表(二)

检验依据：

委托编号		样品编号		环境条件	温度：　℃，湿度：　%	养护室	温度：　℃，湿度：　%；详见养护室温湿度记录

拌和物性能	稠度(mm)		含水率(%)	保水率试样 1				保水率试样 2			
	试样 1	试样 2		m_1	m_2	m_3	m_1	m_1	m_2	m_3	m_1
试拌											
				$W_1=$	%，$W_2=$		%	$W=$			%
调整 1											
				$W_1=$	%，$W_2=$		%	$W=$			%
调整 2											
				$W_1=$	%，$W_2=$		%	$W=$			%
调整 3											
				$W_1=$	%，$W_2=$		%	$W=$			%

调整方法	材料用量	调整后(kg/m³)							
		水	水泥	砂	掺合料	外加剂 1	外加剂 2		
调整 1	计算								
	试拌								
调整 2	计算								
	试拌								
调整 3	计算								
	试拌								
基准配合比(kg/m³)									

	容量筒体积	试样质量	实测容重	理论容重	修正值	平均修正值
试样 1	L	kg	kg/m³	kg/m³		
试样 2	L	kg	kg/m³	kg/m³		

配合比试验

	水(kg/m³)	水泥(kg/m³)	砂(kg/m³)	掺合料(kg/m³)	外加剂 1(kg/m³)	外加剂 2(kg/m³)	检测过程异常情况及采取控制措施
A 组							
B 组							
C 组							

主要仪器设备	编号	仪器名称	规格型号	编号	仪器名称	规格型号	编号	仪器名称	规格型号	检验前后设备状况

校核：　　　　校核日期：　　　　主检：

附表五　砂浆配合比设计检验记录表(三)

检验依据：

委托编号		设计强度等级		试件尺寸		环境条件	温度：　　℃，湿度：　　%
结构部位		成型日期		养护方法		养护地点	温度：　　℃，湿度：　　%；详见养护室温湿度记录

	A组						B组						C组					
破型日期	月　　日			月　　日			月　　日			月　　日			月　　日			月　　日		
龄期	d			28 d			d			28 d			d			28 d		
试件编号	A-1	A-2	A-3	A-4	A-5	A-6	B-1	B-2	B-3	B-4	B-5	B-6	C-1	C-2	C-3	C-4	C-5	C-6
长度 L_1 (mm)																		
长度 L_2 (mm)																		
$\overline{L}$ (mm)																		
宽度 B_1 (mm)																		
宽度 B_2 (mm)																		
$\overline{B}$ (mm)																		
支座跨距 (mm)																		
样品状态																		
破坏荷载 F(kN)																		
单块强度 f_{cc}(MPa)																		
强度代表值 (MPa)																		
检测前后设备状况							检测过程异常情况及采取控制措施											
主要仪器设备	编号		仪器名称		规格型号		编号		仪器名称		规格型号		编号		仪器名称		规格型号	

实验室配合比

y ↑ → x

A组：$R_{28}=$　　MPa，$Q_C=$	$f_{m,0}=$　　MPa $Q_C=$　　kg/m³ $Q_D=$　　kg/m³
B组：$R_{28}=$　　MPa，$Q_C=$	
C组：$R_{28}=$　　MPa，$Q_C=$	

实验室配合比每立方用量(kg/m³)及质量比

水	水泥	砂	掺合料	外加剂 1	外加剂 2

校核：　　　　　　校核日期：　　　　　　主检：

附表六　砂浆配合比设计报告

工程名称		设计强度等级		环境条件		报告编号	
委托单位		稠度(mm)		养护地点		委托编号	
施工单位		拌制方法		养护室温度条件		委托日期	年　月　日
使用部位		振捣方法		养护室湿度条件		报告日期	年　月　日
见证单位		见证人		证书编号		检验性质	

原材料情况

水泥		砂		掺合料		外加剂 1		外加剂 2	
厂别商标		种类		种类		种类		种类	
品种强度		细度模数		厂名		厂名		厂名	
出厂日期		堆积密度		型号		型号		型号	
出厂编号	NO.			稠度	mm	建议掺量	%	建议掺量	%
检验报告编号		检验报告编号		合格证号		合格证号		合格证号	

设计配合比

原材料名称	水	水泥	砂	掺合料	外加剂 1	外加剂 2
质量(kg/m³)						
质量比						
检验依据						

主要仪器设备	检验仪器：　检定证书编号： 检验仪器：　检定证书编号： 检验仪器：　检定证书编号：	试验单位 (公章)
说明	1. 报告未盖检测单位“检测报告专用章”无效，复制无效； 2. 对本报告如有异议请于收到报告后 15 日内(以签字或邮戳为准)通知本公司。	

批准：　　　　审核：　　　　校核：　　　　主检：

建筑用钢检测

钢材是建筑上的主要结构材料，建筑工程中所使用的建筑钢材主要有两类：一类是钢筋混凝土用钢材，如各类的钢筋、钢丝、钢绞线等；另一类是钢结构用钢材，如各种型钢、钢板、钢管等。工程上常用的检测项目有拉伸试验、冷弯试验、反复弯曲试验、化学成分、弹性模量测定、表面质量和重量偏差等。

实训目标：通过对建筑用钢各项指标的检测，了解建筑用钢的种类、牌号、命名原则；掌握取样方法，正确划分检验批；能够正确安全地使用设备对建筑用钢及其焊接件的力学性能、工艺性能等进行检测，并能依据相应标准规范做出评定；能够正确填写委托单，记录检测原始数据，培养出具及审阅检测报告的能力。

8.0　实训准备

8.0.1 建筑用钢检测试验执行标准

GB/T 700-2006	碳素结构钢
GB/T 699-1999	优质碳素结构钢
GB/T 1591-2008	低合金高强度结构钢
GB/T 2975-1998	钢及钢产品　力学性能试验取样位置及试样制备
GB/T 28900-2012	钢筋混凝土用钢材试验方法
GB/T 228.1-2010	金属材料室温拉伸试验方法
GB/T 232-2010	金属材料弯曲试验方法
GB/T 238-2013	金属材料　线材　反复弯曲试验方法
GB/T 235-2013	金属材料厚度等于或小于 3 mm 薄板和薄带反复弯曲试验方法
JGJ/T 27-2001	钢筋焊接接头试验方法标准
GB/T 2651-2008	焊接接头拉伸试验方法
GB/T 2653-2008	焊接接头弯曲试验方法
JGJ 18-2012	钢筋焊接及验收规程

续表

JGJ 107-2010	钢筋机械连接技术规程
GB/T 17505-1998	钢及钢产品交货一般技术要求
GB/T 247-2008	钢板和钢带包装、标志及质量证明书的一般规定
GB/T 2101-2008	型钢验收、包装、标志及质量证明书的一般规定
GB/T 14981-2009	热轧圆盘条尺寸、外形、重量及允许偏差
GB/T 702-2008	热轧钢棒尺寸、外形、重量及允许偏差
GB/T 709-2006	热轧钢板和钢带的尺寸、外形、重量及允许偏差
GB/T 708-2006	冷轧钢板和钢带的尺寸、外形、重量及允许偏差
GB/T 701-2008	低碳钢热轧圆盘条
GB 1499.1-2008/XG1-2012	钢筋混凝土用钢第一部分:热轧光圆钢筋 钢筋混凝土用钢第一部分:热轧光圆钢筋国家标准第1号修改单
GB 1499.2-2007/XG1-2009	钢筋混凝土用钢第二部分:热轧带肋钢筋 钢筋混凝土用钢第二部分:热轧带肋钢筋第1号修改单
GB/T 1499.3-2010	钢筋混凝土用钢第三部分:钢筋焊接网
GB/T 20065-2006	预应力混凝土用螺纹钢筋
GB/T 21839-2008	预应力混凝土用钢材试验方法
GB 13788-2008	冷轧带肋钢筋
GB/T 5223-2002/XG2-2008	预应力混凝土用钢丝
GB/T 5224-2003/XG1-2008	预应力混凝土用钢绞线

8.0.2 术语、符号

室温:10～35 ℃,严格时为(23±5 ℃)。

标距:测量伸长用的试样圆柱或棱柱部分的长度。

原始标距(L_0):施力前的试样标距。

断后标距(L_u):试样断裂后的标距。

平行长度(L_c):试样两头部或两夹持部分(不带头试样)之间平行部分的长度。

伸长:试验期间任一时刻原始标距 L_0 的增量。

伸长率 δ:原始标距的伸长与原始标距 L_0 之比的百分率。

断后伸长率(A):断后标距的残余伸长(L_u-L_0)与原始标距 L_0 之比的百分率。

断裂总伸长率(A_t):断裂时刻原始标距的总伸长(弹性伸长加塑性伸长)与原始标距 L_0 之比的百分率。

最大力伸长率(A_{gt}):最大力时原始标距的伸长与原始标距 L_0 之比的百分率。

断面收缩率(Z):断裂后试样横截面积的最大缩减量(S_0-S_u)与原始横截面积 S_0 之比的百分率。

最大力(F_m):试样在屈服阶段之后所能抵抗的最大力。对于无明显屈服(连续屈服)的

金属材料，为试验期间的最大力。

应力(R)：试验期间任一时刻的力除以试样原始横截面积 S_0 之商。

抗拉强度(R_m)：相应最大力 F_m 的应力。

屈服强度：当金属材料呈现屈服现象时，在试验期间达到塑性变形发生而力不增加的应力点，应区分上屈服强度和下屈服强度。

上屈服强度(R_{eH})：试样发生屈服而力首次下降前的最高应力。

下屈服强度(R_{eL})：在屈服期间，不计初始瞬时效应时的最低应力。

8.0.3 检验批的划分、取样、制样

8.0.3.1 检验批的划分

钢材应成批验收，出厂时应有出厂证明或试验报告单。验收时应抽样做机械性能试验，如拉伸试验和冷弯试验。钢筋在使用中若有脆断、焊接性能不良或机械性能显著不正常时，还应进行化学成分分析。验收时包括尺寸、表面及质量偏差等检验项目。

各种钢材检验批的划分和试样数量详见表 8-1。

表 8-1　钢材检验批划分和试样数量

种类	代表数量	取样方法
碳素结构钢	每批由同一牌号、同一炉号、同一质量等级、同一品种、同一尺寸、同一交货状态的钢材组成，每批重量不大于 60 t	随机抽取拉伸试件 1 个，弯曲试件 1 个，化学分析 1 个，冲击试验 3 个
优质碳素结构钢	每批由同一炉号、同一加工方法、同一尺寸、同一交货状态和同一表面状态的钢材组成，每批重量不大于 60 t	随机抽取拉伸试件 2 个，化学分析 1 个。尺寸、外形、表面逐根检查
低合金高强度结构钢	每批由同一牌号、同一炉号、同一质量等级、同一规格、同一轧制制度或同一热处理制度的钢材组成，每批重量不大于 60 t	随机抽取拉伸试件 1 个，弯曲试件 1 个，化学分析 1 个，重量偏差 5 个。尺寸、外形、表面逐张(件)检查
热轧光圆钢筋 热轧带肋钢筋	每批由同一牌号、同一炉号、同一尺寸的钢筋组成，每批重量不大于 60 t。超过 60 t 的部分，每增加 40 t 增加一个拉伸试件、一个弯曲试件	随机抽取拉伸试件 2 个，弯曲试件 2 个，化学分析 1 个。尺寸、外形、表面逐根检查
冷轧带肋钢筋	每批由同一牌号、同一外形、同一规格、同一生产工艺和同一交货状态的钢筋组成，每批重量不大于 60 t	随机抽取每盘拉伸试件 1 个，每批弯曲试件(反复弯曲试件)2 个，重量偏差每盘 1 个。尺寸、表面逐盘检查
钢筋机械连接	每批由同一施工条件下采用的同一批材料的同等级、同型式、同规格接头，每批数量不大于 500 个	随机抽取拉伸试件 3 个

续表

种类	代表数量	取样方法
电弧焊	每批由同牌号钢筋、同型式接头（房屋结构中应不超过二楼层），每批数量不大于300个	随机抽取拉伸试件3个
电渣压力焊	每批由同牌号钢筋接头（房屋结构中应不超过二楼层），每批数量不大于300个	随机抽取拉伸试件3个
气压焊	每批由同牌号钢筋接头（房屋结构中应不超过二楼层），每批数量不大于300个	随机抽取拉伸试件3个，梁板的水平钢筋连接还需另抽取弯曲试件3个
闪光对焊	每批由同一台班、同一焊工完成的同一牌号、同一直径钢筋焊接接头，每批数量不大于300个	随机切取拉伸试件3个，弯曲试件3个
钢筋焊接骨架焊接网	每批由钢筋牌号、直径及尺寸相同的焊接骨架和焊接网为同一类型制品，每批数量不大于300件	随机抽取剪切试件3个

8.0.3.2 取样、制样

不同品种不同试验取样的要求和数量都不尽相同，试样的形状与尺寸取决于要被试验的钢产品的形状与尺寸。在钢产品不同位置取样时，力学性能会有差异。应在外观尺寸合格的钢产品上取样，取样时应做出标记，以保证始终能识别确定取样的位置和方向。取样应避免由于机加工使钢表面产生硬化及过热而改变其力学性能，应使试样的表面质量、形状和尺寸满足相应的试验方法要求。

(1)钢筋原材取样时，自每批钢筋中任取两根截取拉伸试样及截取冷弯试样。其中每根钢筋取一拉伸、一弯曲试件。截取时从每根钢筋的端头，截除500～1000 mm钢筋后再取样。钢筋拉伸及弯曲试验使用的试样不允许进行车削加工。

(2)焊接取样时，应在接头外观质量检查合格后的检验批中随机切取规定数量的试件进行试验，具体数量详见表8-1。

8.0.4 必检项目

必检项且有重量偏差、力学性能、工艺性能检验。

8.0.5 检测环境要求

试验应在10～35 ℃的温度下进行，否则应在报告中注明。

【工程实例】某实验楼现场购进一批HPB300 $d=10$ mm钢筋20.83 t；HRB400E $d=20$ mm钢筋66.29 t，请根据相关标准规范进行验收，并见证取样送检。

【分析】根据检验批划分规则，HPB300 $d=10$ mm钢筋20.83 t，小于60 t，只有一个检

验批。HRB400E d=20 mm 钢筋 66.29 t,大于 60 吨,需两个检验批。

应先进行外观检查,随机在检查合格的钢筋上按要求截取试样。其中重量偏差试件 5 根、拉伸 2 根、弯曲 2 根进行试验。

项目 8.1 样品外观检查、尺寸测量、重量偏差检验

8.1.1 样品的外观检查

8.1.1.1 原材样品

钢材表面不得有裂纹、结疤和折叠,表面凸块和它缺陷的深度和高度不得大于所在部位尺寸的允许偏差(冷拔低碳钢丝、预应力钢筋混凝土用钢丝表面不得有裂纹、小刺和影响力学性质的锈蚀及机械损伤等)。

8.1.1.2 焊接样品

焊接接头处无肉眼可见裂纹,无烧伤缺陷,焊缝饱满;轴线偏移符合要求。

8.1.2 样品尺寸测量

试样的原始横截面积测定的准确性直接影响性能测定的结果,原始横截面积的测定误差是影响最终测定结果的重要因素之一。测量时宜在试样平行长度中心区域以足够的点数测量试样的相关尺寸。

原始横截面积 S_0 是平均横截面积,是根据测量试样的原始尺寸计算的,并至少保留4 位有效数字。

8.1.2.1 圆形试样

在标距两端 50 mm 及中间三处横截面上互相垂直两个方向测量直径 d,精确至 0.1 mm,分别计算出三处测量直径的算术平均值,取其最小值作为测量代表值,分别计算横截面积,取三处测得横截面积的平均值作为试样原始横截面积,至少保留 4 位有效数字。圆形横截面试样原始直径允许误差不得超过±0.5%。按式(8-1)计算原始横截面积:

$$S_0=\frac{1}{4}\pi d^2 \tag{8-1}$$

8.1.2.2 矩形横截面试样

在标距的两端及中间三处横截面上测量宽度 a 和厚度 b,取三处测得横截面积的平均值作为试样原始横截面积。矩形横截面试样原始横截面积测定误差不得超过±2%,宽度的测量误差不应超过±0.2%。按式(8-2)计算横截面积:

$$S_0=ab \tag{8-2}$$

8.1.3 重量偏差检验

测量重量偏差时应从外观检验合格的不同根钢筋上截取不少于 5 支，每支试样长度不小于 500 mm。长度应逐支测量，精确到 1 mm。测量试样总重量时，应精确到不大于总重量的 1%。按式(8-3)计算钢筋实际重量与理论重量的偏差，精确至 1%，判定是否符合标准要求。

$$\text{重量偏差}=\frac{\text{试样实际总重量}-(\text{试样总长度}\times\text{理论重量})}{\text{试样总长度}\times\text{理论重量}}\times 100\% \tag{8-3}$$

项目 8.2 金属材料室温拉伸试验

8.2.1 试验目的

通过测定钢产品试样的屈服强度、抗拉强度与伸长率，观察拉力与变形之间的变化，确定应力与应变之间的关系曲线，评定试样的质量。

8.2.2 主要仪器设备

(1)拉力试验机或万能材料试验机：示值误差±1%。试验时应根据钢筋的级别和直径预估最大力，合理选择适配的拉力试验机或万能试验机及其量程，使试验时达到最大荷载时，示值在量程的 20%～80%之间。

(2)钢筋标距仪。

(3)游标卡尺：精度为 0.02 mm。

(4)钢直尺：精度为 1 mm。

(5)电子天平：最小分度不大于总重量的 1%，精确至 1 g。

8.2.3 试样制备

拉伸试验用试件不得进行车削加工，用钢筋标距仪标出等分小冲点或细画线作为试件原始标距，测量标距长度 L_0，精确至 0.02 mm，见图 8-1。根据钢筋的公称直径按图 8-1 选取公称横截面积(mm^2)。

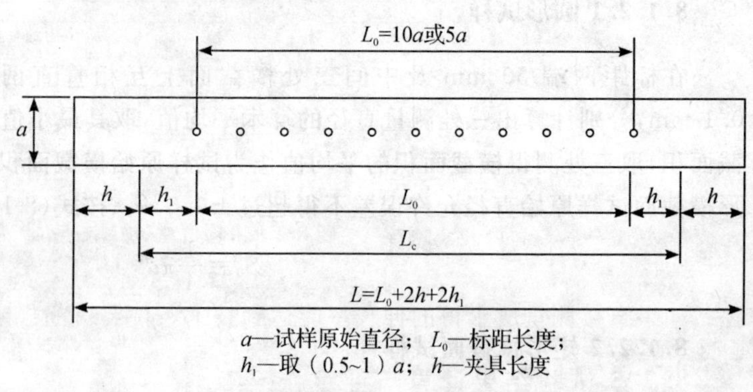

图 8-1 钢筋拉伸试样

8.2.4 试验步骤

(1)检查试件外观，钢筋两端是否平整，清理表面异物，初步测量试样长度是否符合标准

要求。

(2)测量试件尺寸,计算原始横截面积。

(3)逐根量取试样长度,并记录;将试样放置在已清零的电子天平上,称总重量并记录(焊接试样不用测重量偏差)。

(4)根据试件横截面积和强度等级,估算试件的破坏荷载,选用试验机量程,将试件上端固定在试验机上夹具内,调整试验机零点,装好描绘器、纸、笔等,再用下夹具固定试件下端。

(5)开动试验机,平稳加荷,控制速率:屈服前应力增加速度为 6～60 MPa/s,在测力度盘指针停止转动时的恒定荷载,或第一次回转时的最小荷载,即为屈服荷载。向试件继续加荷直至试件拉断,读出最大荷载。

(6)测量试件拉断后的标距长度 L_1:将已拉断的试件两端在断裂处仔细配接在一起,尽量使其轴线位于同一条直线上,并采取特别保护措施确保试样断裂部分充分适当接触后测量试件断后标距。

原则上只有断裂处与最接近的标记距离原始标距 L_0 的 1/3 方为有效,可用游标卡尺直接量出 L_1。但断后伸长率大于等于标准规定值,不论断裂位置处于何处,测量均有效。如拉断处距离邻近标距端点小于或等于原始标距 L_0 的 1/3 时,可按下述移位法确定 L_1:在长段上自断点起,取等于短段格数得 B 点,再取等于长段所余格数(偶数如图 8-2)之半得 C 点;或者取所余格数(奇数如图 8-2)减 1 与加 1 之半得 C 与 C_1 点,则移位后的 L_1 分别为 $AB+2BC$ 或 $AB+BC+BC_1$。

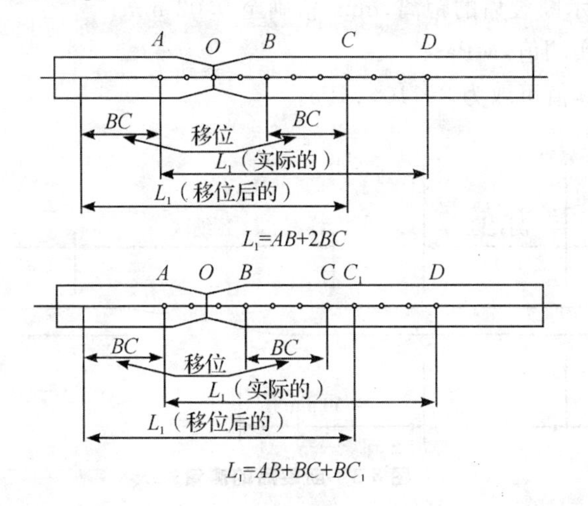

图 8-2　用移位法计算标距

如果直接测量所求得的伸长率能达到技术条件要求的规定值,则可不采用移位法。

8.2.5 试验结果计算与评定

(1)钢筋的屈服点 R_{eL} 和抗拉强度 R_m 分别按式(8-4)、式(8-5)计算:

$$R_{eL}=\frac{F_S}{S_0} \tag{8-4}$$

$$R_m=\frac{F_b}{S_0} \tag{8-5}$$

式中：R_{eL}、R_m—分别为钢筋的屈服点和抗拉强度，MPa；

F_S、F_b—分别为钢筋的屈服荷载和最大荷载，N；

S_0—试件的公称横截面积(mm^2)。

当 R_{eL}、R_m 大于 1000 MPa 时，应计算至 10 MPa，按"四舍六入五单双法"修约；当 R_{eL}、R_m 为 200～1000 MPa 时，计算至 5 MPa，按"二五进位法"修约；当 R_{eL}、R_m 小于 200 MPa 时，计算至 1 MPa，小数点数字按"四舍六入五单双法"处理。

(2)钢筋的伸长率 A 按式(8-6)计算：

$$A=\frac{L_u-L_0}{L_0}\times 100\% \tag{8-6}$$

式中：A—断后伸长率，%，精确至 0.5%；

L_0—原标距长度，mm，一般取 $5d$ 或 $10d$；

L_u—试件拉断后直接量出或按移位法的标距长度，mm，精确至 0.02 mm。

(3)钢筋最大力总伸长率 A_{gt} 按式(8-7)计算：

$$A_{gt}=\frac{L-L_0}{L_0}+\frac{R_m^0}{E}\times 100\% \tag{8-7}$$

式中：A_{gt}—最大力伸长率，%，精确至 0.5%；

L_0—试验前同样标记的距离，mm；

L—如图 8-3 所示断裂后的距离，mm，精确至 0.02 mm；

R_m^0—抗拉强度实测值，MPa；

E—弹性模量，其值可取为 2×10^5 MPa。

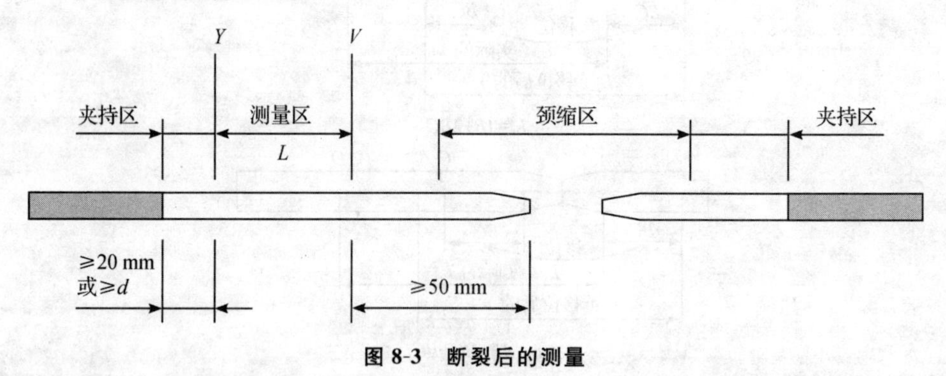

图 8-3　断裂后的测量

(4)结果评定

①若有一根不满足相应标准要求，则从同一批中再取双倍试样进行不合格项目的复验，如复验结果仍有不合格，则判定为不合格品，所检项目不符合指标要求。

②如试件断在标距外或断在机械刻画的标距标记上，且断后伸长率小于规定的最小值，则试验结果无效，应重做同样数量试样的试验。

③试验后试样出现两个或两个以上的缩颈以及分层、气泡、夹渣、缩孔等，应在试验记录和报告中注明。

项目 8.3　金属材料弯曲试验

8.3.1 试验目的

测定钢筋在冷加工时承受规定弯曲程度的弯曲变形，显示其缺陷，评定钢筋工艺性能是否合格。

8.3.2 主要仪器设备

主要仪器是压力机或万能试验机：具有两支承辊，支辊间距离可以调节；具有不同直径的弯心。

8.3.3 试件制备

试件长度根据试样厚度和所使用的试验设备确定，采用如图 8-4 所示弯曲装置时可取 $L=0.5\pi(d+a)+140$ mm（π 取 3.1）。试件可由试样两端截取。切割线与试样实际边距离不小于 10 mm。试样中间 1/3 范围之内不准有凿、冲等工具所造成的伤痕或压痕。试件可在常温下用锯、车的方法截取，试样不得进行车削加工。

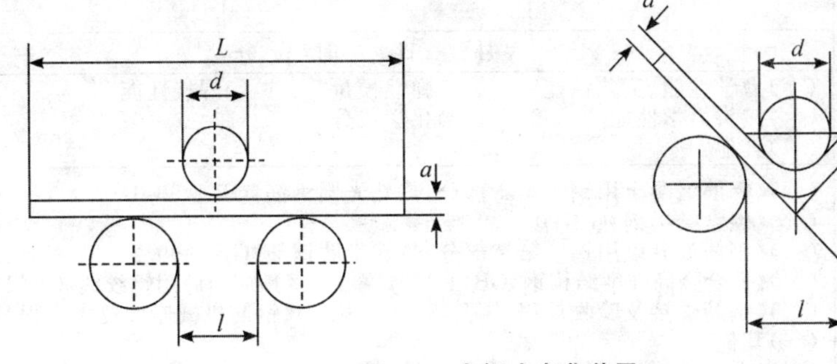

图 8-4　支辊式弯曲装置

8.3.4 试验步骤

（1）按图 8-4 调整两支辊之间的距离，使 $l=(d+3a)\pm0.5a$。

（2）选用合适弯心压头直径 d。Ⅰ级钢筋 $d=a$；Ⅱ级钢筋 $d=3a$（$a=8\sim25$ mm）和 $d=4a$（$a=28\sim40$ mm）；Ⅲ级钢筋 $d=4a$（$a=8\sim25$ mm）和 $d=5a$（$a=28\sim40$ mm）；Ⅳ级钢筋 $d=6a$（$a=10\sim25$ mm）和 $d=7a$（$a=28\sim30$ mm）。

（3）将试件装好后，平衡缓慢地加荷。在荷载作用下，钢筋贴着冷弯压头，弯曲到要求的角度，如图 8-4 所示。Ⅰ、Ⅱ级钢筋$=180°$，Ⅲ、Ⅳ级钢筋$=180°$。

8.3.5 试验结果计算与评定

检查试件弯曲的外缘和侧面，如无肉眼所见裂纹、断裂或起层，则评定为合格。

若有一根不满足相应标准要求，则从同一批中再取双倍试样进行不合格项目的复验，如复验结果仍有不合格，则判定为不合格品，所检项目不符合指标要求。

附表一　钢材委托检测协议书

委托编号：

客户填写	委托单位	名称			委托联系人		
		地址			联系电话		
		邮编			传真		
	工程名称						
	施工单位						
	见证单位						
	见证人签名			证书编号		联系电话	
	取样人签名			证书编号		联系电话	
	使用部位						
	种类规格						
	厂别						
	生产厂名 （机械连接厂名）						
	代表数量 及样品数量						
	出厂合格证编号						
	母材检验编号						
	炉罐号/牌号						
	操作人及证号						
	见证编号						
	见证人	月　　日　　时　　分					
	检测项目	（　）力学性能、工艺性能　（　）弹性模量　（　）焊接性能 （　）接头力学性能　（　）化学成分 （　）其他：					
	检测依据	（　）《钢筋混凝土用钢　第1部分：热轧光圆钢筋》GB 1499.1 （　）《碳素结构钢》GB700 （　）《钢筋混凝土用钢　第2部分：热轧带肋钢筋》GB 1499.2 （　）《低合金高强度结构钢》GB/T 1591　（　）《预应力砼用钢绞线》GB/T 5224 （　）《钢筋焊接及验收规程》JGJ 18　（　）《钢筋机械连接技术规程》JGJ 107 （　）其他： 注：以上标准均为现行版本，如有不同，请注明。					
	样品处置	（　）试毕取回　（　）委托本单位处理　（　）其他：					
	报告形式	（　）单页　（　）精装　（　）其他：					
	报告发放	（　）自取　（　）邮寄：　（　）电话告知结果：　（　）其他：					
	缴费方式	（　）冲账　（　）现金　（　）转账：汇款单位：　缴费确认：					
	其他要求						
本站填写	核查样品	是否符合检测要求？（　）符合　（　）不符合：　（　）其他：					
	检测类别	（　）委托检测　（　）抽样检测　（　）见证检测　（　）其他：					
	检测收费	人民币（大写）　拾　万　仟　佰　拾　元　角　分（￥：　）					
	预计完成日期	年　月　日		出具报告份数		份	
	保密声明	未经客户的书面同意，本单位均不对外披露检测/检查结果等信息。但法律法规另有要求的除外。					
	其他声明			样品编号/报告编号			
双方确认	客户签名确认本协议内容。 委托人签名： 年　月　日			本单位评审意见：能否满足客户要求？ （　）满足　（　）不满足 受理人签名： 年　月　日			

附表二 钢筋力学性能检验记录表

检验依据：

委托编号		使用部位				检测环境		检测日期			
样品编号	1	2	3	4	5	总长度(mm)	总重量(g)	重量偏差(%)	厂别、种类规格	出厂合格证编号	炉罐号	样品数量及状态
长度(mm)												
重量(g)												
样品编号												
长度(mm)												
重量(g)												
样品编号												
长度(mm)												
重量(g)												

样品编号	公称直径 d (mm)	公称面积 S (mm^2)	屈服点 R_{eL} (MPa)		抗拉强度 R_m (MPa)		断后伸长率 A(%)			最大力下总伸长率 A_{gt}(%)			破坏状态	弯曲试验			实测强度比值		代表数量(t)
量程			荷载(kN)	强度(MPa)	荷载(kN)	强度(MPa)	原始标距 L_0 (mm)	断后标距 L_u (mm)	A (%)	总延伸 ΔL_m	引伸计标距 L_e (mm)	A_{gt} (%)		弯心直径(mm)	弯曲角度(°)	结果	R_m/R_e	R_e/R_{ek}	
kN																			
kN																			
kN																			

结论	样品编号	试样：	主要仪器设备	编号	仪器名称	规格型号
	样品编号	试样：				
	样品编号	试样：				
检测过程异常情况及采取控制措施			检验前后设备状况			
说明	$S=\pi(d/2)^2$ $A=(L_u-L_0)/L0$ $R_e=F_e/S$ $R_m=F_m/S$ $L=0.5\pi(d+a)+140$ mm $l=(d+3a)\pm0.5a$					

校核：　　　　校核日期：　　　　主检：

附表三　钢筋力学性能试验报告

工程名称		检验性质		报告编号	
施工单位		见证人		委托编号	
委托单位		证书编号		委托日期	
结构部位		见证单位		报告日期	

试验编号	公称直径(mm)	重量偏差(%)	屈服点 R_{eL}(MPa)	抗拉强度 R_m(MPa)	断后伸长率 A(%)	最大力下总伸长率 A_{gt}(%)	弯曲直径(mm)	弯曲角度(°)	冷弯结果	实测强度比值		序号	厂别种类规格	炉罐号	出厂合格证号	代表数量(t)
										R_m/R_{eL}	R_{eL}/R_{ek}					
												1				
												2				
												1				
												2				
												1				
												2				

检验依据			主要仪器设备					
结论	样品编号	试样：	编号	仪器名称	规格型号	编号	仪器名称	规格型号
	样品编号	试样：						
	样品编号	试样：						
说明	1. 报告未盖检测单位“检测报告专用章”无效，复制无效； 2. 对本报告如有异议请于收到报告后 15 日内(以签字或邮戳为准)通知本公司。					试验单位 (公章)		

批准：　　　　审核：　　　　校核：　　　　主检：

建筑石油沥青性能检测

沥青是一种憎水性的有机胶结材料，它具有良好的黏结性、塑性、不透水性和耐化学腐蚀性，使得沥青既可以作为像水泥一样的胶凝材料，将砂石骨料等黏结在一起，制成沥青混凝土用于路面铺设和加固，也可以制成防水剂、防腐剂、密封嵌缝材料等用于建筑工程防水。目前建筑工程中使用的防水材料还都是以沥青基防水材料为主。由于沥青自身性能的局限性，难以满足建筑工程中越来越高的要求，如高温不流淌、低温不开裂、抗老化等，人们致力于研究沥青的组分，通过添加各种矿物材料、橡胶、合成树脂等来改善沥青的性能，获得更好的应用。

实训目标：通过对沥青三大指标的检测，熟悉建筑石油沥青的技术性质，能够合理选用、正确使用建筑石油沥青；理解沥青组分对建筑石油沥青的性能的影响；能够正确划分检验批，取样送检；能够正确填写委托单，记录检测原始数据，培养出具及审阅检测报告的能力。

9.0　实训准备

9.0.1 沥青检测试验执行标准

GB/T 11147-2010	沥青取样法
SH/T 0229-1992	固体和半固体石油产品取样法
GB/T 4507-1999	沥青软化点测定法(环球法)(GB/T 4507-2014 2014 年 6 月 1 日实施)
GB/T 4508-2010	沥青延度测定法
GB/T 4509-2010	沥青针入度测定法
JTG E20-2011	公路工程沥青及沥青混合料试验规程
GB/T 494-2010	建筑石油沥青
NB/SH/T 0522-2010	道路石油沥青
GB 50207-2012	屋面工程质量验收规范
GB 50208-2011	地下防水工程质量验收规范
GB 50092-1996	沥青路面施工及验收规范

9.0.2 沥青取样、制样

沥青产品在出厂、交货验收和使用过程中都需要取样进行试验。由于在试验前必须将沥青加热溶解、脱水及过筛后才能成型试件，而加热会使沥青的性质发生变化，所以加热次数和温度都要严格控制，成型试件时应一次将所有的试件都做好，再分别进行试验。

9.0.2.1 取样

进行沥青性质非常规检查的取样数量应根据实际需要确定。

进行沥青性质常规检查的取样数量分以下几种情况：

(1)当沥青为流体或可加热变成液体的，取样时可使用沥青取样器，液体沥青取不少于1 L，乳化沥青取不少于4 L。取样方法如下：

①从有搅拌设备的储油罐中取样时，依次应按实际液面高度的上、中、下位置(液体高各为1/3等分，但距罐底不得低于总液体高度的1/6)各取1～4 L样品。

②在无搅拌设备的储罐中取样时，应先关闭进料阀和出料阀，再按方法①取样。需注意的是：应将取出的3个样品先充分混匀后再取1～4 L的样品做试验。

③从槽、罐、洒布车中取样，当车上设有取样阀、顶盖、出料阀时，可从取样阀、顶盖、出料阀处取样。从取样阀取样时需先放掉4 L沥青后再取样；对仅有出料阀的，应等放出约1/2沥青时再取样；从顶盖处取样的，应从容器中部取样。

④从沥青储存池中取样，沥青经管道或沥青泵流到热锅后取样，分间隔每锅至少取3个不少于4 L的样品，然后充分混匀后再取4 L样品。

⑤从沥青桶中取样，应从同一批生产的产品中随机取样，或将沥青桶加热全熔成流体后按罐车取样方法取样。

(2)当沥青为半固体或未破碎的沥青时，取不少于4 kg样品。取样方法为：

①当沥青为同一批时，随机从桶、袋、箱中样品表面以下及容器侧面以内至少75 mm处取样。

②当不能确认是同一批生产的产品或按同批产品要求取出样品检验不合格时，应随机抽取不少于总件数的立方根的多件试样，每件试样在样品表面以下及容器侧面以内至少75 mm取不少于0.1 kg，充分混合均匀后再取4 kg供检验使用。

(3)当沥青为碎块或粉末状沥青时，取1～2 kg样品。取样方法为：

①散装储存的用铲子(不允许用手)取不少于25 kg的试样，挑出目测超过250 mm的块料后拌匀捣碎成不大于25 mm的小块，经一次缩分后将剩下样品再捣碎成5～10 mm的小块，反复缩分，直至剩下1～2 kg试样为止。

②桶、袋、箱装的随机抽取不少于总件数的立方根的多件试样，在每一件的中心处取不少于0.5 kg，总量不少于25 kg，按方法①缩分至剩余1～2 kg为止。

沥青取样后应装在洁净干燥的密闭容器中，立即封口并在侧面贴上标有样品编号、取样时间、取样地点及取样人的封条，并加盖公章送检。

9.0.2.2 沥青试样准备

(1)取一次试验所需的沥青试样放入盛样器后带盖放入恒温烘箱，调节烘箱温度为

80 ℃左右，加热至沥青全部熔化后供脱水用。当沥青试样中含有水分时，可将盛样器放在可调温的砂浴、油浴或电热套上加热脱水(不得直接采用电炉或燃气炉明火加热)。

(2)煤焦油沥青的加热温度不超过其预计软化点 55 ℃，加热至倾倒温度的时间不超过 30 min；石油沥青的加热温度不超过其预计沥青软化点的 90 ℃，加热至倾倒温度的时间不超过 2 h。加热至倾倒温度的时间应在保证样品充分流动的基础上尽量少。加热时，需用玻璃棒不停地小心搅拌，以防止试样中进入气泡和局部过热。

(3)将加热后的沥青试样用 0.6 mm 的滤筛过滤后(延度试验无须过筛)，不等冷却立即一次灌入各项试验模具中，且略高出模具，其数量应满足一批试验项目所需沥青试样。

(4)在沥青灌模过程中，如果温度下降可放入烘箱适度加热。试样冷却后反复加热次数不得超过两次，以免沥青老化影响试验结果。所有石油沥青试样的制备和测试必须在 6 h 内完成，煤焦油沥青必须在 4.5 h 内完成，从开始倒试样至完成试验的时间不得超过 240 min。如果重复检测，不能重新加热样品，应在干净的容器中用新鲜样品制备试样。

9.0.3 必检项目

必检项目包括软化点(环球法)、延度、针入度。

9.0.4 检测环境要求

试验前应再次检查实验室环境条件、样品状况是否满足试验要求，试验所需的仪器设备是否齐备，检查仪器设备的使用状态，并做好相关的记录。

项目 9.1　沥青检测

9.1.1 沥青软化点试验(环球法)

9.1.1.1 试验目的

软化点是沥青高温稳定性的指标，是沥青达到条件黏度时的温度。通过沥青软化点的测定结果掌握沥青的分类。本检测方法适用于环球法检测软化点范围在 30～157℃的石油沥青和煤焦油沥青试样。

9.1.1.2 主要仪器设备

(1)沥青软化点测定仪(见图 9-1)

①肩环：两只环铜肩或锥环，其尺寸规格见图 9-2(a)。

②支撑板：扁平光滑的黄铜板，其尺寸约为 50 mm×75 mm。

③球：两只直径为 9.5 mm 的钢球，每只重量为(3.50±0.05) g。

④钢球定位器：两只钢球定位器用于使钢球定位于试样中央，其一般形状和尺寸见图 9-2(b)。

⑤浴槽：可以加热的玻璃容器，其内径不小于 85 mm，离加热底部的深度不小于 120 mm。

⑥环支撑架和支架：一只铜支撑架用于支撑两个水平位置的环，其形状和尺寸见图 9-2(c)，其安装图形见图 9-2(d)。支撑架上的肩环的底部距离下支撑板的上表面为 25 mm，下支撑板的下表面距离浴槽底部为(16±3)mm。

⑦温度计：测温范围在 30～180 ℃，最小分度值为 0.5 ℃的全浸式温度计。

⑧搅拌装置：底座带震荡搅拌装置。

图 9-1　沥青软化点测定仪

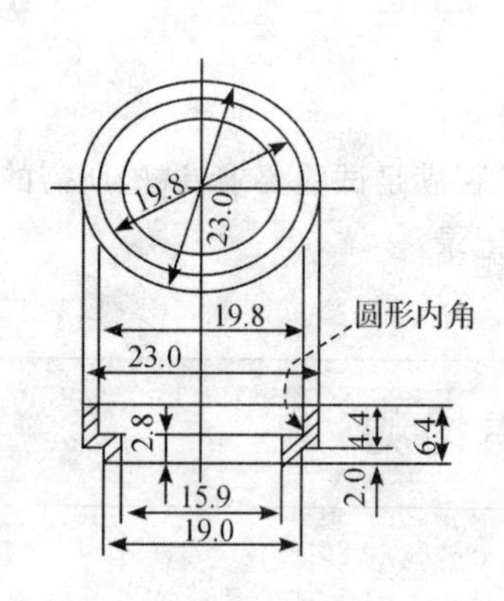

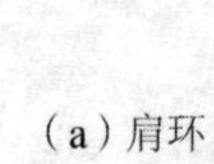

（a）肩环

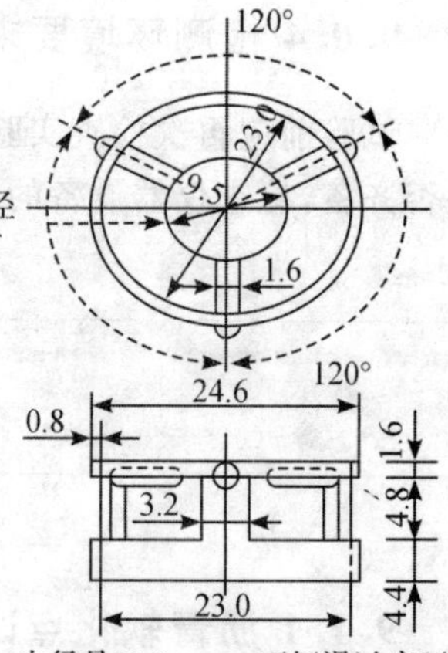

（b）钢球定位器

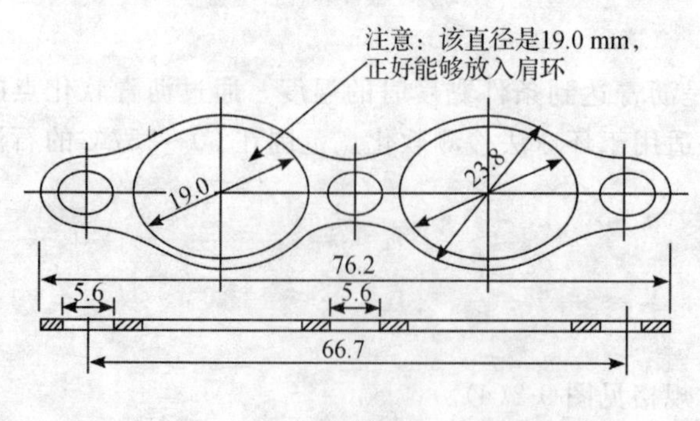

（c）支架

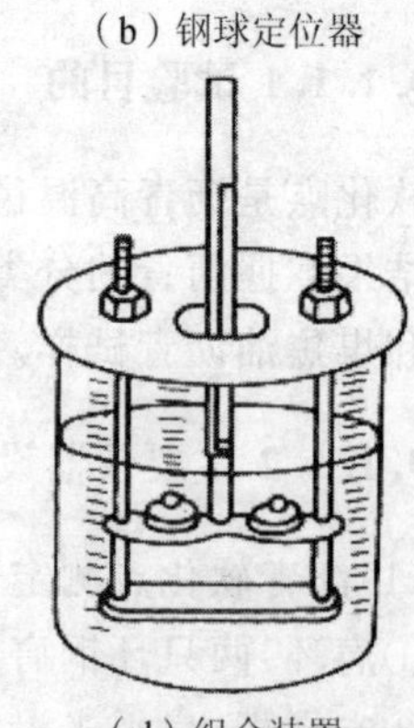

（d）组合装置

图 9-2　肩环、钢球定位器、支架、组合装置图

(2)切沥青刀。

(3)筛:筛孔为0.3～0.5mm的金属网。

(4)隔离剂:以重量计,由2份甘油和1份滑石粉调制而成。

(5)恒温水槽:控温准确度为±0.5℃。

(6)加热介质。

9.1.1.3 试验步骤

(1)根据沥青软化点选择加热介质:

①新煮沸过的蒸馏水适于软化点为30～80 ℃的沥青,起始加热介质温度应为(5±0.5) ℃。

②甘油适于软化点为80～157 ℃的沥青,起始加热介质的温度应为(30±0.5) ℃。

③为了进行比较,所有软化点低于80 ℃的沥青应在水浴中进行检测,而高于80 ℃的在甘油浴中进行检测。

(2)让灌制好的试样在室温至少冷却30 min。对于在室温下较软的样品,应将试件在低于预计软化点10 ℃以上的环境中冷却30 min,然后用稍加热的刮刀刮除高出环面的试样,使之与环面齐平。

(3)安装装置:往烧杯内注入满足起始加热介质温度的加热介质,使液面略低于立杆深度标记。按要求将装有试样的环连同底板、金属支架、钢球、钢球定位环等放入浴槽,使各组件处于适当位置。插入温度计,使水银球的底部与环底部水平,不要接触环或支架。用镊子将钢球置于浴槽底部,注意不要沾污溶液。

(4)启动设备:小心加热并维持适当的起始浴温至少15 min,如有需要可加入细小冰块调节介质温度。再次检查仪器各组件是否处于适当位置,用镊子从浴槽底部夹起钢球并置于定位器中。

(5)加热升温:为防止通风的影响,必要时可采用保护装置。从浴槽底部加热介质,严格控制介质温度,使其以恒定的速率5℃/min上升。加热3 min后,升温速度应达到(5±0.5) ℃/min,若温度上升速率超过限定范围,则应重新取样检测。试验过程中不能取加热速率的平均值。

(6)试样受热软化下坠,当两个试环的钢球刚刚触及下支撑板时,分别记录温度计所显示的温度(无须对温度计的浸没部分进行校正),精确至0.5 ℃。取两个温度的平均值作为沥青的软化点,精确至0.5 ℃。如果两个温度的差值超过1.0 ℃,则应重新检测。

9.1.1.4 试验结果计算与评定

(1)因为软化点的测定是条件性的试验方法,对于给定的沥青试样,当软化点略高于80 ℃时,水浴中检测的软化点低于甘油浴中检测的软化点。

(2)软化点高于80 ℃时,从水浴变成甘油浴时的变化是不连续的。在甘油浴中所报告的最低可能沥青软化点为84.5 ℃,而煤焦油沥青的最低可能软化点为82 ℃。当甘油浴中软化点低于这些值时,应转变为水浴中的软化点,并在检测报告中注明。

①将甘油浴软化点转化为水浴软化点时,石油沥青的校正值为－4.5 ℃,煤焦油沥青为－2.0 ℃。采用此校正值只能粗略地表示出软化点的高低,欲得到准确的软化点应在水浴中重复检测。

②无论在任何情况下，如果甘油浴中所测得的石油沥青软化点的平均值为80.0 ℃或更低，煤焦油沥青软化点的平均值为77.5 ℃或更低，则应在水浴中重复检测。

(3)将水浴中略高于80 ℃的软化点转化成甘油浴中的软化点时，石油沥青的校正值为+4.5 ℃，煤焦油沥青的校正值为+2.0 ℃。采用此校正值也只能粗略地表示出软化点的高低，欲得到准确的软化点应在甘油浴中重复检测。

在任何情况下，如果水浴中两次测定温度的平均值为85.0 ℃或更高，则应在甘油浴中重复检测。

(4)取两个结果的平均值作报告值，报告中应注明浴槽所使用加热介质的种类。

9.1.2 沥青延度试验

9.1.2.1 试验目的

通过测定沥青产品技术规格要求的延度，并且能够测定沥青材料的拉伸性能。

9.1.2.2 主要仪器设备

(1)延度仪模具(见图9-3)：由两个弧形端模和两个侧模组成，组装模具的尺寸变化范围如图9-3所示。

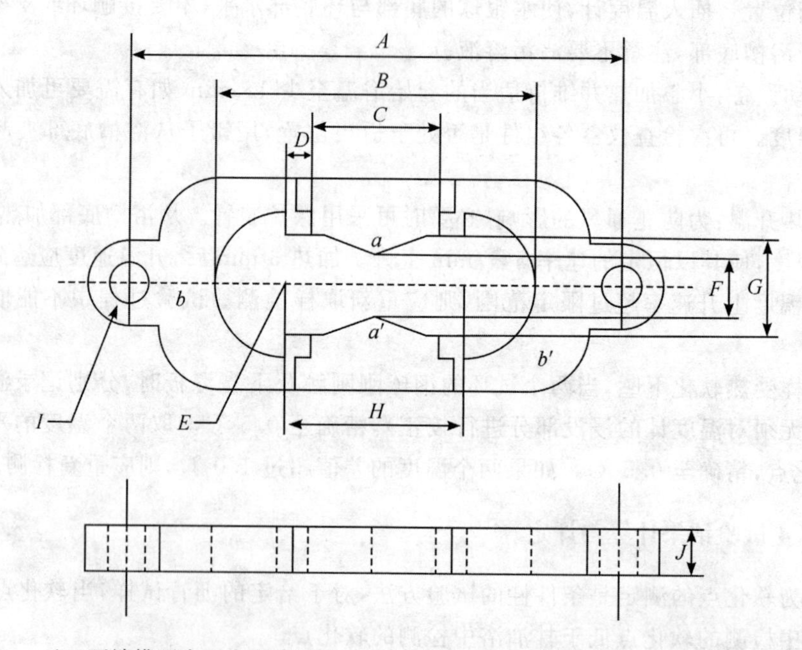

A—两端模环中心点距离111.5～113.5 mm；B—试件总长74.5～75.5 mm；C—端模间距29.7～30.3 mm；D—肩长6.8～7.2 mm；E—半径15.75～16.25 mm；F—最小横断面宽9.9～10.1 mm；G—端模口宽19.8～20.2 mm；H—两半圆心间距离42.9～43.1 mm；I—端模孔直径6.5～6.7 mm；J—厚度9.9～10.1 mm

图9-3　延度仪模具

(2)水浴:水浴能保持试验温度变化不大于 0.1 ℃,容量至少为 10 L,试件浸入水中深度不得小于 10 cm,水浴中设置带孔搁架以支撑试件,搁架距浴底部不得小于 5 cm。

(3)沥青延度仪(见图 9-4)。

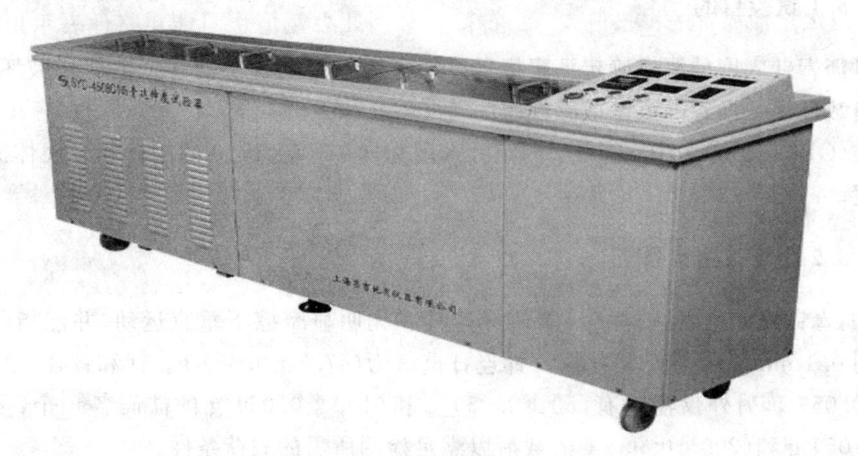

图 9-4　沥青延度仪

(4)温度计:0～50 ℃,分度为 0.1 ℃和 0.5 ℃各一支。

(5)金属网:筛孔为 0.3～0.5 mm。

(6)隔离剂:以重量计,由两份甘油和一份滑石粉调制而成。

(7)支撑板:金属板或玻璃板,一面必须磨光至表面粗糙度 R_a 为 0.63。

9.1.2.3 试验步骤

(1)用热的刀将高出模具的沥青刮除,使试样表面与模具齐平。

(2)将支撑板、模具和试件一起放入水浴中,并在试验温度下保持 85～95 min。取下试件,拆掉侧模,将模具两端的孔分别套在延度仪的柱上,立即以(5±0.25)cm/min 速度拉伸,直到试件拉伸断裂。拉伸速度允许误差±5%,测量试件从拉伸到断裂所经过的距离,以 cm 表示。

试验时,试件距水面和水底的距离不小于 2.5 cm,并且要使温度保持在规定温度的± 0.5 ℃的范围内。如果沥青浮于水面或沉入槽底时,则检测不正常,应使用乙醇或氯化钠调整水的密度,使沥青材料既不浮于水面,又不沉入槽底。

(3)正常的试验应将试样拉成锥形,直至在断裂时实际横断面面积接近于零或一均匀断面。如果三次检测都得不到正常结果,则应报告在该条件下的延度无法检测。

9.1.2.4 试验结果计算与评定

若三个试件检测值在其平均值的 5%内,则取平行测定的三个结果平均值作为测定结果。若三个试件测定值不在其平均值的 5%以内,但其中两个较高值在平均值的 5%之内,则弃去最低测定值,取两个较高值的平均值作为检测结果,否则应重新检测。

9.1.3 沥青针入度试验

9.1.3.1 试验目的

通过沥青针入度的测定确定沥青标号。沥青针入度反映了沥青抵抗剪切破坏的能力，针入度指数反映了沥青的温度敏感性。

标准(GB/T 4509-2010)适用于测定针入度为(0～500) 1/10 的固体和半固体沥青材料的针入度。

9.1.3.2 主要仪器设备

(1)沥青针入度仪(见图 9-5)：能使针连杆在无明显摩擦下垂直运动，并能指示穿入深度精确到 0.1 mm 的仪器均可使用。针连杆重量为(47.5±0.05) g。针和针连杆的总重量为(50±0.05) g，另外仪器附有(50±0.05) g 和(100±0.05) g 的砝码各一个，可以组成(100±0.05) g 和(200±0.05) g 的载荷以满足检测所需的载荷条件。

(2)标准针(见图 9-6)：每一根针都应附有国家计量部门的检验单。

(3)试样皿：金属或玻璃的圆柱形平底皿，最小尺寸应符合表 9-1 要求。

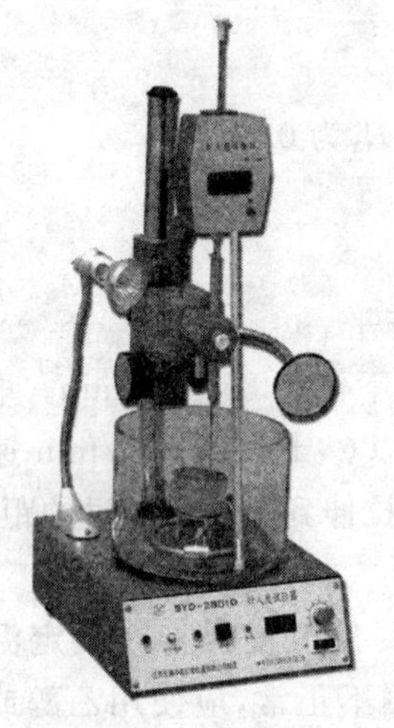

图 9-5 沥青针入度仪

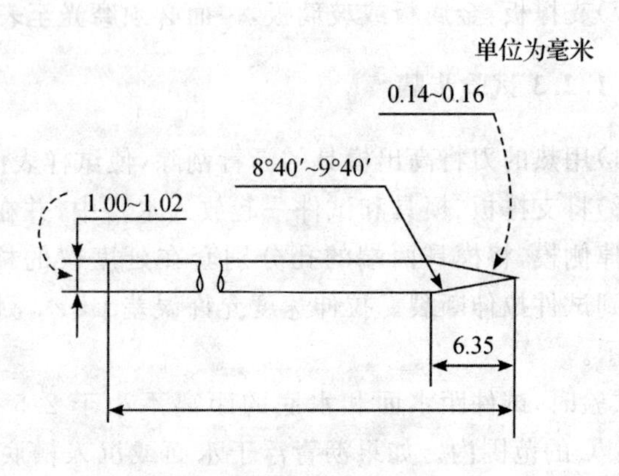

图 9-6 沥青针入度试验用针

表 9-1 试样皿

针入度范围	直径(mm)	深度(mm)
针入度小于 40	33～55	8～16
针入度小于 200	55	35
针入度 200～350	55～75	45～70
针入度 350～500	50	70

(4)恒温水浴：容量不少于 10 L，能保持温度在试验温度下控制在±0.1 ℃范围内。距水底部 50 mm 处有一个带孔的支架，这一支架离水面至少有 100 mm。在低温下测定针入

度时，水浴中装入盐水。

(5)平底玻璃皿：容量不小于 350 mL，深度要没过最大的样品皿。内设一个不锈钢三角支架，以保证试样皿稳定。

(6)计时器：刻度为 0.1 s 或小于 0.1 s，60 s 内的准确度达到±0.1 s 的任何计时装置均可。

(7)温度计：液体玻璃温度计，刻度范围：-8～50 ℃，分度值为 0.1 ℃。

温度计应定期进行校正。

9.1.3.3 试验步骤

(1)将过筛后的试样倒入预先选好的试样皿中，使样品满至试样皿边缘，试样深度应大于预计锥入深度的 120%，轻轻地盖住试样皿以防灰尘落入，将其放在 15～30 ℃的室温下冷却(小试样皿冷却 45 min～1.5 h，中等试样皿冷却 1～1.5 h，较大试样皿冷却 1.5～2.0 h)，冷却后将试样皿和平底玻璃皿一起放入已调整好温度的恒温水浴中，水面应没过试样表面 10 mm 以上。在规定的试验温度下恒温(小试样皿恒温 45 min～1.5 h，中试样皿恒温 1～1.5 h，较大试样皿恒温 1.5～2.0 h)。

(2)调节针入度仪的水平，检查针连杆和导轨，确保上面没有水和其他物质。选用合适的试验针(预测针入度超过 350 应选用长针，否则用标准针)，先用合适的溶剂将针擦干净，再用干净的布擦干，然后将针插入针连杆中固定。按试验条件选择合适的砝码并放好。

(3)将已恒温到试验温度的试样皿和平底玻璃皿取出，放置在针入度仪的平台上。慢慢放下针连杆，用放置在合适位置的光源反射来观察，使针尖刚刚接触到试样的表面，轻轻拉下活杆，使其与针连杆顶端相接触，调节针入度仪上的表盘读数归零。

(4)快速释放针连杆，同时按动秒表，使标准针自由下落穿入沥青试样，到规定时间停压按钮，使标准针停止移动。读取表盘指针的读数即为试样的针入度，用 1/10 mm 表示。

(5)同一试样至少重复检测三次。每一试验点的距离和试验点与试样皿边缘的距离都不得小于 10 mm。每次试验前都应将试样和平底玻璃皿放入恒温水浴中，每次测定都要用干净的针。

9.1.3.4 试验结果计算与评定

取测定的针入度的平均值，修约至整数，作为试验结果。三次测定的针入度值相差不应大于表 9-2 的数值，否则应重新测试。

表 9-2 针入度最大差值

单位：1/10 mm

针入度	0～49	50～149	150～249	250～350	350～500
最大差值	2	4	6	8	20

附表一　沥青委托检测协议书

委托编号：

<table>
<tr><td rowspan="25">委托方填写</td><td rowspan="3">委托单位</td><td>名称</td><td colspan="3"></td><td>委托联系人</td><td></td></tr>
<tr><td>地址</td><td colspan="3"></td><td>联系电话</td><td></td></tr>
<tr><td>邮编</td><td colspan="3"></td><td>传真</td><td></td></tr>
<tr><td colspan="2">工程名称</td><td colspan="5"></td></tr>
<tr><td colspan="2">施工单位</td><td colspan="5"></td></tr>
<tr><td colspan="2">见证单位</td><td colspan="5"></td></tr>
<tr><td colspan="2">见证人签名</td><td>年　月　日</td><td>证书编号</td><td></td><td>联系电话</td><td></td></tr>
<tr><td colspan="2">取样人签名</td><td>年　月　日</td><td>证书编号</td><td></td><td>联系电话</td><td></td></tr>
<tr><td colspan="2">样品名称</td><td></td><td>使用部位</td><td colspan="3"></td></tr>
<tr><td colspan="2">厂名商标</td><td></td><td>代表数量</td><td colspan="3"></td></tr>
<tr><td colspan="2">牌号</td><td></td><td>合格证编号</td><td colspan="3"></td></tr>
<tr><td colspan="2">出厂日期</td><td></td><td>样品数量及状态</td><td colspan="3"></td></tr>
<tr><td colspan="2">旁证人</td><td colspan="3">月　日　时　分</td><td>旁证编号</td><td></td></tr>
<tr><td colspan="2">检测项目</td><td colspan="5">(　)软化点　(　)延度　(　)针入度　(　)闪点、燃点
(　)其他：</td></tr>
<tr><td colspan="2">检测依据</td><td colspan="5">(　)《建筑石油沥青》GB/T 494　(　)《道路石油沥青》NB/SH/T 0522
(　)《沥青软化点测定法(环球法)》GB/T 4507
(　)《沥青延度测定法》GB/T 4508　(　)《沥青针入度测定法》GB/T 4509
(　)《公路工程沥青及沥青混合料试验规程》JTJ 052
(　)其他：
注：以上标准均为现行版本，如有不同，请注明。</td></tr>
<tr><td colspan="2">样品处置</td><td colspan="5">(　)试毕取回　(　)委托本单位处理　(　)其他：</td></tr>
<tr><td colspan="2">报告形式</td><td colspan="5">(　)单页　(　)精装　(　)其他：</td></tr>
<tr><td colspan="2">报告发放</td><td colspan="5">(　)自取　(　)邮寄：　(　)电话告知结果：
(　)其他：</td></tr>
<tr><td colspan="2">缴费方式</td><td colspan="5">(　)冲账　(　)现金　(　)转账：　汇款单位：　缴费确认：</td></tr>
<tr><td colspan="2">其他要求</td><td colspan="5"></td></tr>
<tr><td rowspan="7">检测中心填写</td><td colspan="2">核查样品</td><td colspan="5">是否符合检测要求？(　)符合　(　)不符合：　(　)其他：</td></tr>
<tr><td colspan="2">检测类别</td><td colspan="5">(　)委托检测　(　)抽样检测　(　)见证送样　(　)其他：</td></tr>
<tr><td colspan="2">检测收费</td><td colspan="5">人民币(大写)　拾　万　仟　佰　拾　元　角　分　(￥：　)</td></tr>
<tr><td colspan="2">预计完成日期</td><td colspan="2">年　月　日</td><td>出具报告份数</td><td colspan="2">份</td></tr>
<tr><td colspan="2">保密声明</td><td colspan="5">未经客户的书面同意，本单位均不对外披露检测/检查结果等信息。但法律法规另有要求，或者需要履行法定责任的除外。</td></tr>
<tr><td colspan="2">其他声明</td><td colspan="2"></td><td>样品编号/报告编号</td><td colspan="2"></td></tr>
<tr><td>双方确认</td><td colspan="4">客户签名确认本协议内容。
委托人签名：
年　月　日</td><td colspan="3">本单位评审意见：能否满足客户要求？
(　)满足　(　)不满足
受理人签名：
年　月　日</td></tr>
</table>

附表二　沥青检测记录表

委托编号		样品名称		代表数量	
样品编号		厂名商标		合格证号	
检测日期		牌号		出厂日期	
使用部位				检测环境	温度　　℃,湿度　　%

试样制备	估计软化点	盛样器编号	烘箱温度	放入时间	取出时间	脱水温度
			80 ℃			
		开始加热时间	加热温度	倾倒温度	倾倒试样时间	加热时长
	℃	室温	室温冷却时间	恒温水槽温度	恒温水槽养护时间	

软化点试验（环球法）	检验依据：
	样品状态：
	试验温度：　℃；加热介质：　加热速率：　℃/min；结束时间：　历时：

试样编号	试验过程中随时间温度变化记录(℃)　时间单位：min															软化点	平均值
分钟	1	2	3	4	5	6	7	8	9	10	11	12	13	14	15		
A-1																	℃
A-2																	
A-3																	℃
A-4																	

主要检测设备：
检测设备前后状况：

检测过程异常情况：
采取控制措施：

延度试验	检验依据：
	样品状态：
	拉伸速度：　℃/min；试验温度：　℃；结束时间：　历时：

试件编号	延伸状态	延度(cm)	延度平均值(cm)
B-1			
B-2			
B-3			

主要检测设备：
检测设备前后状况：

检测过程异常情况：
采取控制措施：

针入度试验	检验依据：
	样品状态：

试件编号	标准针下落时间(s)	针入度(0.1 m)	针入度平均值(0.1 m)
C-1			
C-2			
C-3			

主要检测设备：
检测设备前后状况：

检测过程异常情况：
采取控制措施：

备注：

校核：　　　　　　　　校核日期：　　　　　　　　主检：

附表三 沥青检测报告

工程名称				报告编号	
委托单位				委托编号	
施工单位				委托日期	
使用部位				报告日期	
样品名称		厂名商标		检测性质	
代表数量		牌号		见证人	
合格证编号		样品状况		证书编号	
检测环境	温度： ℃，湿度： %	见证单位			
检测项目		标准要求		检测结果	
软化点					
延度					
针入度					
闪点					
燃点					
检验结论					
检验依据					
主要 仪器设备	检验仪器： 检验仪器： 检验仪器： 检验仪器： 检验仪器：	检定证书编号： 检定证书编号： 检定证书编号： 检定证书编号： 检定证书编号：		检测单位 （公章）	
说明	1. 报告未盖检测单位“检测报告专用章”无效，复制无效； 2. 对本报告如有异议请于收到报告后15日内（以签字或邮戳为准）通知本公司。				

批准： 审核： 校核： 主检

建筑防水卷材检测

建筑防水材料具有防止雨水、地下水与其他水分等侵入建筑物的功能，它是建筑物工程中重要的建筑功能材料之一。建筑物防水处理的部位主要有屋面、墙面、地面和地下室等。防水材料主要有三类：防水卷材、防水涂料、防水密封材料。根据结构部位及材料特性合理选择防水材料是防水工程的重点。

学习目标：通过对最常见的防水材料——防水卷材的拉伸性能、不透水性、低温柔性、低温弯折、耐热性、撕裂性能检测，初步了解常见防水卷材技术指标要求；能够正确划分组批，按照标准规范要求取样、制样；能够正确填写委托单，开展检测，记录检测原始数据，并对结果进行数据处理评定，培养出具及审阅检测报告的能力。

10.0　实训准备

10.0.1 建筑防水卷材检测主要执行标准

GB/T 328.1-328.27-2007	建筑防水卷材试验方法
GB 50207-2012	屋面工程质量验收规范
GB 18242-2008	弹性体改性沥青防水卷材
GB 18243-2008	塑性体改性沥青防水卷材
GB 12952-2011	聚氯乙烯(PVC)防水卷材
GB 12953-2003	氯化聚乙烯防水卷材
GB 23441-2009	自黏聚合物改性沥青防水卷材
GB 18173.1-2012	高分子防水材料第1部分：片材

10.0.2 基本规定

各类防水卷材产品标准都规定了出厂检验、周期检验、型式检验的检验项目，进场验收主要的检测项目有材料的拉伸性能、不透水性、低温柔性、低温弯折、耐热性、撕裂性能等。在开展这些项目的检验过程中，取样、制样、养护及检测对实验室环境控制要求较为严格，应采取有效办法确保环境温度、湿度符合检测方法标准的要求。

10.0.3 术语

交付批：一批或交货用来检测的建筑防水卷材。

样品：用于裁取试样的一卷卷材。

抽样：从交付批中选择并组成样品用于检测的程序。

试样：样品中用于裁取试件的部分。

试件：从试样上准确裁取的样片。

纵向：卷材平面上与机器生产方向平行的方向。

横向：卷材平面上与机器生产方向垂直的方向。

气泡：凸起在卷材表面，有各种外形和尺寸，在其下面有空穴。

裂缝：裂纹从表面扩展到材料胎基或整个厚度，会在裂缝处完全断开。

孔洞：贯穿卷材整个厚度，能漏过水。

裸露斑：缺少矿物料的表面面积超过 100 mm^2。

疙瘩：凸起在卷材表面，有各种形状和尺寸，其下面没有空穴。

擦伤：由意外引起卷材单面损伤。

凹痕：卷材表面小的凹坑或压痕。

空包：不定形的、带入的空穴，含有空气和其他气体。

杂质：产品中含有无关的物质。

表面构造：在卷材的一面或两面，对卷材的影响在有效厚度和全厚度之间不超过 0.1 mm的一种构造形式。

表面形态（表面构造）：在卷材表面高起的区域，对卷材的影响在有效厚度和全厚度之间超过 0.1 mm。

中间织物：在卷材中间的合成纤维和无机纤维的纺织或无纺布层。

背衬：合成纤维或无机纤维或其他材料的纺织或无纺布层，固定在卷材底部。

全厚度：卷材的厚度，包括任何表面结构。

有效厚度：卷材提供防水功能的厚度，包括表面构造，但不包括表面结构和背衬。

最大拉力：试验过程出现的最大拉力值。

最大拉力时延伸率：试验试件出现最大拉力时的延伸率。

标距：起始试验长度，如夹具间的距离或引伸计的测量点。

断裂延伸率：试件断裂时的延伸率。

不透水性：柔性防水卷材防水的能力。

耐热性：沥青卷材试件垂直悬挂在规定温度条件下，涂盖层与胎体相比滑动 2 mm 时的温度。

耐热性极限：沥青卷材试件垂直悬挂涂盖层与胎体相比滑动不超过 2 mm 时的温度。

柔性：沥青防水卷材试件在规定温度下弯曲无裂缝的能力。

冷弯温度：沥青防水卷材绕规定的棒弯曲无裂缝的最低温度。

撕裂性能（钉杆法）：撕裂试件握住钉杆需要的拉力。

撕裂性能：预割口试件要求的最大拉力。

10.0.4 检验批划分、抽样、制样

10.0.4.1 检验批划分

一般依据产品标准组批规定，防水卷材以同一厂家、同一类型、同一规格不大于 10000 m^2 为一批，不足 10000 m^2 亦作为一批。

10.0.4.2 抽样

若产品标准没有规定要求或没有相关方协议的要求，可按表 10-1 确定外观检查抽样数量。

表 10-1　抽样数量

批量(m^2)		样品数量(卷)
以上	直至	
	1000	1
1000	2500	2
2500	5000	3
5000	—	4

依据 GB/T 328.1 抽样规则要求及不同产品组批抽样规定，抽取成卷未损伤的卷材做外观检查，再在外观检查合格的卷材中任选一卷作为样品。

抽样流程可参见图 10-1。

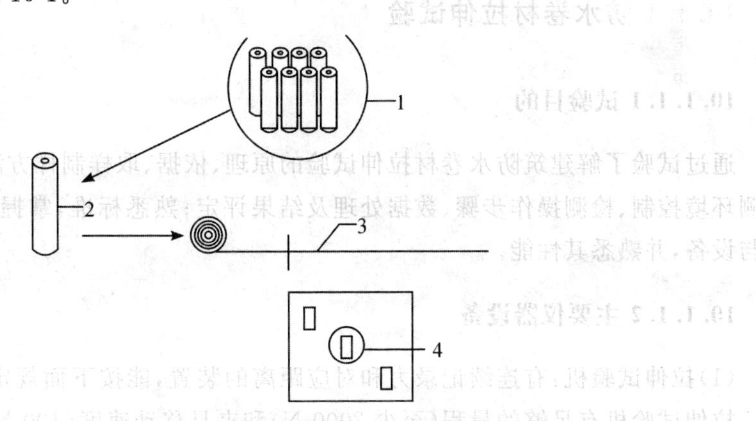

1—交付批；2—样品；3—试样；4—试件

图 10-1　抽样流程

10.0.4.3 制样

在裁取试样前样品应在(20±10) ℃的环境中放置 24 h 以上，然后在平面上展开抽取的样品根据所需试件的长度要求在整个卷材宽度上裁取试样，并标记卷材的上表面和机器生产方向。

(1)不同材料、不同检测项目制样要求不同,具体应根据各种材料的相关标准规定检测的性能和需要的试件数量来裁取试样。

(2)试样一般取两块,一块试验,一块备用。

(3)去除表面的任何保护膜:适宜的方法是常温下用胶带粘在上面,冷却到接近假设的冷弯温度,然后从试件上撕去胶带,另一方法是用压缩空气吹[压力约为 0.5 MPa(5 bar),喷嘴直径约 0.5 mm],假若上面的方法不能除去保护膜,则用火焰烤,用最少的时间破坏膜而不损伤试件。

【工程实例】某工程进场 9000 m^2 弹性体改性沥青防水卷材,请根据相关标准规范进行验收和检测。

【分析】根据检验批的划分规则,该次卷材只有一个检验批,进场时检查产品合格证、出厂检验报告,核对厂家、类型、规格、出厂编号、出厂日期。在见证员见证下,由工地试验员或材料员依据 GB/T 328.1 抽样规则要求及不同产品组批抽样规定随机抽取成卷未损伤的卷材做外观检查(若产品标准没有规定要求或没有相关方协议的要求,可按表 10-1 抽取 4 卷),再在外观检查合格的卷材中任选一卷作为样品。按规定封存后填写取样单,送有资质的检测机构按相关标准要求检验。

项目 10.1　建筑防水卷材检测

10.1.1 防水卷材拉伸试验

10.1.1.1 试验目的

通过试验了解建筑防水卷材拉伸试验的原理、依据、取样制样方法、仪器设备配置要求、检测环境控制、检测操作步骤、数据处理及结果评定;熟悉标准,掌握测试方法;正确使用仪器与设备,并熟悉其性能。

10.1.1.2 主要仪器设备

(1)拉伸试验机:有连续记录力和对应距离的装置,能按下面规定的速度均匀的移动夹具。拉伸试验机有足够的量程(至少 2000 N)和夹具移动速度(100±10)mm/min 和(500±50)mm/min(适用 GB/T 328.9 方法 B),夹具宽度不小于 50 mm;力值测量至少应符合 JJG 139-1999 的 2 级(即±2%)。

(2)夹具:拉伸试验机的夹具能随着试件拉力的增加而保持或增加夹具的夹持力,对于厚度不超过 3 mm 的产品能夹住试件使其在夹具中的滑移不超过 1 mm,更厚的产品不超过 2 mm。这种夹持方法不应在夹具内外产生过早的破坏。

为了防止从夹具中的滑移超过极限值,允许用冷却的夹具,同时实际的试件伸长用引伸计测量。

10.1.1.3 检测环境要求

试验前应检查实验室环境条件、样品状况是否满足试验要求，试验所需的仪器设备是否齐备，检查仪器设备的使用状态，并做好相关的记录。

控制实验室环境温度：(23±2) ℃。

10.1.1.4 试件制备

(1)基本要求：拉伸试验应制备两组试件，一组纵向5个试件，一组横向5个试件。裁取前，先检查试样，确定无折痕和外观缺陷后，用模板或裁刀在试样上距边缘(100±10)mm以上任意裁取，同时标记卷材的上表面和机器生产方向。去除表面的非持久层。

(2)沥青防水卷材试件尺寸要求：

矩形试件宽度为(50±0.5)mm，长为(200±2×夹持长度)mm，长度方向为试验方向。

(3)高分子防水卷材试件尺寸要求：

方法A：矩形试件宽度为(50±0.5)mm×200 mm，参见图10-2和表10-2。

方法B：哑铃型试件为(6±0.4)mm×115 mm，参见图10-3和表10-2。

试件中的网格布、织物层、衬垫或层合增强层在长度或宽度方向应裁一样的经纬数，避免切断筋。

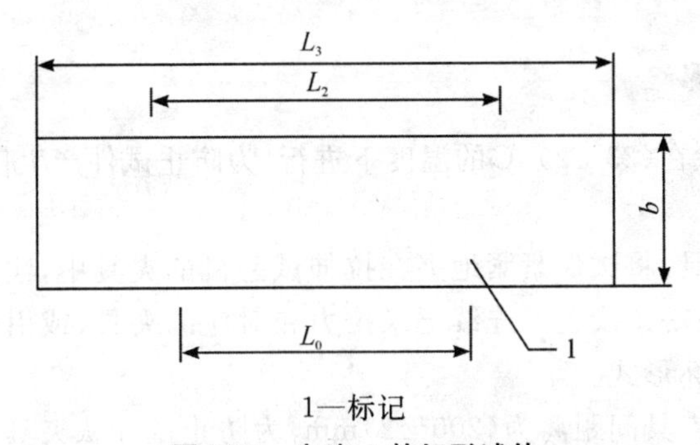

1—标记

图10-2　方法A的矩形试件

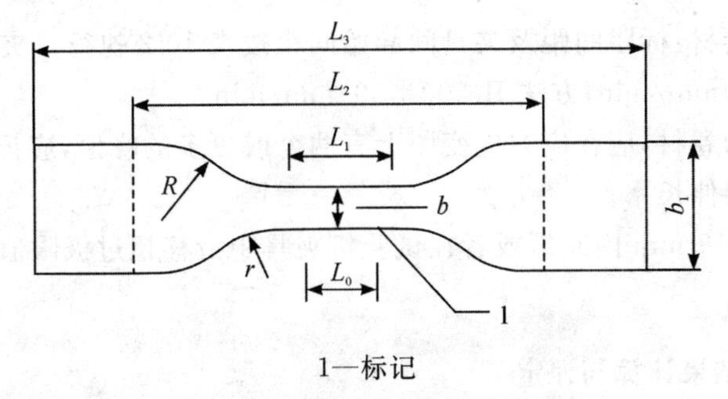

1—标记

图10-3　方法B的哑铃型试件

表 10-2　高分子防水卷材试件尺寸

方法	方法 A(mm)	方法 B(mm)
全长,至少(L_3)	>200	>115
端头宽度(b_1)		25±1
狭窄平行部分长度(L_1)		33±2
宽度(b)	50±0.5	6±0.4
小半径(r)		14±1
大半径(R)		25±2
标记间距离(L_0)	100±5	25±0.25
夹具间起始距离(L_2)	120	80±5

10.1.1.5 试件养护

试件制备完成后,应按以下要求进行试件养护,并记录养护时的环境条件(温、湿度)及养护时间。

(1)沥青防水卷材试件在试验前应在(23±2) ℃、相对湿度 30%~70%的条件下至少放置 20 h。

(2)高分子防水卷材试件在试验前应在(23±2) ℃、相对湿度(50±5)%的条件下至少放置 20 h。

10.1.1.6 试验步骤

(1)基本要求:试验在(23±2) ℃的温度下进行,为防止试件产生任何松弛,推荐加载不超过 5 N 的力。

(2)选择合适的夹具,将试件紧紧地夹在拉伸试验机的夹具中,注意试件长度方向的中线与试验机夹具中心在一条线上。连续记录拉力和对应的夹具(或引伸计)间距离,直至试件断裂,记录试件的破坏形式。

①沥青防水卷材:夹具间距离为(200±2)mm,为防止试件从夹具中滑移应做标记。当用引伸计时,试验前应设置标距间距为(180±2)mm。夹具移动的恒定速度为(100±10)mm/min。

②高分子防水卷材:标距间距及夹具间起始间距按表 10-2 执行。夹具移动的恒定速度为:方法 A(100±10)mm/min,方法 B(500±50)mm/min。

对于有增强层的卷材,应在应力应变图上有两个或更多的峰值,应记录两个最大峰值的拉力和延伸率及断裂伸长率。

(3)任何在夹具 10 mm 内断裂或者在试验机夹具中滑移超过极限值的试件的试验结果作废,用备用件重测。

10.1.1.7 试验结果计算与评定

(1)记录得到的拉力和距离,记录最大拉力和对应的由夹具(或引伸计)间距离与起始距离的百分率计算的延伸率。

(2)最大拉力单位为 N/50 mm,对应的延伸率用百分率表示,作为试件同一方向结果。

(3)分别记录每个方向 5 个试件的拉力值和延伸率,计算平均值。拉力的平均值修约到 5 N,延伸率的平均值修约到 1%。

同时对于复合增强的卷材在应力应变图上有两个或更多的峰值,拉力和延伸率应记录两个最大值。

(4)拉伸强度 MPa(N/mm^2)根据有效厚度计算(见 GB/T 328.5)

方法 A 的结果精确至 N/50 mm,方法 B 的结果精确至 0.1 MPa(N/mm^2),延伸率精确至两位有效数字。

10.1.2 防水卷材不透水性试验

10.1.2.1 试验目的

通过防水卷材不透水性检测,了解建筑防水卷材不透水性试验的原理、依据、取样制样方法、仪器设备配置要求、检测环境控制、检测操作步骤、结果评定;熟悉标准,掌握测试方法;正确使用仪器与设备,并熟悉其性能。

10.1.2.2 主要仪器设备

(1)方法 A:一个带法兰盘的金属圆柱体箱体,孔径 150 mm,并连接到开放管子末端或容器,其间高差不低于 1 m,见图 10-4。

单位为毫米

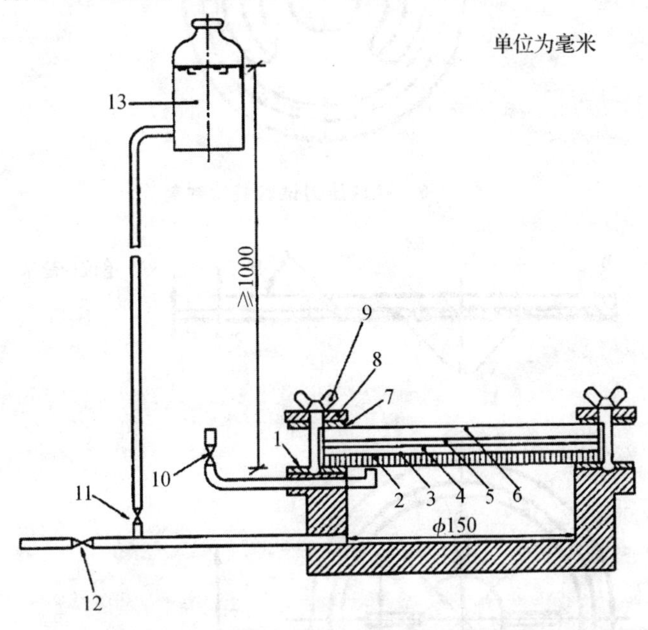

1—下橡胶密封垫圈;2—试件的迎水面,是通常暴露于大气/水的面;3—实验室用滤纸;4—湿气指示混合物,均匀地铺在滤纸上面,湿气透过试件能容易地探测到,指示剂为由细白糖(冰糖)(99.5%)和亚甲基蓝染料(0.5%)组成的混合物,用 0.074 mm 筛过滤并在干燥器中用氯化钙干燥;5—实验室用滤纸;6—圆的普通玻璃板,其中:5 mm 厚,水压≤10 kPa,8 mm 厚,水压≤60 kPa;7—上橡胶密封垫圈;8—金属夹环;9—带翼螺母;10—排气阀;11—进水阀;12—补水和排水阀;13—提供和控制水压到 60 kPa 的装置

图 10-4　低压力不透水性装置

(2)方法 B:组成设备的装置见图 10-5 和图 10-6,产生的压力作用于试件的一面。

试件用有四个狭缝的盘(或 7 孔圆盘)盖上。缝的形状尺寸符合图 10-7 的规定,孔的尺寸形状符合图 10-8 的规定。

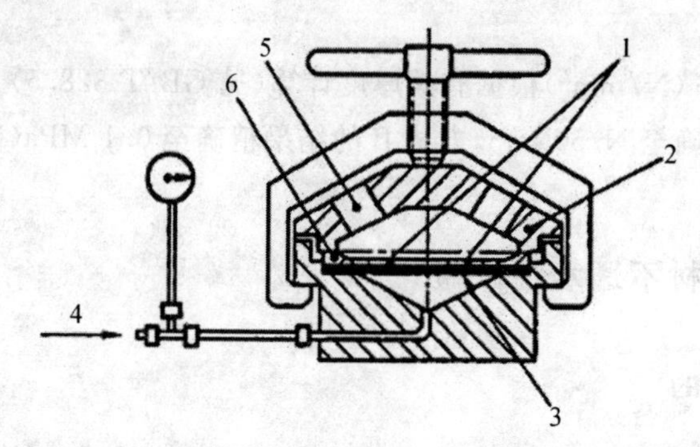

1—狭缝;2—封盖;3—试件;4—静压力;5—观测孔;6—开缝盘

图 10-5　高压力不透水性用压力试验装置

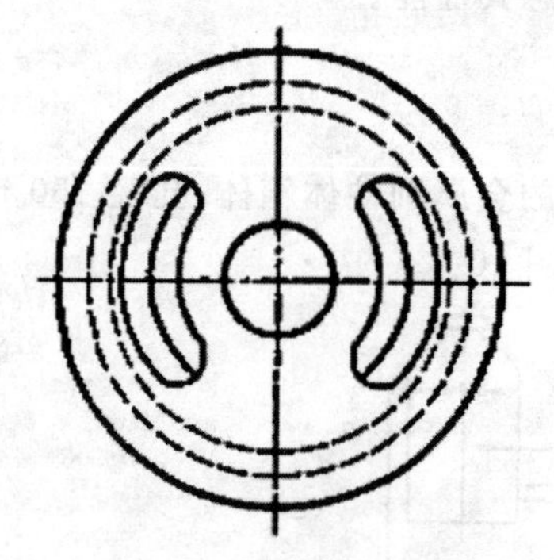

图 10-6　狭缝压力试验装置封盖

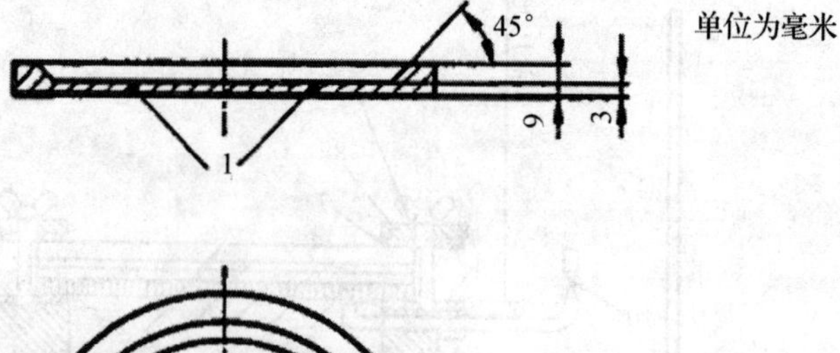

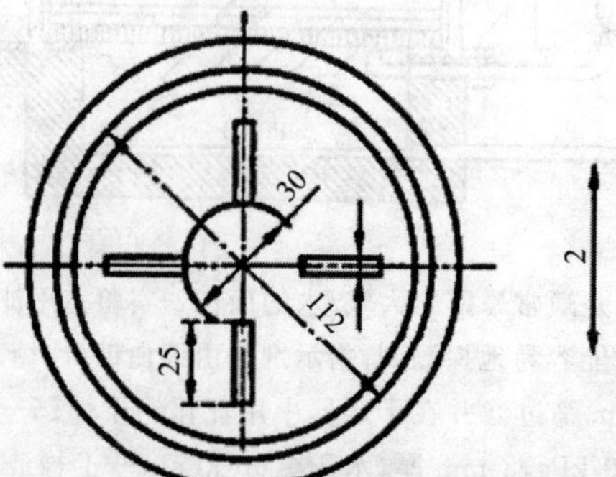

1—所有开缝盘的边都有约 0.5 mm 半径弧度;2—试件纵向方向

图 10-7　开缝盘

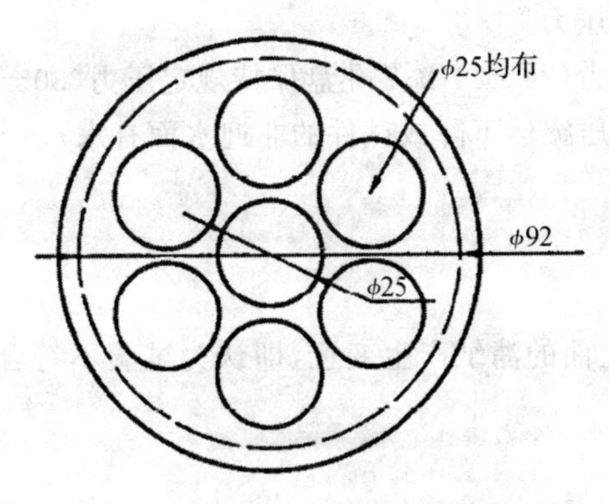

图 10-8 7孔圆盘

10.1.2.3 检测环境要求

试验前应检查实验室环境条件、样品状况是否满足试验要求，试验所需的仪器设备是否齐备，检查仪器设备的使用状态，并做好相关的记录；

试验在(23±5) ℃的温度下进行。产生争议时，在(23±2) ℃的温度下，相对湿度为(50±5)%的条件下进行。

10.1.2.4 试件制备

(1)基本要求：按相关的产品标准中规定的数量，最少 3 块。试件在卷材宽度方向均匀裁取，最外一个距卷材边缘 100 mm。试件的纵向与产品的纵向平行并标记。

(2)试件尺寸：方法 A 圆形试件，直径(200±2)mm；方法 B 试件直径不小于盘外径(约 130 mm)。

10.1.2.5 试件养护

试件制备完成后，试验前应在(23±5) ℃的环境中至少养护 6 h，并记录养护时的环境条件(温、湿度)及养护时间。

10.1.2.6 试验步骤

(1)方法 A

①放试件在设备上，旋紧翼形螺母固定夹环。打开阀 11 让水进入，同时打开阀 10 排出空气，直至水出来关闭阀 10，说明设备已水满。

②调整试件表面所要求的压力。

③保持压力(24±1) h。

④检查试件，观察上面滤纸有无变色。

(2)方法 B

①将装置中充水直到溢出，彻底排出水管中的空气。

②把试件的上表面朝下放置在透水盘上，盖上规定的开缝盘(或 7 孔圆盘)，其中一个缝的方向与卷材纵向平行，放上封盖，慢慢夹紧直到试件夹紧在盘上，用布或压缩空气干燥试

件的非迎水面，慢慢加压到规定压力。

③达到规定压力后，保持压力(24±1) h；7孔盘保持规定压力(30±2) min。

④观察试件的不透水性(水压突然下降或试件的非迎水面有水)。

10.1.2.7 结果判定

(1)方法 A

任一试件有明显的水渗到上面的滤纸产生变色，即认为试验不符合。所有试件通过方认为卷材不透水。

(2)方法 B

所有试件在规定时间不透水则认为不透水性试验通过。

10.1.3 防水卷材低温柔性试验

10.1.3.1 试验目的

通过低温柔性检测，了解建筑防水卷材低温柔性试验的原理、依据、取样制样方法、仪器设备配置要求、检测环境控制、检测操作步骤、数据处理及结果评定；熟悉标准，掌握测试方法；正确使用仪器与设备，并熟悉其性能。

10.1.3.2 主要仪器设备(含低温控制)

本试验的主要仪器设备是低温柔度仪(见图 10-9)：该装置由两个直径(20±0.1)mm 不旋转的圆筒，一个直径(30±0.1)mm 的圆筒或半圆筒弯曲轴组成(可以根据产品规定采用其他直径的弯曲轴，如 20 mm、50 mm)，该轴在两个圆筒中间，能向上移动。两个圆筒间的距离可以调节，即圆筒和弯曲轴间的距离能调节为卷材的厚度。

整个装置浸入能控制温度在＋20℃～－40℃、精度为 0.5 ℃温度条件的冷冻液中。冷冻液用任一混合物：

——丙烯乙二醇/水溶液(体积比 1:1)低至－25℃；

——低于－20℃的乙醇/水混合物(体积比 2：1)。

用一支测量精度为 0.5 ℃的半导体温度计检查试验温度，放入试验液体中与试验试件在同一水平面。

试件在试验液体中的位置应平放且完全浸入，用可移动的装置支撑，该支撑装置应至少能放一组五个试件。

试验时，弯曲轴从下面顶着试件以 360 mm/min 的速度升起，这样试件能弯曲 180°，电动控制系统能保证在每个试验过程和试验温度的移动速度保持在(360±40) mm/min。裂缝通过目测检查，在试验过程中不应有任何人为的影响。为了准确评价，试件移动路径是在试验结束时，试件应露出冷冻液，移动部分通过设置适当的极限开关控制限定位置。

10.1.3.3 检测环境要求

试验前应检查实验室环境条件、样品状况是否满足试验要求，试验所需的仪器设备是否齐备，检查仪器设备的使用状态，并做好相关的记录。

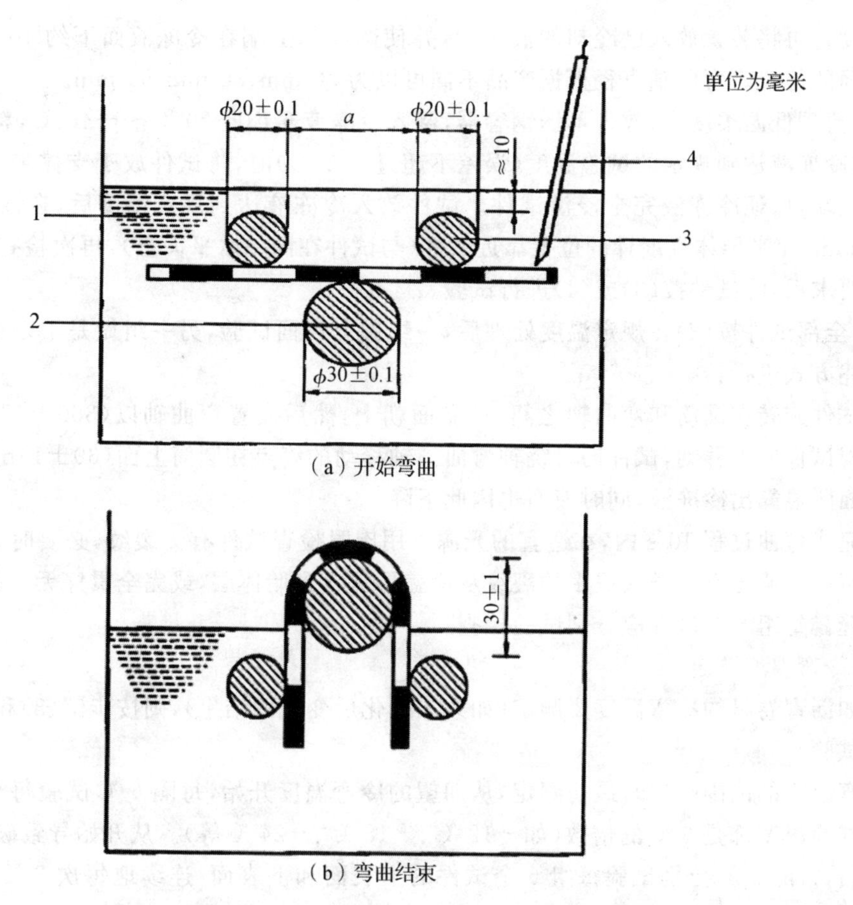

1—冷冻液；2—弯曲轴；3—固定圆筒；4—半导体温度计(热敏探头)

图 10-9　试验装置原理和弯曲过程

10.1.3.4 试件制备

(1)基本要求：低温柔性试验应制备两组试件，一组上表面 5 个试件，一组下表面 5 个试件。裁取前，先检查试样，确定无折痕和外观缺陷，裁取时应距卷材边缘不少于 150 mm，每组试件从试样宽度方向上均匀分布裁取，长边在卷材的纵向。试件应从卷材的一边开始做连续的标记，同时标记卷材的上表面和下表面。去除表面的非持久层。

(2)试件尺寸：矩形试件，尺寸为(150±1)mm×(25±1)mm。

10.1.3.5 试件养护

试件制备完成后，应在(23±2) ℃的平板上放置至少 4 h，并且相互之间不能接触，也不能粘在板上。可以用硅纸垫，表面的松散颗粒用手轻轻敲打除去。记录养护时的环境条件(温、湿度)及养护时间。

10.1.3.6 试验步骤

(1)试验前，先将两个圆筒间的距离按试件厚度调节好(即弯曲轴直径＋2 mm＋两倍试件的厚度)，再将装置放入已冷却的液体中，并使圆筒的上端在冷冻液面下约 10 mm，弯曲轴在下面的位置。弯曲轴直径根据产品不同可以为 20 mm、30 mm、50 mm。

(2)清理低温柔度仪，放入不锈钢容器，倒入冷冻液 6 L(+20 ℃～－40 ℃，精度为 0.5 ℃)。当冷冻液达到规定的试验温度(误差不超过 0.5 ℃)时，将试件放于支撑装置上，且在圆筒的上端，保证冷冻液完全浸没试件。试件放入冷冻液达到规定温度后，在该温度恒温 1 h±5 min，使半导体温度计的位置靠近试件(与试件在同一水平面上)，再次检查冷冻液温度符合要求后，将试件按(3)或(4)进行试验。

(3)全部试件按(2)在规定温度处理后，一组做上表面试验，另一组做是下表面试验，试验按下述方式进行：

将试件旋转在圆筒和弯曲轴之间，试验面朝上，然后设置弯曲轴以(360±40)mm/min 速度顶着试件向上移动，试件同时绕轴弯曲。轴移动的终点在圆筒上面(30±1)mm 处。试件的表面明显露出冷冻液，同时液面也因此下降。

在完成弯曲过程 10 s 内，在适宜的光源下用肉眼检查试件有无裂纹，必要时，用辅助光学装置帮助。假若有一条或更多的裂纹从涂盖层深入到胎体层，或完全贯穿无增强卷材，即存在裂缝。每组 5 个试件应分别试验检查。

(4)冷弯温度测定

假如沥青卷材的冷弯温度要测定(如人工老化后变化的结果)，则按步骤(3)和下面的步骤进行试验。

冷弯温度的范围(未知)最初测定，从期望的冷弯温度开始，每隔 6 ℃试验每个试件，因此每个试验温度都是 6 ℃的倍数(如－12 ℃、－18 ℃、－24 ℃等)。从开始导致破坏的最低温度开始，每隔 2 ℃分别试验每组 5 个试件的上表面和下表面，连续地每次 2 ℃地改变温度，直到每组 5 个试件分别试验后至少有 4 个无裂缝，那么这个温度记录就是试件的冷弯温度。

10.1.3.7 结果判定

(1)规定温度的柔度结果

一个试验面 5 个试件在规定温度至少 4 个无裂缝为通过，上表面和下表面的试验结果分别记录。

(2)冷弯温度测定的结果

测定冷弯温度时，要求按 10.1.3.6 试验步骤(4)得到的温度应 5 个试件中至少 4 个通过，这冷弯温度是该卷材试验面的，上表面和下表面的结果应分别记录(卷材的上表面和下表面可能有不同的冷弯温度)。

10.1.4 防水卷材低温弯折试验

10.1.4.1 试验目的

通过低温弯折试验，了解建筑防水卷材低温弯折试验的原理、依据、取样制样方法、仪器设备配置要求、检测环境控制、检测操作步骤、数据处理及结果评定；熟悉标准，掌握测试方法；正确使用仪器与设备，并熟悉其性能。

10.1.4.2 主要仪器设备

(1)弯折板:金属弯折装置有可调节的平行平板,见图 10-10;

(2)环境箱:空气循环的低温空间,可调节温度至-45 ℃,精度±2 ℃;

(3)检查工具:6 倍玻璃放大镜。

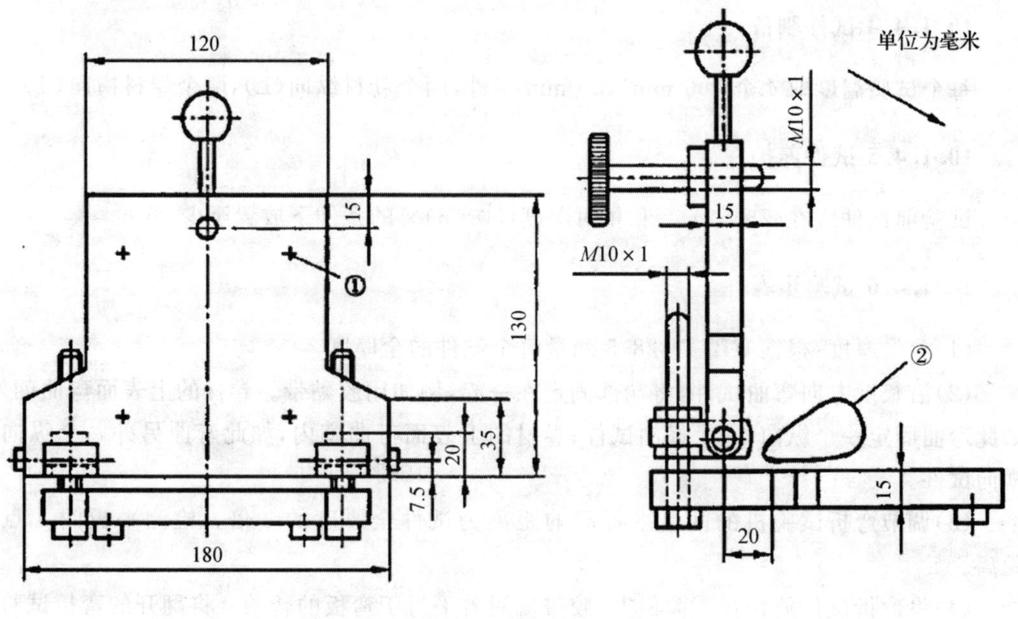

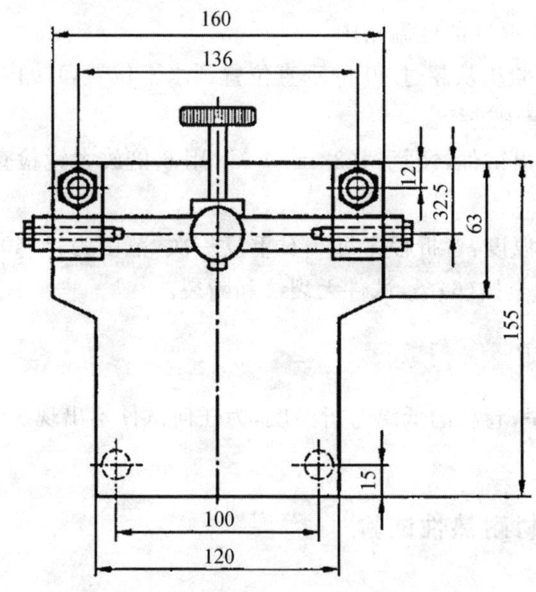

1—测量点;2—试件

图 10-10 弯折装置示意图

10.1.4.3 检测环境要求

试验前应检查实验室环境条件、样品状况是否满足试验要求，试验所需的仪器设备是否齐备，检查仪器设备的使用状态，并做好相关的记录。

除了低温箱，试验步骤中所有操作应在(23±5) ℃的温度下进行。

10.1.4.4 试件制备

每个试验温度取 4 个 100 mm×50 mm 试件，两个卷材纵向(L)，两个卷材横向(T)。

10.1.4.5 试件养护

试验前试件应在(23±2) ℃和相对湿度(50±5)%的条件下放置至少 20 h。

10.1.4.6 试验步骤

(1)测量厚度：根据 GB/T 328.5 测量每个试件的全厚度。

(2)沿长度方向弯曲试件，将端部固定在一起，例如用胶黏带。卷材的上表面弯曲朝外，如此弯曲固定一个纵向、一个横向试件；卷材的上表面弯曲朝内，如此弯曲另外一个纵向和横向试件。

(3)调节弯折试验机的两个平板间的距离为试件全厚度的 3 倍。检测平板间 4 点的距离。

(4)将弯折试件放置在试验机上，胶带端对着平行于弯板的转轴。将翻开的弯折试验机和试件放置于调至规定温度的低温箱中。

(5)1 h 后，弯折试验机从超过 90°的垂直位置到水平位置，1 s 内合上，保持该位置 1 s，整个操作过程在低温箱中进行。

(6)从试验机中取出试件，恢复到(23±5) ℃，用 6 倍放大镜检查试件弯折区域的裂纹或断裂。

(7)临界低温弯折温度：弯折程序每 5 ℃重复一次，范围为：－40 ℃、－35 ℃、－30 ℃、－25 ℃、－20 ℃等，直至按(6)条，试件无裂纹和断裂。

10.1.4.7 结果判定

重复进行弯折程序，卷材的低温弯折温度，为任何试件不出现裂纹和断裂的最低的 5 ℃间隔。

10.1.5 防水卷材耐热性试验

10.1.5.1 试验目的

通过卷材的耐热性试验，了解建筑防水卷材耐热性试验的原理、依据、取样制样方法、仪器设备配置要求、检测环境控制、检测操作步骤、结果评定；熟悉标准，掌握测试方法；正确使用仪器与设备，并熟悉其性能。

10.1.5.2 主要仪器设备

(1)鼓风烘箱(不提供新鲜空气):在试验范围内最大温度波动±2 ℃。当门打开 30 s 后,恢复温度到工作温度的时间不超过 5 min。

(2)热电偶:连接到外面的电子温度计,在规定范围内能测量到±1 ℃。

(3)悬挂装置

①方法 A(如夹子)至少 100 mm 宽,能夹住试件的整个宽度在一条线,并被悬挂在试验区域(见图 10-11);

②方法 B 洁净无锈的铁丝或回形针。

(4)光学测量装置(如读数放大镜):刻度至少 0.1 mm。

(5)金属圆插销的插入装置:内径约 4 mm。

(6)画线装置:画直的标记线(见图 10-11)。

(7)墨水记号:线的宽度不超过 0.5 mm,白色耐水墨水。

(8)硅纸。

10.1.5.3 检测环境要求

试验前应检查实验室环境条件,样品状况是否满足试验要求,试验所需的仪器设备是否齐备,检查仪器设备的使用状态,并做好相关的记录。

10.1.5.4 试样制备

(1)基本要求:耐热性试验一组 3 个试件。裁取前,先检查试样,确定无折痕和外观缺陷后,用模板或裁刀在试样上距边缘 150 mm 以上任意裁取,试件均匀地在试样宽度方向裁取,长边是卷材的纵向。试件从卷材的一边开始连续编号,卷材上表面和下表面应标记,去除任何非持久保护层。

(2)方法 A 试件尺寸:矩形试件,尺寸为(115±1)mm×(100±1)mm。

将试件需要刮除的部分画线(在试件纵向的横断面一边,上表面和下表面的大约15 mm 一条的涂盖层去除直至胎体,若卷材有超过一层的胎体,去除涂盖料直到另外一层胎体。在试件的中间区域的涂盖层也从上表面和下表面的两个接近处去除,直至胎体)。加热刮刀,小心地去除涂盖层不损坏胎体。将两个内径约 4 mm 的插销在裸露区域穿过胎体(见图 10-11)。轻轻敲打试件去除任何表面浮着的矿物料或表面材料。然后标记装置放在试件两边插入插销定位于中心位置,在试件表面整个宽度方向沿着直边用记号笔在试件正反两面垂直画一条线(宽度约 0.5 mm),操作时试件平放。

(3)方法 B 试件尺寸:矩形试件,尺寸为(100±1)mm×(50±1)mm。

10.1.5.5 试件养护

试件试验前至少放置在(23±2) ℃的平面上 2 h,相互之间不要接触或粘住,必要时,将试件分别放在硅纸上防止黏结。

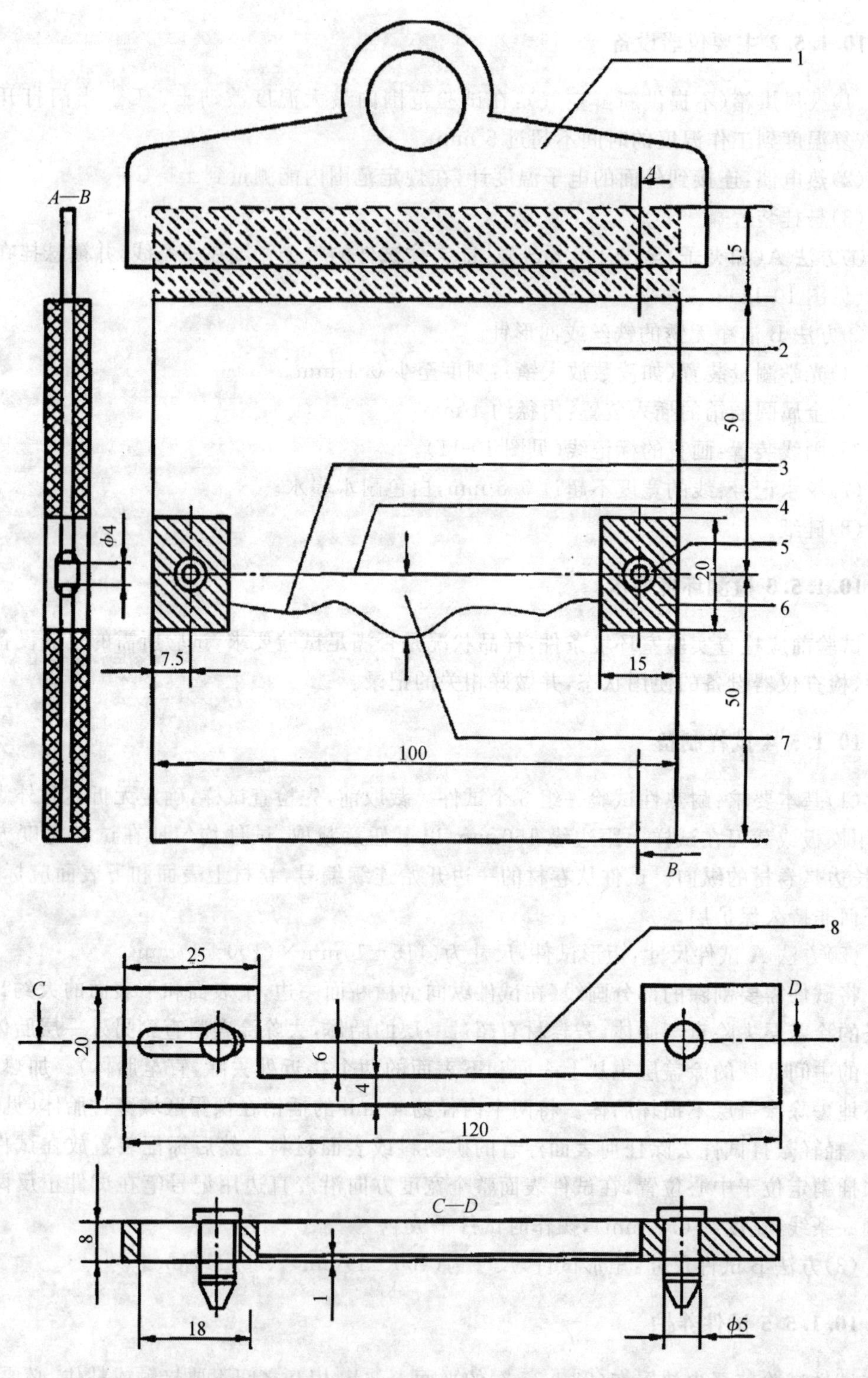

1—悬挂装置；2—试件；3—标记线 1；4—标记线 2；5—插销，ϕ 4 mm；
6—去除涂盖层；7—滑动 ΔL（最大距离）；8—直边

图 10-11　试件、悬挂装置和标记装置（示例）

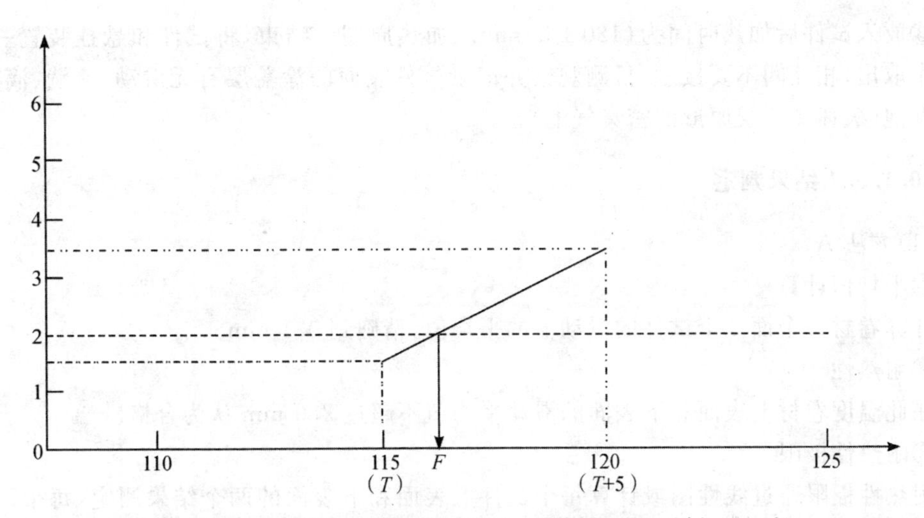

纵轴：滑动，mm；横轴：试验温度，℃；F—耐热性极限(示例=117 ℃)

图 10-12　内插法耐热性极限测定(示例)

10.1.5.6 试验步骤

(1)方法 A

①将烘箱预热到规定的试验温度。整个试验期间，试验区域的温度波动不超过±2 ℃。

②将制备的一组 3 个试件露出的胎体处用悬挂装置夹住(涂盖层不要夹到)垂直悬挂在烘箱的相同高度，间隔至少 30 mm。此时烘箱的温度不能下降太多，开关烘箱门放入试件的时间不超过 30 s。

③放入试件后加热时间为(120±2)min。加热周期一结束，将试件和悬挂装置一起从烘箱中取出，相互间不要接触，在(23±2) ℃自由悬挂冷却至少 2 h。然后除去悬挂装置，在试件两面画第二个标记，用光学测量装置在每个试件的两面测量两个标记底部间最大距离 ΔL，精确到 0.1 mm。

④耐热性极限测定：耐性极限对应的涂盖层位移正好 2 mm，通过对卷材上表面和下表面在间隔 5 ℃的不同温度段的每个试件的初步处理试验的平均值测定，其温度段总是 5 ℃的倍数(如 100 ℃、105 ℃、110 ℃)，找到位移尺寸 $\Delta L=2$ mm 在其中的两个温度段 T 和 $(T+5)$ ℃。

卷材的两个面按上述步骤试验，每个温度段应采用新的试件试验。

按上述步骤一组 3 个试件初步耐热性能两个温度段测定后，上表面和下表面都要测定两个温度 T 和 $T+5$ ℃，在每个温度段用一组新的试件。

在卷材涂盖层在两个温度段间完全流动将产生的情况下，$\Delta L=2$ mm 时的精确耐热性不能测定，此时滑动不超过 2.0 mm 的最高温度 T 可作为耐热性极限。

(2)方法 B

①将烘箱预热到规定的试验温度。整个试验期间，试验区域的温度波动不超过±2 ℃。

②将制备的一组 3 个试件分别在距试件短边一端 10 mm 处的中心打一小孔，用细铁丝或回形针穿过，垂直悬挂在烘箱的相同高度，间隔至少 30 mm。此时烘箱的温度不能下降太多，开关烘箱门放入试件的时间不超过 30 s。

③放入试件后加热时间为(120±2)min。加热周期一结束，将试件和悬挂装置一起从烘箱中取出，相互间不要接触，目测观察并记录试件表面的涂盖层有无滑动、流淌、滴落、集中性气泡(破坏涂盖层原形的密集气泡)。

10.1.5.7 结果判定

(1)方法 A

①平均值计算

计算卷材每个面 3 个试件的滑动值的平均值，精确到 0.1 mm。

②耐热性

在此温度卷材上表面和下表面的滑动平均值不超过 2.0 mm 认为合格。

③耐热性极限

耐热性极限通过线性图或计算每个试件上表面和下表面的两个结果测定，每个面修约到 1 ℃。

(2)方法 B

试件任一端涂盖层不应与胎基发生位移，试件下端的涂盖层不应超过胎基，无流淌、滴落、集中性气泡，为规定温度下耐热性符合要求。

一组 3 个试件都应符合要求。

10.1.6 防水卷材撕裂性能试验

10.1.6.1 试验目的

通过卷材的撕裂性能试验，了解建筑防水卷材撕裂性能试验的原理、依据、取样制样方法、仪器设备配置要求、检测环境控制、检测操作步骤、结果评定；熟悉标准，掌握测试方法；正确使用仪器与设备，并熟悉其性能。

10.1.6.2 主要仪器设备

(1)拉伸试验机：应有连续记录力和对应距离的装置，能够按以下规定的速度分离夹具。拉伸试验机有足够的荷载能力(至少 2000 N)和足够的夹具分离距离，夹具拉伸速度为(100±10)mm/min，夹持宽度不少于 100 mm(沥青防水卷材)或夹持宽度不少于 50 mm(高分子防水卷材)。力测量系统满足 JJG 139-1999 至少 2 级(即±2%)。

拉伸试验机的夹具能随着试件拉力的增加而保持或增加夹具的夹持力，夹具能夹住试件使其在夹具中的滑移不超过 1 mm，更厚的产品不超过 2 mm。试件在夹具处用一记号或胶带来显示任何滑移。

(2)U 形装置：U 形装置一端通过连接件连在拉伸试验机夹具上，另一端有两个臂支撑试件。臂上有钉杆穿过的孔，其位置能允许按 GB/T 328.8 要求进行试验(见图 10-13)。

10.1.6.3 检测环境条件

试验前应检查实验室环境条件、样品状况是否满足试验要求，试验所需的仪器设备是否齐备，检查仪器设备的使用状态，并做好相关的记录。

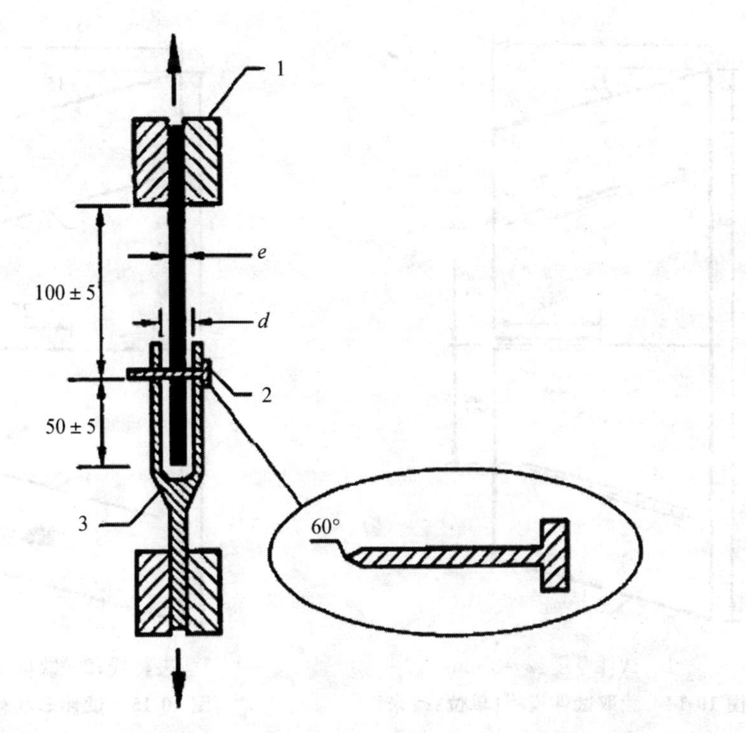

1—夹具；2—钉杆[ϕ(2.5±0.1)mm]；3—U形头；e—样品厚度；d—U形头间隙($e+1\leqslant d\leqslant e+2$)

图 10-13 钉杆撕裂试验

控制实验室在温度(23±2) ℃，相对湿度在30%～70%或(50±5)%(根据具体产品要求选择)。

10.1.6.4 试样制备

(1)沥青防水卷材：试件需距卷材边缘100 mm以上，用模板或裁刀在试样上任意裁取，要求的长方形试件宽(100±1) mm，长至少200 mm。试件长度方向是试验方向，试件从试样的纵向或横向裁取。对卷材用于机械固定的增强边，应取增强部位试验。

每个选定的方向试验5个试件，任何表面的非持久层应去除。

(2)高分子防水卷材：裁取试件的模板尺寸见图10-14，试件形状和尺寸见图10-15，α角的精度在1°。卷材的纵向和横向分别用模板裁取5个带缺口或割口的试件，并在每个试件上的夹持线位置做好记号。

10.1.6.5 试件养护

(1)沥青防水卷材试件，试验前试件应在温度(23±2) ℃和相对湿度30%～70%的条件下放置至少20 h。

(2)高分子防水卷材试件，试验前试件应在(23±2) ℃和相对湿度(50±5)%的条件下放置至少20 h。

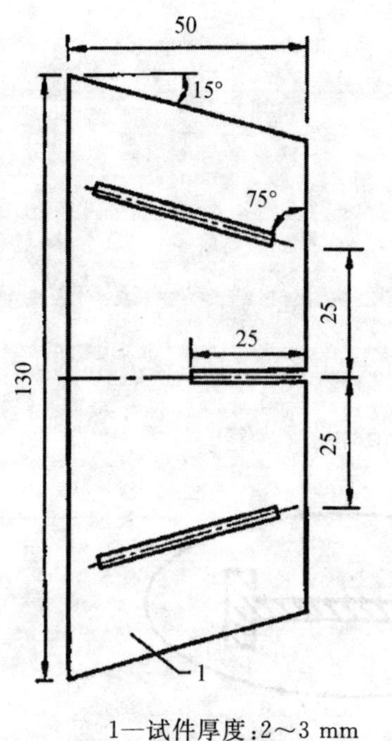

1—试件厚度:2～3 mm

图 10-14 裁取试件模板(单位:毫米)

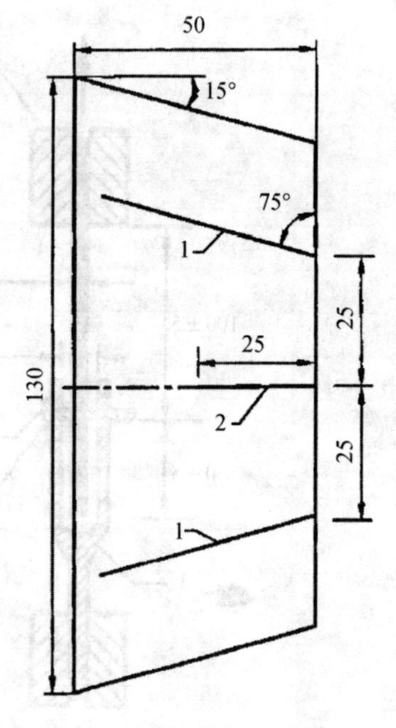

1—夹持线;2—缺口或割口

图 10-15 试件形状和尺寸

10.1.6.6 试验步骤

(1)沥青防水卷材撕裂性能试验(钉杆法):将试件放入打开的U形头的两臂中,用一直径(2.5±0.1) mm的尖钉穿过U形头的孔位置,同时钉杆位置在试件的中心线上,距U形头中试件一端(50±5) mm(见图10-13)。钉杆距上夹具的距离是(100±5)mm。把该装置试件一端的夹具和另一端的U形头放入拉伸试验机,开动试验机控制拉伸速度为(100±10)mm/min,使穿过材料面的钉杆直到材料的末端。连续记录穿过试件钉杆的撕裂力。

(2)高分子防水卷材撕裂性能试验:将试件紧紧地夹在拉伸试验机的夹具中,注意使夹持线沿着夹具的边缘(见图10-16)。控制拉伸速度为(100±10)mm/min,记录每个试件的最大拉力。

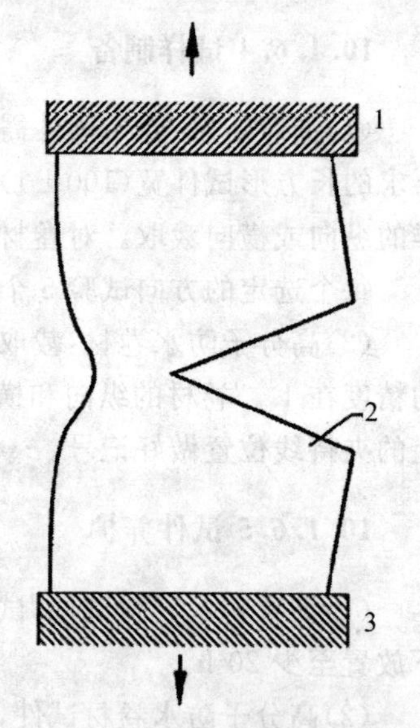

1—上夹具;2—试件;3—下夹具

图 10-16 试件在夹具中的位置

10.1.6.7 结果判定

(1)沥青防水卷材:连续记录的力,试件撕裂性能(钉杆法)是记录试验的最大力。每个试件分别列出拉力值,计算平均值,精确到5 N,记录试验方向。

(2)高分子防水卷材:每个试件的最大拉力用N表示。舍去试件从拉伸试验机夹具中滑移超过规定值的结果,用备用件重新试验。计算每个方向的拉力计算平均值(F_L和F_T),用N表示,结果精确到1 N。

附表一　防水卷材委托检测协议书

委托编号：

委托方填写	委托单位	名称		委托联系人		
		地址		联系电话		
		邮编		传真		
	工程名称					
	施工单位					
	见证单位					
	见证人签名	年　月　日	证书编号		联系电话	
	取样人签名	年　月　日	证书编号		联系电话	
	样品信息	使用部位				
		样品名称		代表数量		
		生产厂家		配料比		
		型号商标		样品数量及状态		
		（　）出厂日期　（　）生产日期		（　）出厂编号	（　）合格证编号	
		旁证人	月　日　时　分	旁证编号		
	检测项目	（　）拉伸性能　（　）不透水性　（　）低温弯折　（　）低温柔性　（　）耐热度　（　）撕裂性能　（　）其他：				
	检测依据	（　）《建筑防水卷材试验方法》GB/T 328.1～GB/T 328.27 （　）其他： 注：以上标准均为现行版本，如有不同，请注明。				
	样品处置	（　）试毕取回	（　）委托本单位处理	（　）其他：		
	报告形式	（　）单页	（　）精装	（　）其他：		
	报告发放	（　）自取 （　）其他：	（　）邮寄：	（　）电话告知结果：		
	缴费方式	（　）冲账	（　）现金	（　）转账：汇款单位：	缴费确认：	
	其他要求					
检测中心填写	核查样品	是否符合检测要求？（　）符合　（　）不符合：（　）其他：				
	检测类别	（　）委托检测　（　）抽样检测　（　）见证送样　（　）其他：				
	检测收费	人民币(大写)　拾　万　仟　佰　拾　元　角　分(￥：　　)				
	预计完成日期	年　月　日		出具报告份数	份	
	保密声明	未经客户的书面同意，本单位均不对外披露检测/检查结果等信息。但法律法规另有要求，或者需要履行法定责任的除外。				
	其他声明			样品编号/报告编号		
双方确认	客户签名确认本协议内容。 委托人签名： 年　月　日			本单位评审意见：能否满足客户要求？ （　）满足　（　）不满足 受理人签名： 年　月　日		

附表二　建筑防水卷材检测记录表(一)

委托编号		生产厂家		型号商标	
样品编号		样品名称		代表数量	
检测日期		出厂日期		合格证号	
使用部位					
拉伸性能试验	检验依据：				
	样品状态：				

拉伸速度(mm/min)：　计算公式：$E_1(\%)=\dfrac{100(L_1-L_0)}{L_0}$，$E_2(\%)=\dfrac{100(L_2-L_0)}{L_0}$

试件放置时间[(23±2) ℃，相对湿度 30%～70%，至少 20 h]：

月　日　时　分—　月　日　时　分　　检测时间：　月　日　时

方向	试件编号	试件宽度 d (mm)	试件初始标距 L_0 (mm)	最大峰时的标距 L_1 (mm)	最大峰拉力 F_1 (N)	第二峰时的标距 L_2 (mm)	次高峰拉力 F_2 (N)	最大峰拉力时的延伸率 E_1 (%)	次高峰拉力时的延伸率 E_2 (%)	拉伸过程中，试件中部无沥青涂盖层开裂或与胎基分离现象	平均值
纵向	A_1-1									□无　□有	$\overline{F_1}$(N)= $\overline{E_1}$(%)= $\overline{F_2}$(N)= $\overline{E_2}$(%)=
	A_1-2									□无　□有	
	A_1-3									□无　□有	
	A_1-4									□无　□有	
	A_1-5									□无　□有	
横向	A_2-1									□无　□有	$\overline{F_1}$(N)= $\overline{E_1}$(%)= $\overline{F_2}$(N)= $\overline{E_2}$(%)=
	A_2-2									□无　□有	
	A_2-3									□无　□有	
	A_2-4									□无　□有	
	A_2-5									□无　□有	

主要检测设备：
检测设备前后状况：

检测过程异常情况：
采取控制措施：

备注：拉力检测结果修约至 5 N，延伸率检测结果修约至 1%。

低温柔性试验	检验依据：
	样品状态：

试件平板上放置时间[(23±2) ℃，至少 4 h]：　　月　日　时　分—　月　日　时　分

试验温度(℃)：　弯曲轴半径 r(mm)=　检测时间：　月　日　时　分—　月　日　时　分

试件编号	B-1	B-2	B-3	B-4	B-5	B-6	B-7	B-8	B-9	B-10
与弯曲轴接触的试件表面	上表面					下表面				
试件表面是否有裂纹	□无 □有	□无 □有	□无 □有	□无 □有	□无 □有	□无 □有	□无 □有	□无 □有	□无 □有	□无 □有

主要检测设备：
检测设备前后状况：

检测过程异常情况：
采取控制措施：

备注：

校核：　　　　校核日期：　　　　主检：

附表二　建筑防水卷材检测记录表(二)

不透水性试验(B法)	检验依据：		
	样品状态：		
试件放置时间[(23±2) ℃,至少6 h]：　　　　　　　　月　日　时　分—　月　日　时　分 试验压力(MPa)：　　保持时间(min)：　　检测时间：　　月　日　时　分—　月　日　时　分			
试件编号	C-1	C-2	C-3
试件是否渗水	□无渗水　□有渗水	□无渗水　□有渗水	□无渗水　□有渗水
主要检测设备： 检测设备前后状况：			
检测过程异常情况： 采取控制措施：			
备注：			

低温弯折试验	检验依据：			
	样品状态：			
试件放置时间[(23±2) ℃,相对湿度(50±5)%,至少20 h]：　　月　日　时　分—　月　日　时　分 试验温度(℃)：　　检测时间：　　月　日　时　分—　月　日　时　分				
试件编号	D-1	D-2	D-3	D-4
试件方向	纵　向		横　向	
试件是否有裂纹	□无　□有	□无　□有	□无　□有	□无　□有
主要检测设备： 检测设备前后状况：				
检测过程异常情况： 采取控制措施：				
备注：				

耐热度试验(A法)	检验依据：	
	样品状态：	
试件平面放置时间[(23±2) ℃,至少2 h]：　　月　日　时　分—　月　日　时　分 试验温度(℃)：　　加热时间(min)：　　检测时间：　　月　日　时　分—　月　日　时　分		
试件编号	两个标记底部间的最大距离 ΔL(mm)	
	上表面	下表面
E-1		
E-2		
E-3		
平均值(mm)		
上下表面滑动平均值(mm)		
主要检测设备： 检测设备前后状况：		
检测过程异常情况： 采取控制措施：		
备注：		

校核：　　　　　　　　校核日期：　　　　　　　　主检：

附表二　建筑防水卷材检测记录表(三)

钉杆撕裂强度试验	检验依据：
	样品状态：

试件放置时间[(23±2) ℃，相对湿度 30%～70%，至少 20 h]：　　月　日　时　分—　月　日　时　分
拉伸速度(mm/min)：　　检测时间：　月　日　时　分

方向	试件编号	钉杆撕裂强度(N)	平均值(N)
	F_1-1		
	F_1-2		
	F_1-3		
	F_1-4		
	F_1-5		

主要检测设备：
检测设备前后状况：

检测过程异常情况：
采取控制措施：

备注：检测结果修约至 5 N

撕裂强度试验	检验依据：
	样品状态：

试件放置时间[(23±2) ℃，相对湿度(50±5)%，至少 20 h]：　　月　日　时　分—　月　日　时　分
拉伸速度(mm/min)：　　检测时间：　月　日　时　分

方向	试件编号	厚度(mm)			厚度中值(mm)	力值(N)	撕裂强度(　)	中值(　)
		1	2	3				
纵向	G_1-1							
	G_1-2							
	G_1-3							
	G_1-4							
	G_1-5							
横向	G_2-1							
	G_2-2							
	G_2-3							
	G_2-4							
	G_2-5							

主要检测设备：
检测设备前后状况：

检测过程异常情况：
采取控制措施：

备注：检测结果修约至 1 N。

校核：　　校核日期：　　主检：

附表三　防水卷材检测报告

工程名称				报告编号	
委托单位				委托编号	
施工单位				委托日期	
使用部位				报告日期	
生产厂家		型号商标		检测性质	
样品名称		代表数量		见证人	
合格证编号		出厂编号		证书编号	
配料比		见证单位			
样品状况		检测环境	温度：　℃，湿度：　%		
检测项目		标准要求	检测结果	合格判定	
拉力	最大峰拉力（N/50 mm）				
拉力	试验现象				
最大峰时延伸率（%）					
低温柔性					
不透水性					
耐热性					
撕裂强度					
低温弯折性					
检验结论					
检验依据					
主要仪器设备	检验仪器： 检定证书编号：				
说明	1. 报告未盖检测单位“检测报告专用章”无效，复制无效； 2. 对本报告如有异议请于收到报告后 15 日内（以签字或邮戳为准）通知本公司。 * 本报告格式仅供参考，检测项目栏具体项目依据各防水材料类别选择。			检测单位 （公章）	

批准：　　　　　　审核：　　　　　　校核：　　　　　　主检：

参考文献

[1]陈宝璠主编.建筑工程材料[M].厦门:厦门大学出版社,2012.

[2]谭平主编.建筑材料实训[M].武汉:华中科技大学出版社,2010.

[3]王松成主编.建筑材料[M].北京:科学出版社,2008.

[4]魏鸿汉主编.建筑材料[M].北京:建筑工业出版社,2005.

[5]张健主编.建筑材料检测(第二版)[M].北京:化学工业出版社,2003.

[6]蔡丽朋主编.建筑材料[M].北京:化学工业出版社,2001.

[7]闫宏生主编.建筑材料检测与应用[M].北京:机械工业出版社,2008.

[8]卜一德主编.建筑工程质量检测试验技术管理[M].北京:中国建筑工业出版社,2012.

[9]国家建筑工程质量监督检验中心结构及建设材料检测二室编.混凝土试验员手册[M].北京:机械工业出版社,2011.

[10]孙忠义,王建华主编.公路工程试验工程师手册[M].北京:人民交通出版社,2012.

[11]中华人民共和国国家质量监督检验检疫总局、中国国家标准化管理委员会、中华人民共和国建设部发布的各类建材标准规范、质量验收标准.

需要说明的是,标准规范是有时效性的,需动态更新。本书所参考、引用的标准规范在编写期是最新的。今后最新版本可在工标网(www.csres.com)上查询。